江苏省高等学校重点教材

高等职业教育建筑工程技术专业规划教材

2021-1-048

工程测量

（第4版）

主　编　王　兵

副主编　邵红才　姜献东

参　编　李宏亮　尹继明

重庆大学出版社

内容提要

本书为江苏省高等学校重点教材,教材分为两篇:基本任务测量方法、具体测量场景应用。第1篇主要包括6个单元:工程测量基础知识、水准测量、角度测量、距离测量及直线定向、全站仪及其操作、工程测量中GNSS的应用;第2篇主要包括5个单元:全站仪小地区控制测量、大比例尺地形图基本知识及应用、施工测量基本知识、建筑施工测量、道路与桥梁测量。

本书可作为高职高专建筑工程技术、工程造价、工程管理、市政工程、道路与桥梁工程技术、工程监理、建筑装饰工程技术等专业的教学用书,也可作为工程技术人员的参考用书。

图书在版编目(CIP)数据

工程测量 / 王兵主编. -- 4版. -- 重庆 : 重庆大学出版社, 2022.11

高等职业教育建筑工程技术专业系列教材

ISBN 978-7-5689-0209-0

Ⅰ. ①工… Ⅱ. ①王… Ⅲ. ①工程测量—高等职业教育—教材 Ⅳ. ①TB22

中国版本图书馆CIP数据核字(2022)第210151号

高等职业教育建筑工程技术专业系列教材

工程测量

(第4版)

主　编　王　兵

副主编　邵红才　姜献东

责任编辑:范春青　　版式设计:范春青

责任校对:邹　忌　　责任印制:赵　晟

*

重庆大学出版社出版发行

出版人:饶帮华

社址:重庆市沙坪坝区大学城西路21号

邮编:401331

电话:(023)88617190　88617185(中小学)

传真:(023)88617186　88617166

网址:http://www.cqup.com.cn

邮箱:fxk@cqup.com.cn(营销中心)

全国新华书店经销

重庆市国丰印务有限责任公司印刷

*

开本:787mm×1092mm　1/16　印张:16.75　字数:409千

2009年1月第1版　2022年11月第4版　2022年11月第14次印刷

ISBN 978-7-5689-0209-0　定价45.00元

前言

以本次教材修订为契机，组织教材编写组通过各种途径，充分了解、收集用人单位对高职毕业生测量岗位技能的综合需求，将教材修订为“实际岗位的技能训练手册”，将教师从理论知识的讲授者转变为实践技能的指导者，将学生从知识的被动接受者转变为实践技能的主动练习者。

全书分为两篇：基本任务测量方法、具体测量场景应用。第1篇主要包括6个单元：工程测量基础知识、水准测量、角度测量、距离测量及直线定向、全站仪及其操作、工程测量中GNSS的应用；第2篇主要包括5个单元：全站仪小地区控制测量、大比例尺地形图基本知识及应用、施工测量基本知识、建筑施工测量、道路与桥梁测量。

每个单元由三部分构成：理论知识、技能训练项目、思考与练习。技能训练项目根据每个单元的学习目标设置，分为基本技能、综合技能和场景应用技能。基本技能训练项目主要针对测量仪器设备的基本操作设置，训练学生测量仪器操作技能；综合技能训练项目是仪器操作和具体场景应用的过渡练习，训练学生对具体测量任务的解决能力；场景应用技能训练项目是拓展，用于模拟实际的工程测量应用。

本书由扬州市职业大学王兵担任主编，扬州市职业大学邵红才、扬州工业职业技术学院姜献东担任副主编，扬州市职业大学李宏亮、尹继明参与了部分内容的编写工作。具体编写分工如下：王兵编写单元7、单元8、单元9及单元10，邵红才编写单元1、单元4、单元5、单元6及附录，姜献东编写单元2，李宏亮编写单元3，尹继明编写单元11。全书由王兵负责统稿。

本书理论知识按照60学时编写。其中，基本任务测量方法30学时；具体测量场景应用30学时。教材技能训练项目按照30学时设置。由于各个学校对工程测量的要求不同，建议使用本书时酌情选择相应内容进行教学。

本书力求内容简明扼要，文字通俗易懂，插图清晰明了。在编写过程中参考了众多同行专家论著，并借鉴精品课程相关网络资源，吸取了有关专著和学术论文的最新成果，在此一并表示感谢！在此还要特别感谢教材评审专家！

由于编者水平有限，书中难免存在错漏之处，恳请专家、同仁和广大读者批评指正，并将意见及时反馈给我们，以便修订时完善。

编　者

2022 年 7 月

目　录

第1篇

基本任务测量方法

单元1　工程测量基础知识

1.1　测量学的概念与任务

1.1.1　测量学的概念

测量学是一门研究地面点位空间位置的确定，将地球表面的地貌、地物、行政和权属界线测绘成图，以及将规划设计的点和线在实地标定的学科。从定义上可见，测量工作大致可分为两部分：一是将地面已有的特征点位和界线通过测量手段获得反映地面现状的图形和位置信息，供工程建设的规划设计和行政管理之用，称为测绘或测定；二是将工程建筑的设计位置及土地规划利用的界址划分在实地标定，作为施工和定界的依据，称为测设或放样。

1.1.2　工程测量的任务

工程测量是测量学的一个组成部分，它是研究工程建设在勘测设计、施工和运营管理阶段所进行的各种测量工作的理论、技术和方法的学科。它的主要任务是：

①依据规定的符号和比例尺，把工程建设区域内的地貌和各种物体的几何形状及其空间位置绘成地形图，并把工程建设所需的数据用数字表示出来，为规划设计提供图纸和资料。

②将拟建建（构）筑物的位置和大小按设计图纸的要求在现场标定出来，作为施工的依据，按施工要求开展各类测量工作；进行竣工测量，为工程验收、日后扩建和维护管理提供资料。

③对于一些重要建（构）筑物，在施工和运营期间进行变形观测，以了解建（构）筑物的变形规律，确保安全施工和运营，并为建筑结构和地基基础科学研究提供资料。

1.2　地球的形状和大小

1.2.1　大地水准面

测量工作是在地球的自然表面上进行的，而地球自然表面是极不平坦和不规则的，其中有高达 8 844.43 m 的珠穆朗玛峰，也有深至 11 022 m 的马里亚纳海沟，尽管它们高低起伏悬殊，但是与半径 6 371 km 的地球比较，还是可以忽略不计的。此外，地球表面海洋面积约占 71%，陆地面积仅占 29%。因此，人们设想以一个静止不动的海水面延伸穿越陆地，形成一个闭合的曲面包围整个地球，这个闭合的曲面称为水准面。由于海水面在涨落变化，水准面可有无数个，其中与平均海水面相吻合的水准面称为大地水准面，如图 1.1 所示。大地水准面是测量工作的基准面，由大地水准面所包围的地球形体，称为大地体，如图 1.2 所示。

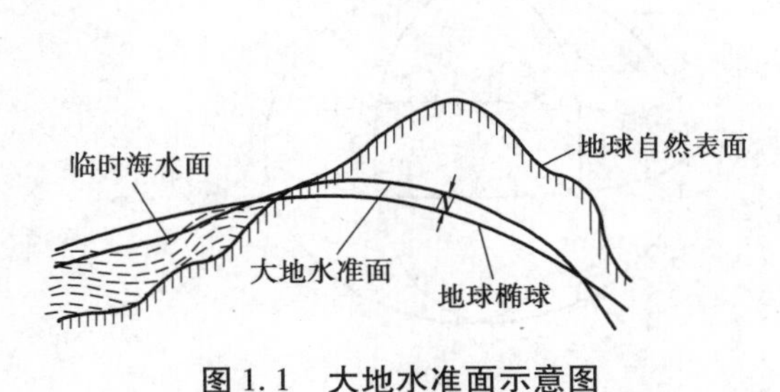

图 1.1　大地水准面示意图

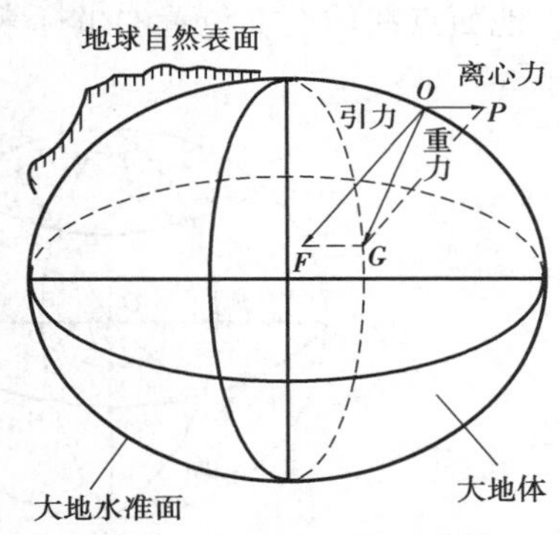

图 1.2　大地体示意图

1.2.2　参考椭球

长期测量实践表明，大地体近似于一个旋转椭球体，如图 1.3 所示。为了便于用数学模型来描述地球的形状和大小，测绘工作便取大小与大地体非常接近的旋转椭球体作为地球的参考形状和大小。旋转椭球体又称参考椭球体，它的外表面称为参考椭球面。目前我国采用的参考椭球体的参数为：

长半径 $a = 6\ 378\ 140$ m

短半径 $b = 6\ 356\ 755$ m

扁率 $\alpha = \dfrac{a-b}{a} = \dfrac{1}{298.257}$

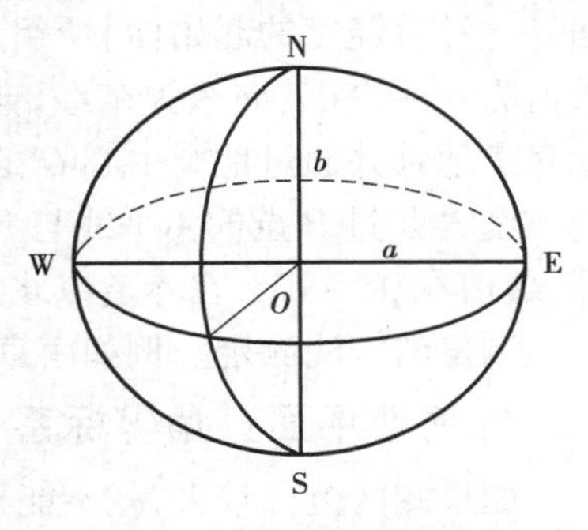

图 1.3　椭球体示意图

由于参考椭球体的扁率很小，所以在测区面积不大时，在某些测量工作的计算中，可以把地球当成圆球看

待,其半径近似值可取6 371 km。

1.3 地面点位的确定

测量工作的实质是确定地面点的位置,而地面点的位置通常需要用3个量表示,即该点的平面(或球面)坐标及该点的高程。因此,必须首先了解测量的坐标系统和高程系统。

1.3.1 确定点的坐标系

坐标系统是用来确定地面点在地球椭球面或投影在水平面上的位置。表示地面点位在地面或平面上的位置,通常有下列3种坐标系统:

1)地理坐标系

地面点在球面上位置的坐标常用经度$L(\lambda)$和纬度$B(\varphi)$表示,如图1.4所示,称为地理坐标。

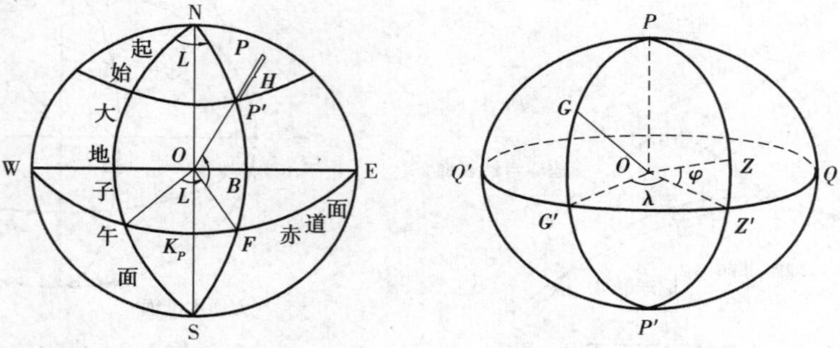

图1.4 地理坐标系

确定球面坐标(L,B)所依据的基本线为铅垂线,基本面为包含铅垂线的子午面。图1.4中,NS为地球的自转轴,N为北极,S为南极。地面上任一点P的铅垂线与地轴NS所组成的平面称为该点的子午面,子午面与地球面的交线称为子午线,也称经线。P点的经度L是P点的子午面与首子午面[国际公认通过英国格林尼治(Greenwich)天文台的子午面——计算经度的起始面]所组成的两面角。其计算方法为自首子午线向东或向西计算,数值为0°~180°,向东为东经,向西为西经。垂直于地轴的平面与地球面的交线为纬线。垂直于地轴并通过地球中心O的平面为赤道平面,赤道平面与地球面相交线为赤道。P点的纬度B是过P点的铅垂线与赤道平面之间的交角,其计算方法为自赤道起向北或向南计算,数值在0°~90°,在赤道以北为北纬,在赤道以南为南纬。地理坐标可以在地面点上用天文测量的方法测定。例如南京市某地的大地地理坐标为东经118°47′,北纬32°03′。

2)高斯平面直角坐标系

如果测区范围较大,就不能再将地球表面当作平面看待,但人们在规划、设计和施工中又习惯使用平面图来反映地面形态,而且在平面上进行计算和绘图要比在球面上方便得多。这样就产生了如何将球面上的物体转换到平面上的投影变换问题。在测量工作中,是采用高斯(Gauss)投影的方法来解决的。

高斯投影的方法首先是将地球按经度划分成带,称为投影带,如图1.5所示。投影带是从首子午面起,每隔经度6°划分为一带(称为6°带),自西向东将整个地球划分为60个带,如图1.6所示。带号从首子午面开始,用阿拉伯数字表示,位于各带中央的子午线,第一个6°中央子午线的经度 L_0 为3°,每带中央子午线的经度 L_0 依次为3°,9°,15°,…,357°。带号 n 与中央子午线经度的关系为 $L_0=6n-3$。

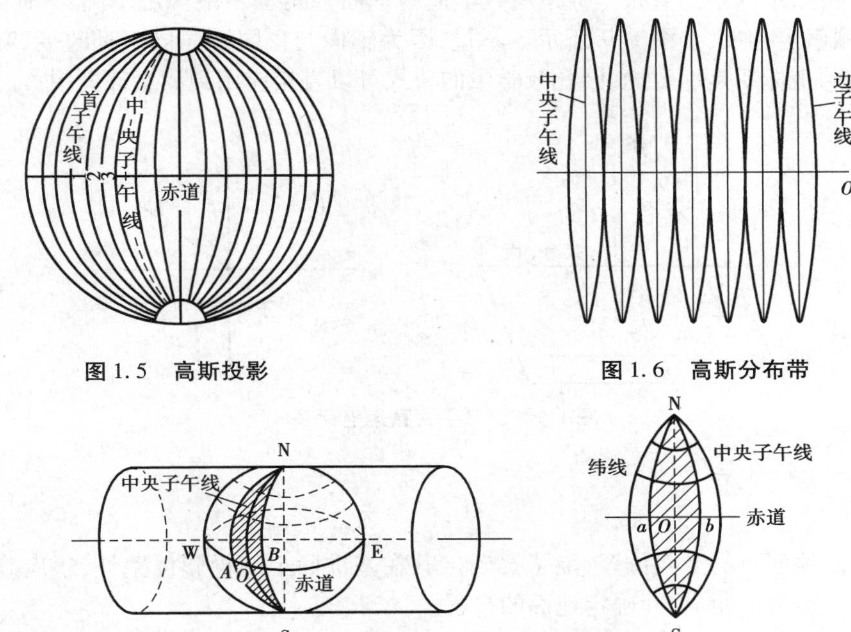

图1.5　高斯投影

图1.6　高斯分布带

图1.7　高斯平面直角坐标的投影

采用高斯投影时,设想取一个空心圆柱体与地球椭球体的某一中央子午线相切(如图1.7所示),在球面图形与柱面图形保持等角的条件下,将球面图形投影在圆柱面上。然后将柱体沿着通过南、北极的母线切开,并展开成平面。在这个平面上,中央子午线与赤道成为相互垂直的直线,分别作为高斯平面直角坐标系的纵轴(X 轴)和横轴(Y 轴),两轴的交点 O 作为坐标的原点,如图1.8所示。

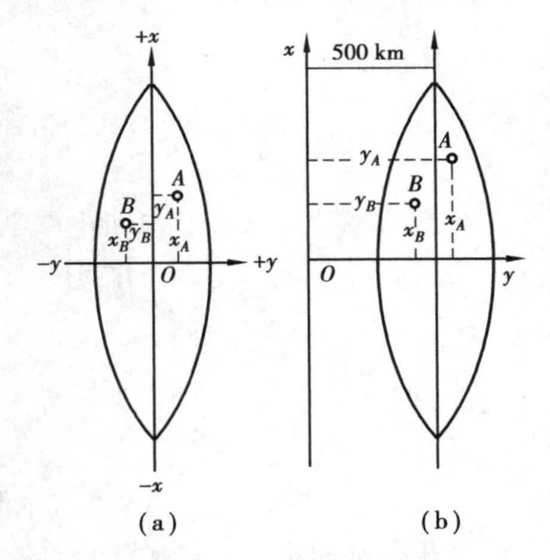

图1.8　高斯平面直角坐标系

在坐标系内,规定 X 轴向北为正,Y 轴向东为正。我国位于北半球,境内的 X 轴坐标值恒为正,Y 轴坐标值有正有负,例如,图1.8(a)中,$y_A=27\ 680$ m,$y_B=-34\ 320$ m。为避免出现负值,将每个投影带的坐标原点向西移500 km,则投影带中任一点的横坐标值恒为正值。例如,图1.8(b)中,$y_A=$

500 000 m + 27 680 m = 527 680 m，y_B = 500 000 m − 34 320 m = 465 680 m。

为了能确定某点在哪一个6°带内，在横坐标值前冠以带的编号。例如，设 A 点位于第18带内，则其横坐标值为 y_A = 18 527 680 m。

3）独立平面直角坐标系

在小区域内进行测量工作，通常采用平面直角坐标系。在没有国家控制点或不便于与国家控制点联测的小地区测量中，允许暂时建立独立坐标系以保证测量工作的顺利开展。测量工作中所采用的平面直角坐标系与数学上的平面直角坐标系规定不同，x 轴与 y 轴互换，象限的顺序也相反，如图1.9所示。不过，因为轴向与象限顺序同时都改变，测量坐标系与数学上的坐标系是一致的，因此数学中的公式可以直接应用到测量计算中。

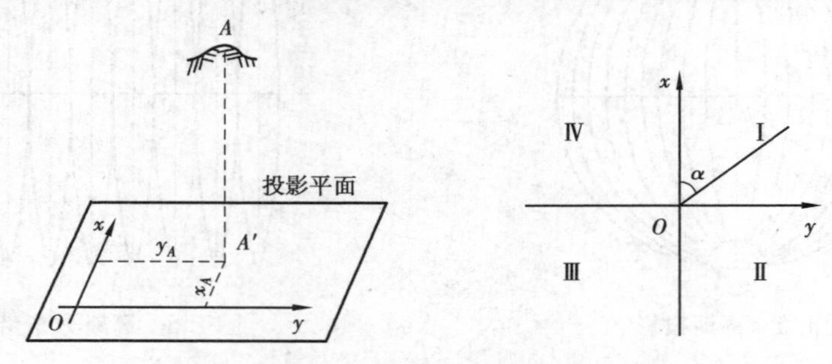

图1.9　测量平面直角坐标系

1.3.2　高程系统

为了确定地面点的空间位置，除了要确定其在基准面上的投影位置外，还应确定其沿投影方向到基准面的距离，即确定地面的高程。

地面点到大地水准面的铅垂距离，称为该点的绝对高程（简称高程，又称海拔），图1.10中 A，B 两点的绝对高程分别为 H_A，H_B。

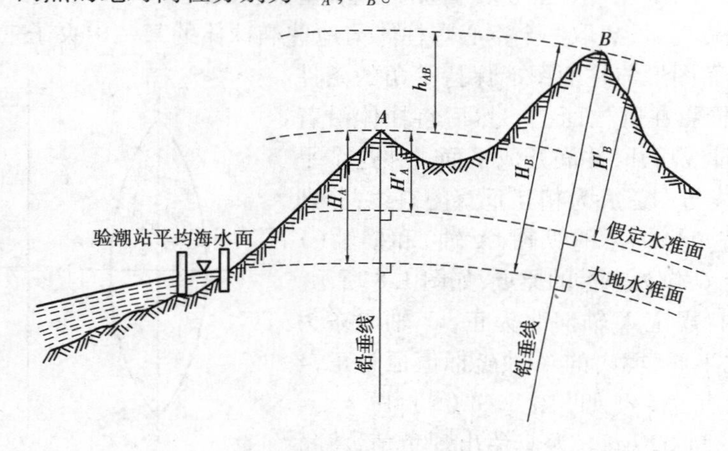

图1.10　高程系统

如果基准面不是大地水准面而是任意假定水准面时，则点到假定水准面的距离称为相对高程或假定高程，用 H' 表示。

高程值有正有负，在基准面以上的点，其高程值为正，反之为负。

地面上两点间绝对高程或相对高程之差称为高差，用 h 表示。图1.10中 A 点到 B 点的高差为：

$$h_{AB} = H_B - H_A = H'_B - H'_A \tag{1.1}$$

高差有正、负之分，它反映相邻两点间的地面是上坡还是下坡，如果 h 为正，是上坡；h 为负，是下坡。

新中国成立以来，我国曾以青岛验潮站多年观测资料求得的黄海平均海水面作为我国的大地水准面（高程基准面），由此建立了“1956年黄海高程系统”，并在青岛市观象山上建立了国家水准点，其基点高程 $H=72.289$ m。随着几十年验潮站观测资料的积累与计算，更加精确地确定了黄海平均海水面，于是在1987年启用“1985年国家高程基准”，此时测定的国家水准基点高程 $H=72.260$ m。根据国家测绘总局国测发[1987]198号文件通告，此后全国都应以“1985年国家高程基准”作为统一的国家高程系统。现在仍在使用的“1956年黄海高程系统”及其他高程系统均应统一到“1985年国家高程基准”的高程系统上。在实际测量中，特别要注意高程系统的统一。

1.4　用水平面代替水准面的影响及限度

当测区范围小，用水平面代替水准面所产生的误差不超过测量误差的容许范围时，可以用水平面向代替水准面。但是在多大面积范围才容许这种代替，有必要加以讨论。为讨论方便，假定大地水准面为圆球面。

1）对距离的影响

如图1.11所示，设球面（水准面）P 与水平面 P' 在点 A 相切，A，B 两点在球面上弧长为 D，在水平面上的距离（水平距离）为 D'，即

$$D = R\theta \qquad D' = R\tan\theta$$

式中　R——球面的半径；

θ——弧长所对的角度。

以水平面距离 D' 代替球面上弧长 D 所产生的误差 ΔD，则

$$\Delta D = D' - D = R(\tan\theta - \theta) \tag{1.2}$$

将式(1.2)中 $\tan\theta$ 按级数展开，并略去高次项，得

$$\tan\theta = \theta + \frac{1}{3}\theta^3 + \frac{2}{15}\theta^5 + \cdots$$

将上式代入式(1.2)，因 $\theta=\dfrac{D}{R}$，整理可得

$$\Delta D = \frac{D^3}{3R^2} \tag{1.3}$$

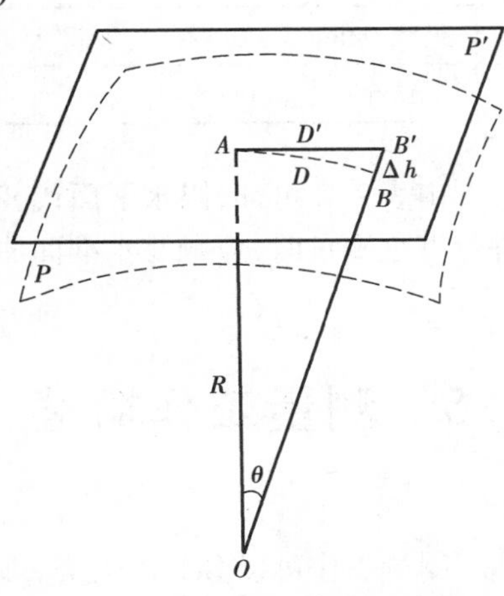

图1.11　水平面代替水准面的影响

$$\frac{\Delta D}{D}=\frac{1}{3}\left(\frac{D}{R}\right)^2 \tag{1.4}$$

若取地球半径 $R=6\ 371$ km,并以不同的 D 值代入式(1.3)和式(1.4),则可得出距离误差 ΔD 和相应相对误差 $\Delta D/D$,如表1.1所列。

表1.1　水平面代替水准面的距离误差和相对误差

距离 D/km	距离误差 ΔD/cm	相对误差 $\Delta D/D$
10	0.8	1：1 250 000
25	12.8	1：200 000
50	102.7	1：49 000
100	821.2	1：12 000

由表1.1可知,当距离为10 km时,以平面代替曲面所产生的距离相对误差为1：120万,这样微小的误差,就是在地面上进行最精密的距离测量也是容许的。因此,在半径为10 km的范围内,以水平面代替水准面所产生的距离误差可以忽略不计。

2)对高差的影响

在图1.11中,A,B 两点在同一球面(水准面)上,其高程应相等(即高差为零)。B 点投影到水平面上得 B' 点。则 BB' 即为水平面代替水准面而产生的高差误差。设 $BB'=\Delta h$,则

$$(R+\Delta h)^2=R^2+D^2 \tag{1.5}$$

整理得

$$\Delta h=\frac{D'^2}{2R+\Delta h}$$

上式中,可以用 D 代替 D',同时 Δh 与 $2R$ 相比可略去不计,则

$$\Delta h=\frac{D^2}{2R} \tag{1.6}$$

以不同的 D 代入式(1.6),取 $R=6\ 371$ km,则得相应的高差误差值,如表1.2所列。

表1.2　水平面代替水准面的高差误差

距离 D/km	0.1	0.2	0.3	0.4	0.5	1	2	5	10
Δh/cm	0.08	0.3	0.7	1.3	2	8	31	196	785

由表1.2可知,以水平面代替水准面,在1 km的距离上,高差误差就有8 cm。因此,当进行高程测量时,应顾及水准面曲率(又称地球曲率)的影响。

1.5　测量工作概述

测量工作可以分为两大类,即地形图测量(或称“测定”)和施工放样(或称“测设”)。地球表面复杂多样的形态可分为地物和地貌两大类;地面上由人工建造的固定附着

物,如房屋、道路、桥梁、界址等称为地物;地面上自然形成的高低起伏等变化,如高山、深谷、陡坡、悬崖等,称为地貌。地物和地貌总称为地形。

地形图测绘(或称"测定")是指将地面所有地物和地貌,使用测量仪器,按一定的程序和方法,根据地形图图式所规定的符号,并按一定的比例尺测绘在图纸上的全部工作。

施工放样(或称"测设")则是根据图上设计好的厂房、道路、桥梁等的轴线位置、尺寸及高程等,计算出各特征点与控制点之间的距离、角度、高差等数据,将其如实地标定到地面。

1.5.1　测量工作应遵循的原则

测绘地形图或放样建筑物位置时,要在某一点上测绘出该测区全部地形或者放样出建筑物的全部位置是不可能的。如图1.12(a)所示的A点,在该点只能测绘附近的地形或放样附近的建筑物位置(如图中拟建建筑物P),对于位于山后面的部分以及较远的地形就观测不到。因此,需要在若干点上分区施测,最好将各分区地形拼接成一幅完整的地形图,如图1.12(b)所示。施工放样也是如此。但是,任何测量工作都会产生不可避免的误差,故每点(站)上的测量都应采取一定的程序和方法,遵循测量的基本原则,以防误差积累,保证测绘成果的质量。

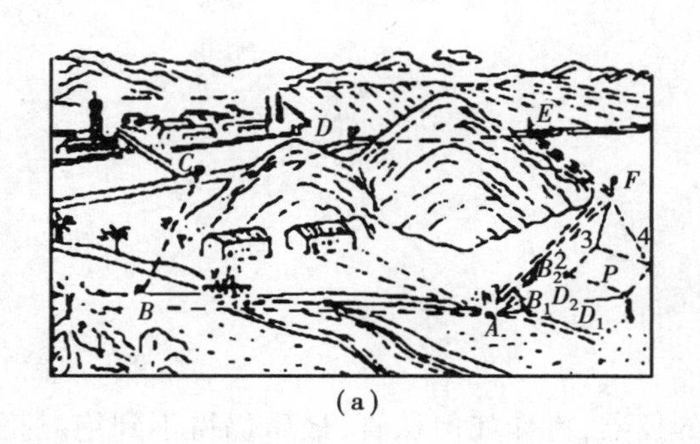

(a)

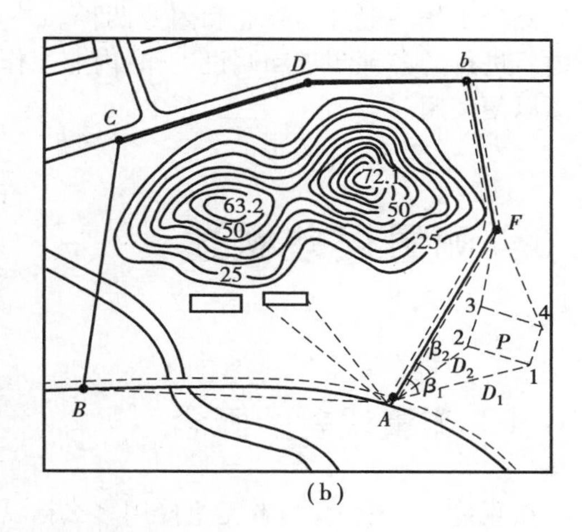

(b)

图1.12　地形和地形图示意图

在实际测量工作中应当遵守以下基本原则:

①在测量布局上,应遵循"由整体到局部"的原则;在测量精度上,应遵循"由高级到低级"的原则;在测量次序上,应遵循"先控制后碎部"的原则。

②在测量过程中,应遵循"前一步测量工作未作校核,不进行下一步测量工作"的原则。

1.5.2　控制测量的概念

1)控制测量

测量工作的原则是"从整体到局部,先控制后碎部",就是说要先在测区内选择一些有控制意义的点,用精确的方法测定它们的平面位置和高程,然后再根据它们测定其他地面点的位置。在测量工作中,将这些有控制意义的点称为控制点,由控制点所构成的几何图形称为控制网,而将精确测定控制点点位的工作称为控制测量。

控制测量包括平面控制测量和高程控制测量。

2)碎部测量

一般将表示地物形态变化的点称为地物特征点,也叫碎部点。测图工作主要就是测定这些碎部点的平面坐标和高程。测量工作中,将测定碎部点的工作,称为碎部测量。因此,测定碎部点的位置通常分两步进行:先进行控制测量,再进行碎部测量。

1.5.3 测量的基本工作

综上所述,控制测量和碎部测量以及施工放样等,其实质都是为了确定点的位置。碎部测量是将地面上的点位测定后绘标到图纸上或为用户提供测量数据和成果;而施工放样则是把设计图上的建(构)筑物点位测设到实地上,作为施工的依据。可见,所有要测的点位都离不开距离、角度及高差这3个基本观测量。因此,距离测量、角度测量和高差测量(水准测量)是测量的三项基本工作。

测量工作一般分为外业和内业两种。外业工作的内容包括应用测量仪器和工具在测区内所进行的各种测定和测设工作;内业工作是将外业观测的结果加以整理、计算,并绘制成图以便使用。

1.6 测量误差概述

1.6.1 测量误差的概念

在测量工作中,观测者无论使用多么精良的仪器,操作如何认真,最后仍得不到绝对正确的测量成果,这说明在各观测值之间或在观测值与理论值之间不可避免地存在着差异,我们称这些差异为观测值的测量误差。

设某观测量的真值用 X 表示。若以 $l_i(i=1,2,\cdots,n)$ 表示对某量的 n 次观测值,并以 Δ_i 表示真误差,则真误差可定义为观测值与真值之差,即

$$\Delta_i = l_i - X \tag{1.7}$$

1.6.2 测量误差的产生

测量工作是在一定条件下进行的,一般来说,外界环境、测量仪器和观测者构成观测条件。而观测条件的不理想或不断变化,是产生测量误差的根本原因。

1)外界环境

外界环境主要指观测环境中气温、气压、空气湿度和清晰度、大气折光、风力等因素,这些因素的不断变化会导致观测结果带有误差。

2)仪器误差

仪器误差主要包括仪器制造误差和检校残余误差。

3)观测者误差

观测者的感官鉴别能力、技术熟练程度和劳动态度等也会产生误差。可见,观测条件不可能完全理想,测量误差的产生不可避免。但是,在测量工作实践中,可以采取一定的措施和方法来改善、控制观测条件,从而能够控制测量误差。

综上所述,观测结果的质量与观测条件的优劣有着密切关系。观测条件好,观测误差就可能会小一些,观测结果的质量相应高一些;反之,观测结果的质量就会相应降低。当观测条件相同时,可以认为观测结果的质量是相同的。于是,我们称在相同条件下所进行的一组观测为等精度观测,而称在不同条件下所进行的一组观测为非等精度观测。

1.6.3　测量误差的分类

测量误差按性质可分为两类,即系统误差和偶然误差(又称随机误差)。此外,还有属于错误性质的"粗差"。

1)系统误差

在相同观测条件下,对某量进行一系列观测,若误差的数值和正负号按一定规律变化或保持不变(或者误差数值虽有变化而正负号不变),具有这种性质的误差称为系统误差。

例如,用一把名义长度为30 m,而经检定后其实际长度为29.990 m的钢尺来量距,则每量30 m的距离,就会产生1 cm的误差,如果丈量60 m的距离,就会产生2 cm的误差。

性质:这些误差在测量成果中具有累积性,对测量成果质量的影响较为显著。

减弱措施:由于这些误差具有一定的规律性,所以,我们可以通过加入改正数或采取一定的观测措施来消除或尽量减少其对测量成果的影响,将系统误差消除或减少到可以忽略不计的程度。

2)偶然误差

在相同观测条件下,对某量进行一系列观测,若误差的取值有多种可能,其数值和正负号均无法确定,即就误差列中的单个误差来看,其数值和正负号没有规律性,但从误差列的总体来观察,则具有一定的统计规律,这种误差称为偶然误差,又称随机误差。

例如,在相同的观测条件下,用经纬仪对一个三角形的三个内角进行了80次观测,得到80组三个内角和的观测值 l_i,它们与观测值真值 X(三角形内角和为180°)之差为真误差 Δ_i(即三角形角度闭合差),见式(1.7)。

80次观测三角形内角和的真误差 Δ,按其大小和一定区间,列于表1.3。

表 1.3　误差统计表

误差大小的区间	负误差个数	正误差个数	总数	所占百分数/%
0″~5″	14	15	29	36.25
5″~10″	11	10	21	26.25
10″~15″	9	7	16	20
15″~20″	5	4	9	11.25
20″~25″	1	2	3	3.75
25″~30″	1	1	2	2.50
30″以上	0	0	0	0
总　计	41	39	80	100

从表 1.3 中可看出：

①误差全部都出现在 $-30'' \sim +30''$，最大误差不超出 $\pm 30''$。

②绝对值相等的正、负误差出现的个数大致相等。

③绝对值小的误差比绝对值大的误差出现的机会多。

以上规律在其他的观测结果中都同样存在。因此，可以总结出，偶然误差的性质是服从或近似服从正态的随机误差。它具有以下特点：

①具有一定的范围。在一定的观测条件下，偶然误差的绝对值不会超过一定的限值。

②绝对值小的误差比绝对值大的误差出现的概率大。

③绝对值相等的正、负误差出现的概率相同。

④同一量的等精度观测，其偶然误差的算术平均值，随着观测次数的无限增加而趋于零，即 $\lim\limits_{n \to \infty} \dfrac{[\Delta]}{n} = 0$。

根据上述规律，在相同的条件下，如果对一段距离或对一个角度进行多次观测，其算术平均值是最接近观测值真值的，即为最可靠值。

为了更明显地反映误差分布情况，可以将表 1.3 中所列的数据用图像来表示，如图 1.13所示。图中横坐标(Δ)表示误差的大小，纵坐标(n)表示误差出现的个数。

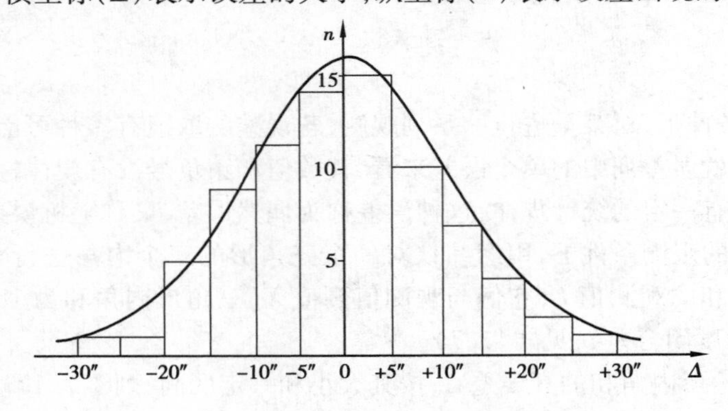

图 1.13　偶然误差统计直方图

如果将误差的区间无限缩小,那么连接图中各长方形顶边所形成的折线,变成一条光滑的曲线,称为误差的分布曲线,这种误差的分布呈正态分布。误差曲线形状比较陡峻的,表示绝对值小的误差出现的机会多些,观测的质量较好;反之,曲线形状比较平缓,表示绝对值小的误差出现的机会比较少,观测的质量较差。

偶然误差是由观测条件受到诸多无法预料的因素影响所致。偶然误差,就个别值而言,在数值和正负号上确实无规律可循,是无法预知的。在测量工作中,我们只能靠选择合适的仪器、规范正确的操作方法和认真负责的态度,在较好的外界条件下进行观测和合理地处理观测数据,以减小偶然误差,但无法将其完全消除。

在观测过程中,系统误差和偶然误差总是相伴而生的。当系统误差占主导地位时,观测误差就呈现一定的系统性;反之,当偶然误差占主导地位时,观测误差就呈现偶然性。如前所述,系统误差有明显的规律性,容易发现,也较易控制,在测量过程中总可以采取各种办法消除其影响,使其处于次要地位。而偶然误差则不然,它不能完全消除,故本章中所讨论的测量误差,均指偶然误差。

3)粗差

粗差是测量中的疏忽大意而造成的错误或电子测量仪器产生的伪观测值。

粗差非常有害,会对工程造成难以估量的损失。所以,在测量工作过程中,应尽早将粗差剔除。

1.7　衡量精度的数字指标

由于偶然误差不可避免地存在于各种测量成果中,为了说明测量成果的精确程度,必须确定一个衡量测量成果的统一标准。衡量精度的标准有多种,在测量中常用的有中误差、限差、相对误差。

1.7.1　中误差

1)中误差 m

高斯分布密度函数中的参数 σ,在几何上是曲线拐点的横坐标,概率论中称为随机变量的标准差(方差的平方根)。当观测条件一定时,误差分布状态唯一被确定,误差分布曲线的两个拐点也唯一被确定。用 σ 作为精度指标,可以定量地衡量观测质量。所以在衡量观测精度时,就不必再作误差分布表,也不必绘制直方图,只要设法计算出该组误差所对应的标准差 σ 值即可。

σ 的平方称为方差(σ^2),在概率论中有严格的定义:方差 σ^2 是随机变量 x 与其数学期望 $E(x)$之差的平方的数学期望。用数学公式表达为:

$$\sigma^2 = E[x - E(x)]^2 \tag{1.8}$$

用测量专业的术语来叙述标准差 σ:在一定观测条件下,当观测次数 n 无限增加时,观

测量的真误差 Δ_i 的平方和的平均数的平方根的极限，由式(1.9)表示：

$$\sigma = \pm\sqrt{\sigma^2} = \pm\lim_{n\to\infty}\sqrt{\frac{[\Delta_i\Delta_i]}{n}}(i = 1,2,\cdots,n) \tag{1.9}$$

式中，$[\Delta_i\Delta_i]$ 为真误差 Δ_i 的平方和，等价于 $\sum_{i=1}^{n}\Delta_i^2 = \Delta_1^2 + \Delta_2^2 + \cdots + \Delta_n^2, \Delta_i = l_i - X$。

通常，观测次数 n 总是有限的，只能求得标准差的“估值”，记作 m，称为“中误差”。其值可用式(1.10)计算：

$$m = \hat{\sigma} = \pm\sqrt{\frac{[\Delta_i\Delta_i]}{n}}(i = 1,2,\cdots,n) \tag{1.10}$$

由中误差的定义可知，中误差 m 不等于每个测量值的真误差，它只是反映这组真误差群体分布的离散程度大小的数字指标。

2)平均误差 θ

定义：在一定观测条件下，当观测次数 n 无限增加时，真误差绝对值的理论平均值的极限称为平均误差，记作

$$\theta = \pm\lim_{n\to\infty}\frac{[|\Delta_i|]}{n}(i = 1,2,\cdots,n) \tag{1.11}$$

因观测次数 n 总是有限的，故其估值表示：

$$\theta = \hat{\theta} = \frac{[|\Delta_i|]}{n}(i = 1,2,\cdots,n) \tag{1.12}$$

式中，$[|\Delta_i|]$为真误差绝对值之和。

【例1.1】 对某个三角形的内角用两种不同精度的仪器各进行了10次观测，求得每次观测所得的三角形内角和的真误差为

Ⅰ 列：+3″，-4″，-3″，+4″，-5″，-2″，+3″，+3″，-4″，+5″

Ⅱ 列：-1″，0″，+12″，0″，-1″，-10″，+1″，0″，+1″，-10″

试求其观测精度。

【解】 (1)用中误差公式计算

$$m_1 = \pm\sqrt{\frac{[\Delta_i\Delta_i]}{n}} = \pm\sqrt{\frac{138}{10}} = \pm 3.7''$$

$$m_2 = \pm\sqrt{\frac{[\Delta_i\Delta_i]}{n}} = \pm\sqrt{\frac{348}{10}} = \pm 5.9''$$

(2)用平均误差公式计算

$$\theta_1 = \frac{[|\Delta_i|]}{n} = \frac{36}{10} = 3.6''$$

$$\theta_2 = \frac{[|\Delta_i|]}{n} = \frac{36}{10} = 3.6''$$

计算结果表明：用中误差衡量观测精度，第一列高于第二列，符合客观实际，因第二列中有+12″，-10″，-10″三个大的误差存在，误差分布离散。很显然，用平均误差来衡量观测精度，在本例题中未能有效地反映实际情况。

1.7.2　限差

在一定观测条件下,误差不会超出一定的限值。当误差超过限值时,就认为观测结果不符合要求,应舍去。我们称这样的限值为限差。

理论及实验研究表明,误差落在区间$(-k\sigma, +k\sigma)$的概率为

$k=1$时,$P(\Delta)\approx 68.3\%$;

$k=2$时,$P(\Delta)\approx 95.5\%$;

$k=3$时,$P(\Delta)\approx 99.7\%$。

由此可见,误差大于2倍中误差时,出现的概率仅为4.5%;误差大于3倍中误差时,出现的概率为0.3%。由于大于2倍中误差的偶然误差出现的机会已很小,因此,现行测量规范中,提出更严格的要求,以2倍中误差作为误差的限值,称为测量成果取舍的限差,也称容许误差,即

$$\Delta_{限} = 2\ m \tag{1.13}$$

在测量工作中,真误差、中误差和容许误差都称为绝对误差。

1.7.3　相对误差

在进行精度评定时,有时仅利用绝对误差并不能反映测量的精度,还必须引入相对误差的概念。

相对误差是指用误差的绝对值与测量值之比,记作K。习惯上相对误差用分子为1的分数表达,分母越大,相对误差越小,测量的精度就越高。

【例1.2】　用同一把已检定过的钢尺分别丈量两条边,长度分别为30 m和90 m,其中误差(绝对误差)均为±10 mm。试衡量其测量精度。

【解】　若用绝对误差衡量测量精度,因$m_1=m_2=\pm 10$ mm,无法判别哪条边丈量的精度更高。现计算相对误差,有

$$K_1=\frac{|m_1|}{L_1}=\frac{10}{30\times 1\,000}=\frac{1}{3\,000}$$

$$K_2=\frac{|m_2|}{L_2}=\frac{10}{90\times 1\,000}=\frac{1}{9\,000}$$

即第二条边丈量精度高于第一条边。距离测量中常用相对误差衡量其测量精度。

1.8　误差传播定律

在测量工作中,有些未知量不可能直接观测测定,或者是不便于直接测定,而是需要利用直接测定的观测值按一定的公式计算出来。

例如，利用水准仪观测某一站的高差为

$$h = a - b$$

h 就是直接观测值 a，b 的函数。若已知直接观测值 a，b 的中误差为 m_a，m_b 后，求出函数 h 的中误差 m_h，即为观测值函数的中误差。

由上可知，直接观测量的误差导致它们的函数也存在误差，函数的误差是直接观测量的误差传播来的。

1.8.1 线性函数的误差传播

设有线性函数为：

$$F = K_1x_1 \pm K_2x_2 \pm \cdots \pm K_nx_n \tag{1.14}$$

式中，$K_1, K_2, \cdots, K_n$ 为常数，$x_1, x_2, \cdots, x_n$ 为独立的观测值，它们的中误差分别为 m_1，$m_2, \cdots, m_n$，函数 F 的中误差为 m_F，可得到：

$$m_F = \pm\sqrt{K_1^2m_1^2 + K_2^2m_2^2 + \cdots + K_n^2m_n^2} \tag{1.15}$$

即线性函数的中误差等于各常数与相应观测值中误差乘积的平方和之平方根。

【例 1.3】 设对某一未知量 P，在相同观测条件下进行多次观测，观测值分别为 l_1，$l_2, \cdots, l_n$，其中误差均为 m，求算术平均值 x 的中误差 M。

【解】

$$x = \frac{\sum_{i=1}^{n} l}{n} = \frac{1}{n}(l_1 + l_2 + \cdots + l_n)$$

根据式(5.8)，算术平均值的中误差为：

$$M^2 = \left(\frac{1}{n}m_1\right)^2 + \left(\frac{1}{n}m_2\right)^2 + \cdots + \left(\frac{1}{n}m_n\right)^2$$

因为 $m_1 = m_2 = \cdots = m_n = m$，得：

$$M = \pm\frac{m}{\sqrt{n}}$$

从上式中可知，算术平均值中误差是观测值中误差的$\frac{1}{\sqrt{n}}$倍。观测次数越多，算术平均值的误差越小，精度越高。但精度的提高仅与观测次数的平方根成正比，当观测次数增加到一定次数后，精度就提高得很少。所以增加观测次数只能适可而止，还应设法提高观测值本身的精度。比如，提高测量技能，采用精度较高的仪器设备，在外界条件良好的情况下作业等。

1.8.2 非线性函数的误差传播

设有非线性函数为

$$Z = F(x_1, x_2, \cdots, x_n) \tag{1.16}$$

式中，$x_1, x_2, \cdots, x_n$ 为独立的观测值，它们的中误差分别为 $m_1, m_2, \cdots, m_n$，函数 F 的中误差为 m_F，将式(1.16)取微分可得到：

$$dZ = \frac{\partial F}{\partial x_1}dx_1 + \frac{\partial F}{\partial x_2}dx_2 + \cdots + \frac{\partial F}{\partial x_n}dx_n \tag{1.17}$$

假设独立观测值 $x_1, x_2, \cdots, x_n$ 相对应的真误差为 Δx_i，由于 Δx_i 的存在，使得函数 Z 对应产生真误差 ΔZ。

由于 Δx_i 及 ΔZ 都非常小，因此在式(1.17)中，可以近似用 Δx_i 及 ΔZ 代替 dx_i 及 dZ，则有：

$$\Delta Z = \frac{\partial F}{\partial x_1}\Delta x_1 + \frac{\partial F}{\partial x_2}\Delta x_2 + \cdots + \frac{\partial F}{\partial x_n}\Delta x_n \tag{1.18}$$

式(1.18)中$\frac{\partial F}{\partial x_i}$为函数 F 对各自变量的偏导数，将观测值代入，则$\frac{\partial F}{\partial x_i}$即为确定的常数，假设$\frac{\partial F}{\partial x_i}=f_i$，则式(1.18)可写成

$$\Delta Z = f_1\Delta x_1 + f_2\Delta x_2 + \cdots + f_n\Delta x_n \tag{1.19}$$

根据偶然误差的分布规律及中误差的定义，其对应的函数中误差为

$$m_Z^2 = f_1^2 m_1^2 + f_2^2 m_2^2 + \cdots + f_n^2 m_n^2 \tag{1.20}$$

即

$$m_Z = \pm\sqrt{\left(\frac{\partial F}{\partial x_1}\right)^2 m_1^2 + \left(\frac{\partial F}{\partial x_2}\right)^2 m_2^2 + \cdots + \left(\frac{\partial F}{\partial x_n}\right)^2 m_n^2} \tag{1.21}$$

式(1.21)为误差传播定律的一般形式，因此，在使用时需要注意，各观测值 x_i 必须为相互独立的变量。

【例1.4】 某水准路线各测段高差的观测值中误差分别为 $h_1 = 15.316\ \text{m} \pm 5\ \text{mm}$，$h_2 = 8.171\ \text{m} \pm 4\ \text{mm}$，$h_3 = -6.625\ \text{m} \pm 3\ \text{mm}$，试求总的高差及其中误差。

【解】 $h = h_1 + h_2 + h_3 = 15.316\ \text{m} + 8.171\ \text{m} - 6.625\ \text{m} = 16.862\ \text{m}$

$m_h^2 = m_1^2 + m_2^2 + m_3^2 = 5^2 + 4^2 + 3^2$

$m_h = \pm 7.1\ \text{mm}$

所以，$h = 16.862\ \text{m} \pm 7.1\ \text{mm}$

【例1.5】 在三角形 ABC 中，$\angle A$ 和 $\angle B$ 的观测中误差 m_A 和 m_B 分别为 $\pm 3''$ 和 $\pm 4''$，试推算 $\angle C$ 的中误差 m_C。

【解】 $\angle C = 180° - (\angle A + \angle B)$

因为180°是已知数没有误差，则得到：

$$m_C^2 = m_A^2 + m_B^2 = (\pm 3'')^2 + (\pm 4'')^2$$

则 $m_C = \pm 5''$

1.9 等精度直接观测值的最可靠值

1.9.1 算术平均值

设对某未知量 X 进行一组(n 次)等精度观测,其真值为 X,观测值分别为 $l_1,l_2,\cdots,l_n$,相应的真误差为 $\Delta_1,\Delta_2,\cdots,\Delta_n$,则可得到一组真误差:

$$\Delta_1 = l_1 - x_1$$
$$\Delta_2 = l_2 - x_2$$
$$\vdots$$
$$\Delta_n = l_n - x_n$$

将等号两边取和再同除以观测次数 n,得:

$$\frac{[\Delta]}{n} = \frac{[l]}{n} - X = L - X$$

由偶然误差特性可知,$\lim\limits_{n\to\infty}\dfrac{[\Delta]}{n}=0$

即 $n\to\infty$ 时,$X=\dfrac{[l]}{n}=L$(算术平均值),有

$$L = \frac{[l]}{n} = \frac{[\Delta]}{n} + X$$

$$\lim_{n\to\infty}L = \lim_{n\to\infty}\frac{[\Delta]}{n} + X = X$$

也就是说,$n\to\infty$ 时,算术平均值等于未知量的真值。

1.9.2 评定精度

等精度观测值中误差的计算公式为:

$$m = \hat{\sigma} = \pm\sqrt{\frac{[\Delta_i\Delta_i]}{n}}$$

$$\Delta_i = l_i - X \quad (i = 1,2,\cdots,n) \tag{1.22}$$

在实际工作中,未知量的真值往往是不知道的,因而真误差也就无法求得,所以常用改正数 V 来确定中误差。

即:

$$V_i = L - l_i \quad (i = 1,2,\cdots,n) \tag{1.23}$$
$$V_1 = L - l_1$$
$$V_2 = L - l_2$$

$$\vdots$$

$$V_n = L - l_n$$

$$[V] = nL - [l] = 0$$

为了评定精度,可以导出由改正数 V 来计算观测值中误差的公式,由式(1.22)和式(1.23)可以得到下面两个方程组:

$$\begin{aligned} \Delta_1 &= l_1 - X \\ \Delta_2 &= l_2 - X \\ &\vdots \\ \Delta_n &= l_n - X \end{aligned} \quad 和 \quad \begin{aligned} V_1 &= L - l_1 \\ V_2 &= L - l_2 \\ &\vdots \\ V_n &= L - l_n \end{aligned}$$

联解上面方程组,可得到观测值中误差的计算公式为:

$$m = \pm\sqrt{\frac{[VV]}{n-1}} \tag{1.24}$$

【例1.6】 用经纬仪测量某角6次,观测值列于表1.4中,求观测值的中误差。

表1.4　某角度观测值

观测次数	观测值	V	VV	计算
1	36°50′30″	−4″	16	$m = \pm\sqrt{\frac{[VV]}{n-1}}$
2	36°50′26″	0″	0	$= \pm\sqrt{\frac{[34]}{6-1}}$
3	36°50′28″	−2″	4	$= \pm 2.6''$
4	36°50′24″	+2″	4	
5	36°50′25″	+1″	1	
6	36°50′23″	+3″	9	
	L=36°50′26″	0	34	

【解】 由式(1.24),可得:

$$m = \pm\sqrt{\frac{[VV]}{n-1}} = \pm\sqrt{\frac{34}{6-1}} = \pm 2.6''$$

算术平均值 L 的中误差,由式 $M = \pm\frac{m}{\sqrt{n}}$ 可得:

$$M = \pm\frac{m}{\sqrt{n}} = \pm\frac{2.6''}{\sqrt{6}} = \pm 1.1''$$

注意,在以上计算中 $m = \pm 2.6''$ 为观测中误差,$M = \pm 1.1''$ 为算术平均值的中误差。最后结果及其精度可写为:

$$L = 36°50'26'' \pm 1.1''$$

思考与练习

1.1　测量学研究的基本内容是什么?

1.2　测定与测设有何区别?

1.3　测量所用平面直角坐标系同数学上通常所用的平面直角坐标系有什么不同?

1.4　何谓大地水准面? 它有什么特点和作用?

1.5　什么是绝对高程、相对高程及高差?

1.6　用水平面代替水准面对水平距离和高差分别有何影响?

1.7　已知 A,B 两点高程分别为 $H_A = 640\ 632$ m,$H_B = 730\ 239$ m,求 h_{AB} 和 h_{BA}。

1.8　测量工作的基本原则是什么? 基本工作是什么?

1.9　工程测量的主要任务是什么?

1.10　如何检验测量误差的存在? 产生误差的原因是什么?

1.11　什么是系统误差、偶然误差和粗差?

1.12　系统误差有哪些特点? 如何预防和减少系统误差对观测成果的影响?

1.13　写出真误差的表达式,指出偶然误差的特性。

1.14　极限误差取值2倍中误差的理论根据是什么?

1.15　一个三角形,测定了两个内角,两个内角的观测中误差都是 ±20″,求第三个内角的中误差。

1.16　一长方形,测定两边长为 $a = 15.234$ m ± 2.5 mm,$b = 25.364$ m ± 3.4 mm,求该长方形的面积及其中误差。

1.17　试分析下表角度测量、水准测量中的误差类型及消除、减少、改正的方法。

测量工作	误差名称	误差类型	消除、减少、改正方法
角度测量	对中误差		
	目标倾斜误差		
	瞄准误差		
	读数时估读不准		
	管水准轴不垂直竖轴		
	视准轴不垂直横轴		
	照准部偏心差		
水准测量	附合气泡居中不准		
	水准尺未立直		
	前后视距不等		
	标尺读数估读不准		
	管水准轴不平行于视准轴		

单元 2　水准测量

在测量工作中，要确定地面点的空间位置，即要确定地面点的平面坐标和地面点的高程。高程测量按使用的仪器和施测方法分为水准测量和三角高程测量。水准测量是利用水准仪提供的水平视线，对位于待测定高差的两点上的水准尺进行读数，以测得两点间的高差，进而由已知点的高程推算未知点的高程，一般适用于平坦地区；三角高程测量是用经纬仪和测距仪测定垂直角和距离，按照三角原理计算两点间的高差，适用于非平坦地区。水准测量是高程测量的主要方法，本章主要介绍水准测量。

2.1　水准测量原理

水准测量是利用水准仪提供的水平视线，对竖立在两点上的水准尺读数，以测定两点间的高差，从而由已知点的高程推算未知点的高程。

如图 2.1 所示，已知 A 点高程，欲测定 B 点的高程，可在 A，B 两点的中间安置一台能够提供水平视线的仪器——水准仪，A，B 两点上竖立水准尺，读数分别为 a，b。

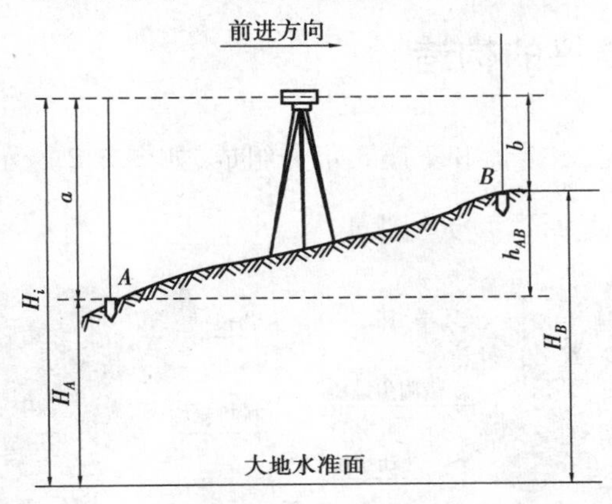

图 2.1　水准测量基本原理

则 A，B 两点的高差为：

$$h_{AB} = H_B - H_A = a - b \tag{2.1}$$

而 B 点的高程为：

$$H_B = H_A + h_{AB} \tag{2.2}$$

这里高差用 h_{AB} 表示，其含义是由 A 到 B 的高差，若写成 h_{BA} 则指从 B 到 A 的高差。若水准测量是从 A 点向 B 点进行的，则称 A 点为后视点，其水准尺读数为后视尺读数；称 B 点为前视点，其水准尺读数为前视尺读数。A 点和 B 点的高差 h_{AB} 有正负：高差为正，表示 B 点比 A 点高；高差为负，表示 B 点比 A 点低。

以上利用高差计算高程的方法，称为高差法。

由图 2.1 可知，A 点的高程加上后视读数等于水准仪的视线高程，简称视线高程，设 H_i，即

$$H_i = H_A + a \tag{2.3}$$

则 B 点高程等于视线高程减去前视读数，即

$$H_B = H_i - b = (H_A + a) - b \tag{2.4}$$

由式(2.4)用视线高程计算 B 点高程的方法，称为视线高程法。当需要安置一次仪器测得多个前视点高程时，利用视线高程法比较方便。

2.2 水准测量的仪器及工具

水准测量所使用的仪器为水准仪，使用的工具为水准尺和尺垫。水准仪按其精度分为 DS_{05}、DS_1、DS_3、DS_{10} 几种等级。“D”和“S”是“大地”和“水准仪”的汉语拼音的第一个字母，其下标的数值为水准仪每千米往返误差中数的偶然中误差，以毫米计(05 代表 0.5 mm，1 代表 1 mm，以此类推)。DS_{05}、DS_1 级水准仪一般称为精密水准仪，DS_3、DS_{10} 级水准仪一般称为工程水准仪或普通水准仪。本节主要介绍 DS_3 级水准仪。

2.2.1 DS_3 级水准仪的构造

DS_3 水准仪由望远镜、水准器和基座 3 部分组成，如图 2.2 所示。

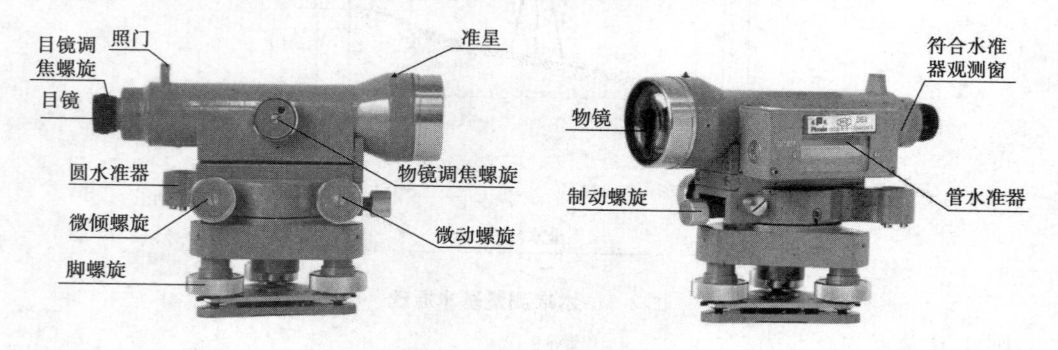

图 2.2　DS_3 水准仪

1)望远镜

望远镜是水准仪上的重要部件,用来瞄准远处的水准尺进行读数,它由物镜、调焦透镜、调焦螺旋、十字丝分划板和目镜组成。

物镜由两片以上的透镜组成,作用是与调焦透镜一起使远处的目标成像在十字丝平面上,形成缩小的实像。旋转调焦螺旋,可使不同距离目标的成像清晰地落在十字丝分划板上,此操作称为调焦或物镜对光。目镜也是由一组复合透镜组成,其作用是将物镜所成的实像连同十字丝一起放大成虚像,转动目镜旋钮,可使十字丝影像清晰,此称目镜对光。

十字丝分划板是安装在镜筒内的一块光学玻璃板,上面刻有两条互相垂直的十字丝,竖直的一条称为纵丝或竖丝,水平的一条称为横丝或中丝,与横丝平行的上、下两条对称的短丝称为视距丝,用以测定距离。水准测量时,用十字丝交叉点和中丝瞄准目标并读数。

物镜光心与十字丝交点的连线称望远镜的视准轴。合理操作水准仪后,视准轴的延长线即为水准测量所需要的水平视线。从望远镜内所看到的目标放大虚像的视角 β 与眼睛直视观察目标的视角 α 的比值,称望远镜的放大率,一般用 υ 表示:

$$\upsilon = \frac{\beta}{\alpha} \tag{2.5}$$

望远镜的放大率一般在20倍以上。

2)水准器

水准器主要用来整平仪器、指示视准轴是否处于水平位置,是操作人员判断水准仪是否置平正确的重要部件。普通水准仪通常有圆水准器和管水准器两种。

(1)圆水准器

圆水准器外形如图2.3所示。顶部玻璃的内表面为球面,内装有乙醚溶液,密封后留有气泡。球面中心刻有圆圈,其圆心即为圆水准器零点。通过零点与球面曲率中心连线,称为圆水准轴。当气泡居中时,该轴线处于铅垂位置;气泡偏离零点,轴线呈倾斜状态。气泡中心偏离零点2 mm所倾斜的角,称为圆水准器的分划值。DS_3 型水准仪圆水准器分划值一般为$\frac{8' \sim 10'}{2\ \text{mm}}$。圆水准器的精度较低,用于仪器的粗略整平。

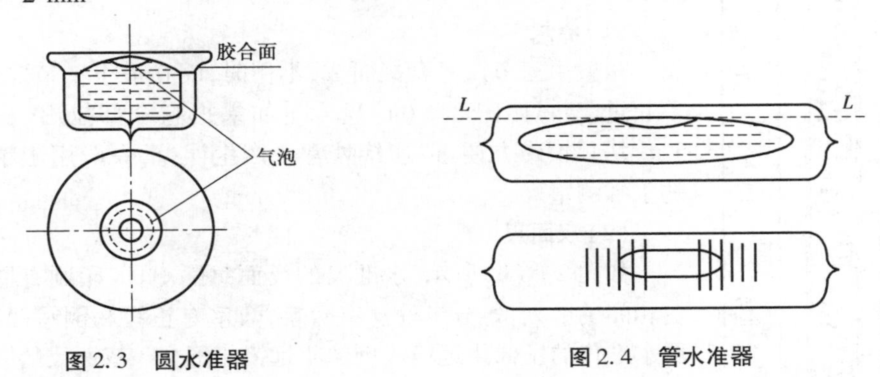

图2.3 圆水准器　　图2.4 管水准器

(2)管水准器

管水准器又称为水准管,如图2.4所示。它是一个管状玻璃管,其纵向内壁磨成一定半径的圆弧,管内装乙醚溶液,加热熔封,冷却后在管内形成一个气泡。由于气泡较液体轻,气泡恒处于管内最高位置。水准管内壁圆弧的中心点(最高点)为水准管的零点,过零点与圆弧相切的线称水准管轴(图 2.4 中 $L—L$)。当气泡中点处于零点位置时,称气泡居中,这时水准管轴处于水平位置。在水准管上,一般由零点向两侧有数条间隔 2 mm 的分划线,相邻分划线 2 mm 圆弧所对的圆心角,称为水准管的分划值,用“τ”表示。

$$\tau = \frac{2\rho}{R} \tag{2.6}$$

式中 R——水准管圆弧半径,mm;

ρ——弧度的秒值,$\rho = 206\ 265''$。

水准管分划值越小,灵敏度越高。DS_3 型水准仪水准管的分划值为 20″,记作$\frac{20''}{2\ \text{mm}}$。由于水准管的精度较高,因而用于仪器的精确整平。

3)基座

基座位于仪器下部,主要由轴座、脚螺旋和连接板等组成。仪器上部通过竖轴插入轴座内,有基座承托。脚螺旋用于调节圆水准气泡,使气泡居中。连接板通过连接螺旋与三脚架相连接。

水准仪除了上述部分外,还装有制动螺旋、微动螺旋和微倾螺旋。拧紧制动螺旋时,仪器固定不动,此时转动微动螺旋使望远镜在水平方向作微小转动,用以精确瞄准目标。微倾螺旋可使望远镜在竖直面内微动,由于望远镜和管水准器连为一体,且视准轴与管水准轴平行,所以圆水准气泡居中后,转动微倾螺旋使管水准气泡影像符合,即可利用水平视线读数。

2.2.2 水准尺和尺垫

1)水准尺

水准尺是水准测量中用于高差量度的标尺,如图 2.5 所示。水准尺制造用材有优质木材、铝材和玻璃钢等,长度有 2,3,5 m。根据构造,水准尺又可分为塔尺和双面尺两种。

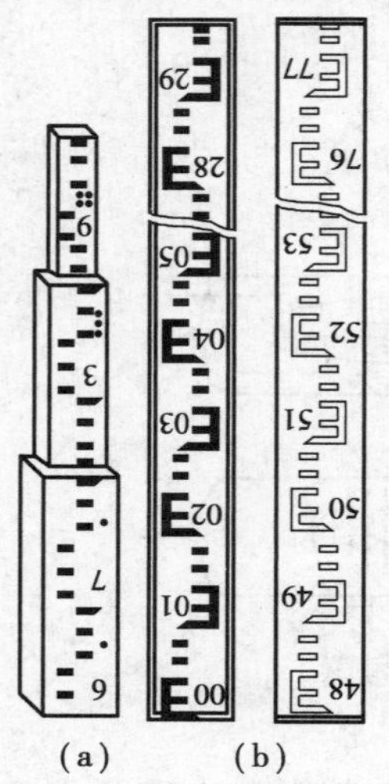

(a)　　(b)

图 2.5　水准尺

(1)塔尺

一般由三节尺身套接而成,不用时,缩在最下一节之内,长度不超过 2 m,如图 2.5(a)所示。如果把它全部拉出,长度可达 5 m。塔尺携带方便,但连接处常会产生误差,一般用于精度较低的水准测量。

(2)双面尺

如图 2.5(b)所示,水准尺的尺面每隔 1 cm 印刷有黑白或红白相间的分划,每分米处注有数字,数字有正写和倒写两种,分别与水准仪的正像望远镜或倒像望远镜相配合。双面尺的一面为黑白分划,称为“黑面尺”;另一面为红白分划,称为“红面尺”。黑面尺的尺底端从零开始注记读数,而红面尺底端从某一数值(4 687 mm 或 4 787 mm)开始,称为零点差。利用红黑面尺零点差可以对水准读数进行检核，提高水准测量的精度。

2)尺垫

水准测量中有许多地方需要设置转点，为防止观测过程中尺子下沉而影响读数的准确性，应在转点处放一尺垫，如图2.6所示。尺垫一般由平面为三角形的铸铁制成，下面有三个尖脚，便于踩入土中，使之稳定。上面有一突起的半球形小包，立水准尺于球顶，尺底部仅接触球顶最高的一点，当水准尺转动方向时，尺底的高程不会改变。

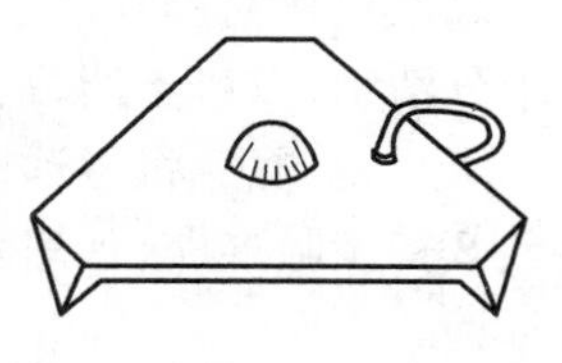

图2.6　尺垫

2.3　水准仪的操作

在安置仪器之前，应放好仪器的三脚架。松开架腿上的3个制动螺旋，伸缩架腿，使三脚架的安置高度约在观测者的胸颈部，旋紧制动螺旋。三脚等距分开，使架头大致水平。如在泥土地面，应将三脚架的三个脚尖踩入土中，使脚架稳定。

然后从仪器箱内取出水准仪，放在三脚架头上，一手握住仪器，一手将三脚架上的连接螺旋旋入水准仪基座的螺孔内，使连接牢固，以防止仪器从架头上摔下来。

水准仪进行水准测量的操作程序为：粗平→瞄准→精平→读数。

1)粗平

粗略整平简称粗平。通过调节脚螺旋将圆水准器气泡居中，使仪器的竖轴大致竖直，从而使视准轴（即视线）基本水平。如图2.7(a)所示，首先用双手的大拇指和食指按箭头所指方向转动脚螺旋①、②，使气泡从偏离中心的位置a沿①和②脚螺旋连线方向移动到位置b，如图2.7(b)所示，然后用左手按箭头所指方向转动脚螺旋③使气泡居中，如图2.7(c)所示。气泡移动的方向始终与左手大拇指转动的方向一致，称为“左手大拇指法则”。

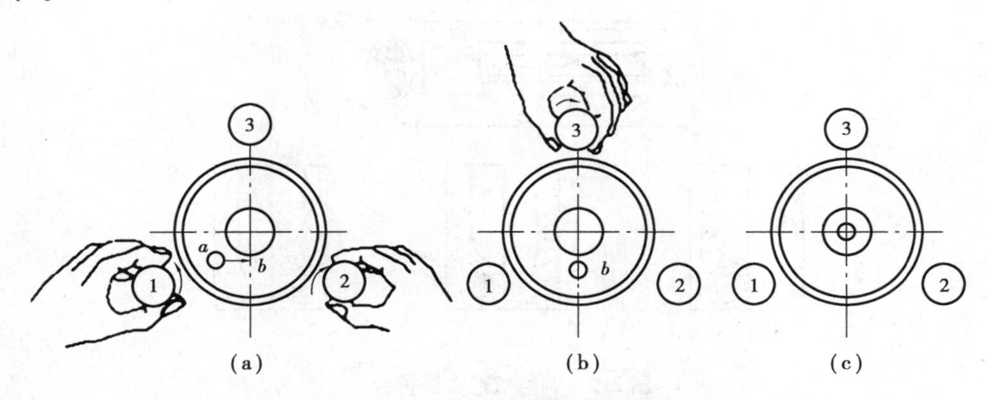

图2.7　使圆水准器气泡居中

2）瞄准

瞄准目标简称瞄准。把望远镜对准水准尺，进行调焦（对光），使十字丝和水准尺成像都十分清晰，以便于读数。具体操作过程为：

①目镜调焦：将望远镜对向明亮背景，转动目镜对光螺旋，使十字丝十分清晰。

②初步瞄准：松开制动螺旋，用望远镜上的缺口和准星瞄准水准尺，旋紧制动螺旋固定望远镜。

③物镜调焦：转动物镜对光螺旋，使水准尺成像十分清晰。

④精确瞄准：用微动螺旋使十字丝靠近水准尺一侧，此时，可检查水准尺在左、右方向是否有倾斜，如有倾斜，则要指挥立尺者纠正。

⑤消除视差：转动微动螺旋使十字丝竖丝位于水准尺上，如果调焦不到位，就会使尺子成像面与十字丝分划平面不重合，如图2.8所示。此时，观测者的眼睛靠近目镜端上下微微移动就会发现十字丝横丝在尺上的读数也在随之变动，这种现象称为视差。视差的存在将影响读数的正确性，必须加以消除。消除的方法是仔细地反复调节目镜和物镜对光螺旋，直至尺子成像清晰稳定，读数不变为止。

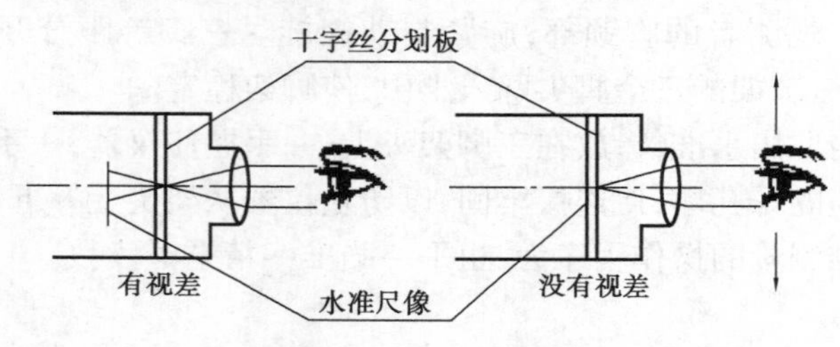

图2.8　视差的产生

3）精平

精确整平简称精平，就是在读数前转动微倾螺旋使水准管气泡居中（气泡影像符合），从而达到视准轴精确水平的目的，如图2.9所示。由于气泡影像移动有惯性，在转动微倾螺旋时要慢、稳、轻，速度不宜过快。

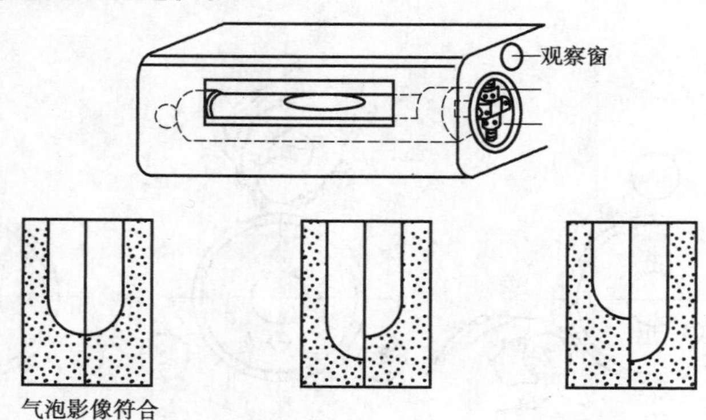

图2.9　调整气泡影像符合

必须指出，由于水准仪粗平后，竖轴不是严格铅直，当望远镜由一个目标（后视）转到另一个目标（前视）时，气泡不一定符合，应重新精平，气泡居中符合后才能读数。

4)读数

水准仪精平后,应立即用十字丝的横丝在水准尺上读数,如图2.10所示。

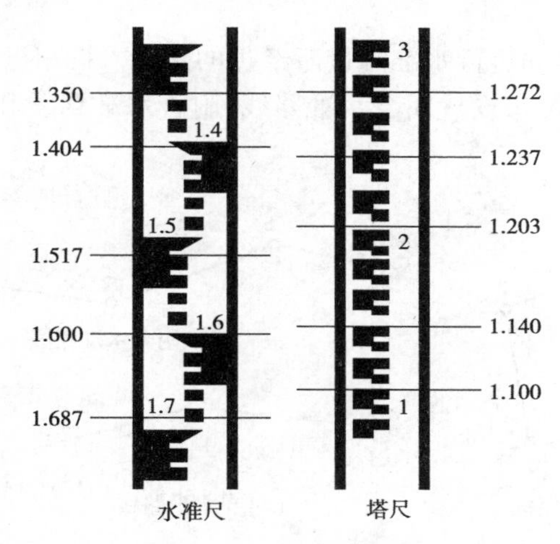

图2.10　水准仪的读数

读数前要弄清水准尺的刻划特征,成像要清晰稳定。为了保证读数的准确性,读数时先估读毫米数,再读出米、分米、厘米数。读数前务必检查是否符合水准气泡影像,以保证在水平视线上读取数值的准确性;还要特别注意不要错读单位和发生漏零现象。

2.4　地面上两水准点间高差的测定

2.4.1　水准点

水准点是通过水准测量方法获得其高程的高程控制点(代号BM,英文Bench Mark的缩写)。水准点有永久性水准点和临时性水准点两种。永久性水准点用混凝土制成标石,标石顶部嵌有半球形的金属标志(如图2.11(a)所示),球形的顶面标志该点的高程。水准点标石应埋在地基稳固、便于长期保存又便于观测的地方。临时性水准点,一般用木桩打入地面,桩顶用半球形的铁钉钉入作为测量用的基准点(观测点),如图2.11(b)所示。

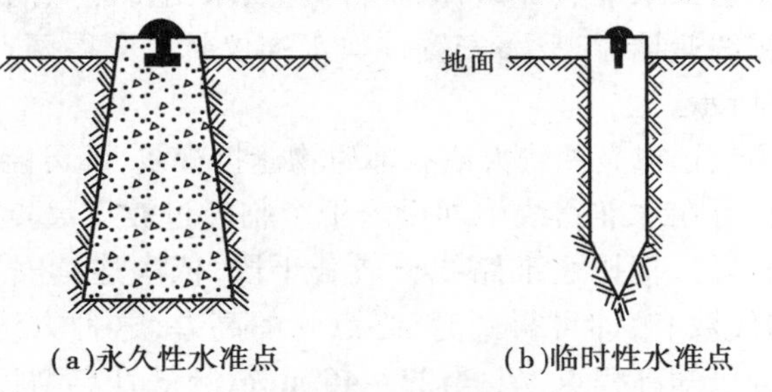

(a)永久性水准点　　(b)临时性水准点

图2.11　水准点

2.4.2 水准路线

水准路线是在水准点间进行水准测量所经过的路线。根据已知水准点的分布情况和实际需要,水准路线一般可布设成闭合水准路线、附合水准路线和支水准路线,如图2.12所示。

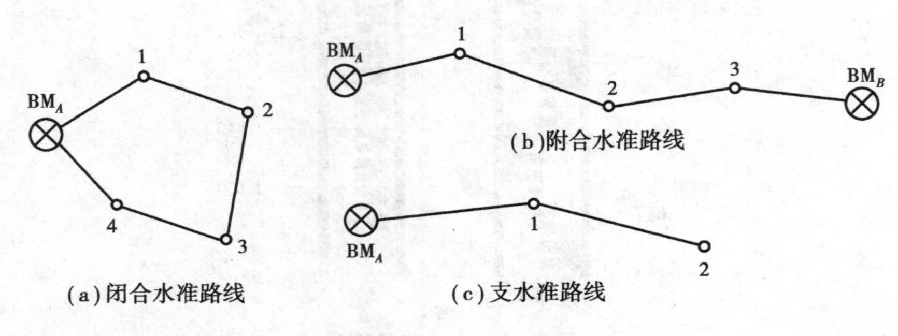

图2.12 水准路线

1)闭合水准路线

如图2.12(a)所示,从已知水准点BM$_A$出发,沿待定水准点1,2,3,4进行水准测量,最后又回到原出发水准点BM$_A$,称为闭合水准路线。

2)附合水准路线

如图2.12(b)所示,从已知水准点BM$_A$出发,沿待定水准点1,2,3进行水准测量,最后附合到另一个已知水准点BM$_B$所构成的水准路线,称为附合水准路线。

3)支水准路线

如图2.12(c)所示,从已知水准点BM$_A$出发,沿待定水准点1,2进行水准测量,其路线既不闭合也不附合,而是形成一条支线,称为支水准路线。支水准路线应进行往返测量,以便通过往返测高差检核观测的正确性。

2.4.3 水准测量方法

水准测量一般是从已知水准点开始,测至待测点,求出待测点的高程。当两点间相距不远,高差不大,且无视线遮挡时,只需安置一次水准仪就可测得两点间的高差,此称为简单水准测量,如图2.1所示。

当两水准点间相距较远或高差较大或有障碍物遮挡视线,不可能仅安置一次仪器即测得两点间的高差,此时,可在水准路线中加设若干个临时过渡立尺点(称为转点,代号TP,英文Turning Point的缩写),把原水准路线分成若干段,依次连续安置水准仪测定各段高差,最后取各段高差的代数和,即可得到起、终点间的高差,这种方法称为连续水准测量。如图2.13所示,设A为已知高程点,$H_A=123.446$ m,欲测量B点高程,观测步骤如下:

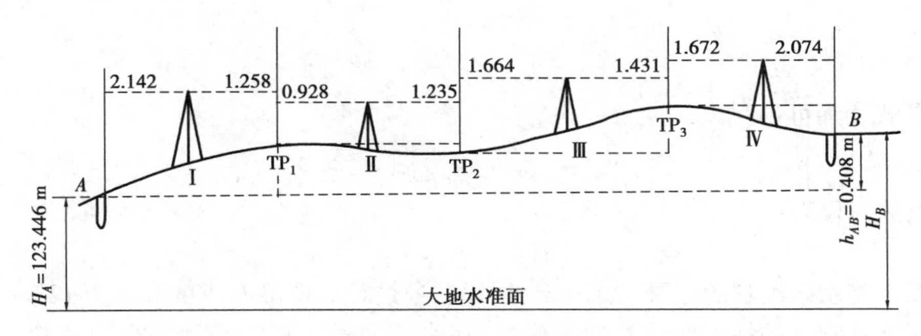

图 2.13　连续水准测量

置仪器距已知 A 点适当距离处，水准仪粗平后，瞄准后视点 A 的水准尺，精平、读数为 2.142 m，记入水准测量手簿（见表 2.1）后视栏内。在路线前进方向且与后视点等距离处，选择转点 TP_1 立尺，转动水准仪瞄准前视点 TP_1 的水准尺，精平、读数为 1.258 m，记入水准测量手簿（见表 2.1）前视栏内，此为一测站工作。后视读数减前视读数即为 A，TP_1 两点间的高差 $h_1=+0.884$ m，填入表 2.1 中相应位置。

表 2.1　水准测量手簿

工程名称：　　日期：　　观测：

仪器编号：　　天气：　　记录：

测站	点号	后视读数/m	前视读数/m	高差/m	高程/m	备注
Ⅰ	A	2.142		+0.884	123.446	
	TP_1		1.258			
Ⅱ	TP_1	0.928		−0.307		
	TP_2		1.235			
Ⅲ	TP_2	1.664		+0.233		
	TP_3		1.431			
Ⅳ	TP_3	1.672		−0.402		
	B		2.074		123.854	
计算校核	$\sum$	6.406	5.998	0.408	0.408	
		0.408				
		$\sum a-\sum b=+0.408$		$\sum h=+0.408$	$H_B-H_A=+0.408$	

第一测站结束后，转点 TP_1 的水准尺不动，将 A 点水准尺移至 TP_2 点，安置仪器于 TP_1，TP_2 两点间等距离处，按测站Ⅰ观测顺序进行观测与计算，以此类推，测至终点 B。

显然，每安置一次仪器，便测得一个高差，根据高差计算公式（2.1）可得：

$$h_1=a_1-b_1$$
$$h_2=a_2-b_2$$

$$\vdots$$

$$h_n = a_n - b_n$$

将各式相加可得：

$$h_{AB} = \sum h = \sum a - \sum b \tag{2.7}$$

B 点的高程为：

$$H_B = H_A + h_{AB}$$

表 2.1 是水准测量的记录手簿和有关计算，通过计算得出 B 点的高程为 123.854 m。

为了保证观测的精度和计算的准确性，在水准测量过程中必须进行测站检核和计算检核：

1）测站检核

在每一测站上，为了保证前、后视读数的正确性，通常要进行测站检核。测站检核常用两次仪高法和双面尺法。

（1）两次仪器高法

①在两立尺点（可能是水准点，也可能是转点）上立水准尺，并在距两立尺点距离相等处安置水准仪，进行粗平工作。

②照准后视尺，精平，读后视尺读数 a，记入读数。

③照准前视尺，精平，读前视尺读数 b，记入读数。

④高差计算：$h_{AB} = a - b$。

⑤变动仪器高（升幅或降幅大于 10 cm），粗平后重复②～④步。每站两次仪器高测得的高差互差不大于 ±5 mm 时，取其均值作该站测量的结果；大于 5 mm 时称为超限，应重测。其瞄准水准尺、读数的次序为：后→前→前→后。

（2）双面尺法

用双面尺法，可同时读取每一根水准尺的黑面和红面读数，无须改变仪器高度，能加快观测的速度。观测程序如下：

①瞄准后视点水准尺黑面→精平→读数。

②瞄准前视点水准尺黑面→精平→读数。

③瞄准前视点水准尺红面→精平→读数。

④瞄准后视点水准尺红面→精平→读数。

其观测程序也为“后→前→前→后”。对于尺面刻划来说，程序为“黑→黑→红→红”。测得的高差互差不大于 5 mm 时，取其均值作该站测量的结果；大于 5 mm 时称为超限，应重测。对于双面尺，红面读数时要注意：一对尺中两根尺的红面起始读数不一样，分别从 4 687 mm和 4 787 mm 开始。

2）计算检核

计算检核是对记录表中每一页高差和高程计算进行的检核。计算检核的条件应满足以下等式：

$$\sum a - \sum b = \sum h = H_B - H_A \tag{2.8}$$

否则，说明计算有误。例如表 2.1 中：

$$\sum a - \sum b = 6.406\ \text{m} - 5.998\ \text{m} = 0.408\ \text{m}$$

$$\sum h = 0.408\ \text{m}$$

$$H_B - H_A = 123.854\ \text{m} - 123.446\ \text{m} = 0.408\ \text{m}$$

等式条件成立,说明高差和高程计算正确。

2.4.4　成果检核

通过水准测量中两次仪高法或者双面尺法的测站检核,虽符合要求,但是对于整条路线来说,还不能保证没有错误。例如,用作转点的尺垫在仪器搬站期间被碰动等所引起的误差还需要通过闭合差来检验。

1)闭合水准路线测量成果检核

如图2.12(a)中的闭合水准路线,因为路线的起点和终点为同一点BM_A,因此路线的高差总和在理论上应等于零,即:$\sum h_{理} = 0$。但实际上总会有误差,使高差闭合差不等于零。则高差闭合差为:

$$f_h = \sum h_{测} \tag{2.9}$$

2)附合水准路线成果检核

如图2.12(b)中的附合水准路线,作为起、终点的水准点BM_A,BM_B的高程$H_{始}$,$H_{终}$是已知的,故起、终点间的高差总和的理论值为:

$$\sum h_{理} = H_{终} - H_{始} \tag{2.10}$$

附合水准路线测得的高差总和$\sum h_{测}$与理论值的差数即为高差闭合差,用f_h表示:

$$f_h = \sum h_{测} - \sum h_{理} = \sum h_{测} - (H_{终} - H_{始}) \tag{2.11}$$

3)支水准路线测量成果检核

如图2.12(c)中的支水准路线,一般需往返观测。由于往返观测的方向相反,因此,往测高差总和$\sum h_{往}$与返测高差总和$\sum h_{返}$两者的绝对值应相等而符号相反,即往、返测得的高差的代数和在理论上应等于零。故支水准路线往、返测得的高差闭合差为

$$f_h = \sum h_{往} + \sum h_{返} \tag{2.12}$$

4)各水准路线高差的容许值

由于仪器的精密程度和观测者的分辨能力都有一定的限制,而且还受到外界环境的影像,观测中含有一定范围内的误差是不可避免的,高差闭合差f_h即为水准测量误差的反映。当f_h在容许范围内时,认为精度合格,成果可用;否则,应返工重测,直至符合要求为止。容许的高差闭合差是在研究误差产生的规律和根据实际工作中的要求而提出来的。在不同等级水准测量中,都规定了高差闭合差的限值。

图根水准测量:

$$\left.\begin{aligned}平地: f_{h容} &= \pm 40\sqrt{L} \\ 山地: f_{h容} &= \pm 12\sqrt{n}\end{aligned}\right\} \tag{2.13}$$

四等水准测量：

$$\left.\begin{aligned}平地: f_{h容} &= \pm 20\sqrt{L} \\ 山地: f_{h容} &= \pm 6\sqrt{n}\end{aligned}\right\} \tag{2.14}$$

式中，$f_{h容}$以 mm 计；L 为水准路线长度，以 km 计；n 为水准路线中总的测站数。

2.5 水准测量的内业计算

水准测量外业测量数据如检核无误，只要满足规定等级的精度要求，就可以进行内业成果计算。内业计算工作的主要内容是：调整高差闭合差，计算出各待测点的高程。

2.5.1 附合水准路线的内业计算

图 2.14 为某附合水准路线观测成果简图。BM_A 和 BM_B 为已知高程的水准点，图中箭头表示水准测量前进方向，路线上方的数字为测得的两点间的高差（以 m 为单位），路线下方数字为该段路线的长度（以 km 为单位），试计算待定点 1，2，3 点的高程。现以此为例，介绍附合水准路线的内业计算步骤，见表 2.2。

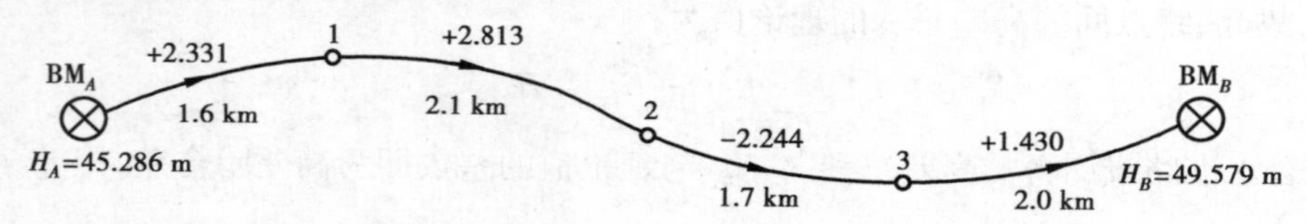

图 2.14　附合水准路线简图

1）高差闭合差的计算

$$f_h = \sum h_{测} - (H_{终} - H_{始}) = 4.330\ \text{m} - (49.579 - 45.286)\ \text{m}$$
$$= +0.037\ \text{m} = +37\ \text{mm}$$

容许高差闭合差：$f_{h容} = \pm 40\sqrt{L} = \pm 40\sqrt{7.4}\ \text{mm} = \pm 109\ \text{mm}$

因为 $|f_h| < |f_{h容}|$，故其精度符合要求。

2）闭合差的调整

闭合差调整的原则和方法是：按与测站距离（或测站数）成正比例，并反其符号改正到各相应的高差上，得改正后高差，即：

按距离：
$$v_i = -\frac{f_h}{\sum l} l_i \tag{2.15}$$

按测站数：
$$v_i = -\frac{f_h}{\sum n} n_i \tag{2.16}$$

改正后高差为：

$$h_{i改} = h_{i测} + v_i \tag{2.17}$$

式中　$v_i, h_{i改}$——第 i 测段的高差改正数与改正后高差；

$\sum n, \sum l$——路线总测站数与总长度；

n_i, l_i——第 i 测段的测站数与长度。

表 2.2　附合水准测量成果计算表

测段	点号	距离/km	测得高差/m	改正数/m	改正后高差/m	高程/m	备注
1	2	3	4	5	6	7	8
	BM_A					45.286	
1		1.6	+2.331	−0.008	+2.323		
	1					47.609	
2		2.1	+2.813	−0.011	+2.802		
	2					50.411	
3		1.7	−2.244	−0.008	−2.252		
	3					48.159	
4		2.0	+1.430	−0.010	+1.420		
	BM_B					49.579	
$\sum$		7.4	+4.330	−0.037	+4.293		
辅助计算	$f_h = \sum h_{测} - (H_{终} - H_{始}) = +37\ \text{mm}$　$L = 7.4\ \text{km}$ $f_{h容} = \pm 40\sqrt{L} = \pm 109\ \text{mm}$　$-f_h/L = -0.005\ \text{m}$						

以第1和第2测段为例，测段改正数为：

$$v_1 = -\frac{f_h}{\sum l} l_1 = -\frac{0.037\ \text{m}}{7.4\ \text{km}} \times 1.6\ \text{km} = -0.008\ \text{m}$$

$$v_2 = -\frac{f_h}{\sum l} l_2 = -\frac{0.037\ \text{m}}{7.4\ \text{km}} \times 2.1\ \text{km} = -0.011\ \text{m}$$

$$\vdots$$

检核：$\sum v = -f_h = -0.037\ \text{m}$

第1和第2测段改正后的高差为：

$$h_{1改} = h_{1测} + v_1 = +2.331\ \text{m} - 0.008\ \text{m} = 2.323\ \text{m}$$

$$h_{2改} = h_{2测} + v_1 = +2.813\ \text{m} - 0.011\ \text{m} = 2.802\ \text{m}$$

检核：$\sum h_{i改} = H_B - H_A = 4.293\ \text{m}$

3）高程的计算

根据检核过的改正后高差，从起点 BM_A 开始，逐点推算出各站的高程，如：

$$H_1 = H_A + h_{1改} = 45.286 \text{ m} + 2.323 \text{ m} = 47.609 \text{ m}$$
$$H_2 = H_1 + h_{2改} = 47.609 \text{ m} + 2.802 \text{ m} = 50.411 \text{ m}$$

逐点计算,最后算得的 B 点高程应与已知高程 H_B 相等,即:

$$H_{B(算)} = H_{B(已知)} = 49.579 \text{ m}$$

否则,说明高程计算有误。

2.5.2 闭合水准路线的内业计算

闭合水准路线各测段高差的代数和应等于零。如果不等于零,其代数和即为闭合水准路线的闭合差 f_h,即 $f_h = \sum h_{测}$。当 $f_h < f_{h容}$ 时,可进行闭合水准路线的计算调整,其步骤与附合水准路线相同。

2.5.3 支水准路线的内业计算

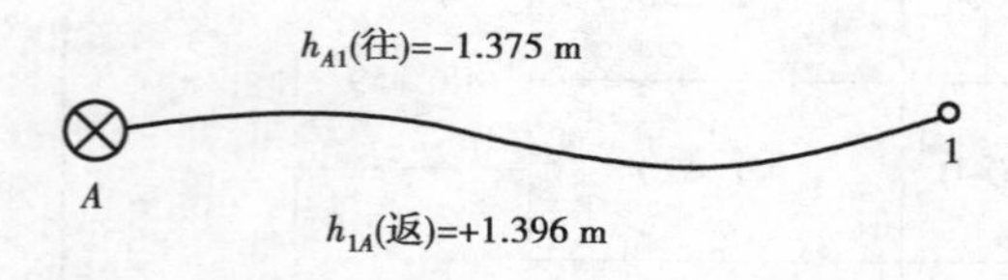

图 2.15 支水准路线略图

对于支水准路线,取其往返测高差的平均值作为成果,高差的符号应以往测为准,最后推算出往测点的高程。

以图 2.15 为例,某支水准路线,已知 A 点高程为 186.785 m,往返测测站数共 16 站。

高差闭合差为:

$$f_h = h_{往} + h_{返} = -1.375 \text{ m} + 1.396 \text{ m} = 0.021 \text{ m}$$

闭合差容许值为:

$$f_{h容} = \pm 12\sqrt{n} = \pm 12\sqrt{16} \text{ mm} = \pm 48 \text{ mm}$$

$|f_h| < |f_{h容}|$,说明符合普通水准测量的要求。检核符合精度要求后,可取往测和返测高差的绝对值的平均值作为 A,1 两点间的高差,其符号取为与往测高差符号相同,即

$$h_{A1} = (-1.375 \text{ m} - 1.396 \text{ m})/2 = -1.386 \text{ m}$$

待测点 1 点的高程为:$H_1 = 186.785 \text{ m} - 1.386 \text{ m} = 185.399 \text{ m}$

2.6 水准仪的检验与校正

2.6.1 水准仪应满足的几何条件

在水准作业前必须对水准仪及水准尺进行检验,使水准仪的各轴线间满足《工程测量规范》(GB 50026—2007)规定的技术标准。

如图 2.16 所示,水准仪应满足以下主要几何关系:

①圆水准器轴应平行于仪器竖轴，即$L'L'/\!/VV$。

②水准管轴应平行于望远镜视准轴，即$LL/\!/CC$。

③望远镜十字丝的横丝应垂直于仪器的竖轴。

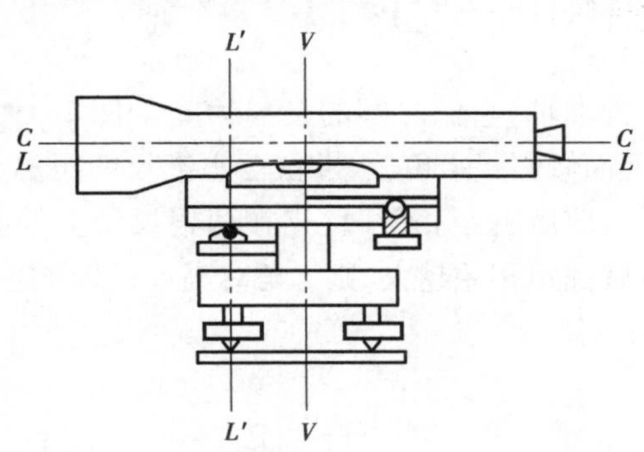

图2.16　水准仪的轴线

2.6.2　水准仪的检验与校正

1)圆水准器轴平行于仪器竖轴的检验与校正

(1)目的

使圆水准器轴平行于竖轴，即$L'L'/\!/VV$。

(2)检验

旋转脚螺旋，使圆水准器气泡居中。之后将仪器绕竖轴旋转180°，气泡仍然居中，则表示该几何条件满足，不必校正。如果圆气泡偏离中心，如图2.17(a)所示，则表示该几何条件不满足，需要进行校正。

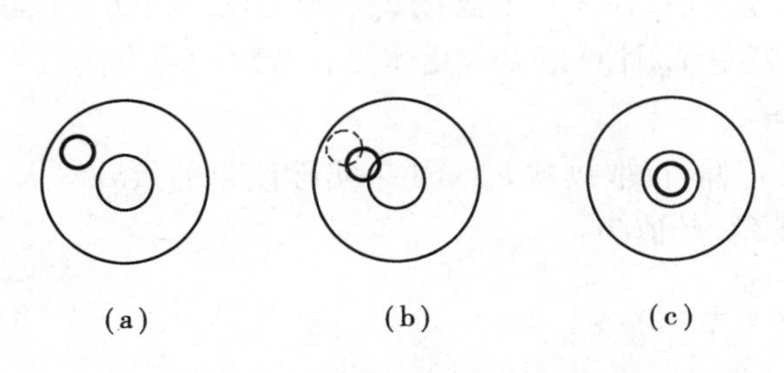

图2.17　圆水准器的检验与校正

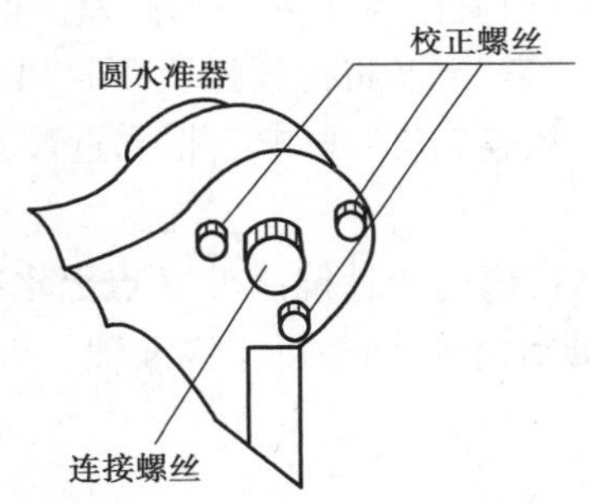

图2.18　圆水准器的校正螺丝

(3)校正

水准仪不动，旋转脚螺旋，使圆气泡向圆水准器中心方向移动偏离值的一半，如图2.17(b)粗线圆圈处，然后用校正针先稍松动一下圆水准器底下中间的连接螺丝(如图2.18所示)，再分别拨动圆水准器底下的3个校正螺丝，使圆气泡居中，如图2.17(c)所示，校正完毕后，应记住把中间那个连接螺丝再旋紧。

2)水准管轴平行于视准轴的检验与校正

(1)目的

使水准管轴平行于视准轴,即 $LL//CC$。

(2)检验

设水准管轴不平行于视准轴,它们之间的交角为 i,如图 2.19 所示。当水准管气泡居中时,视准轴不在水平线上而倾斜了 i 角,水准仪至水准尺的距离越远,由此引起的读数偏差也越大。当仪器至尺子的前后视距相等时,则在两根尺子上的读数偏差 x 也相等,因此对所求高差不受影响。前后视距相差越大,则 i 角对高差的影响也越大。视准轴不平行于水准管轴的误差也称 i 角误差。

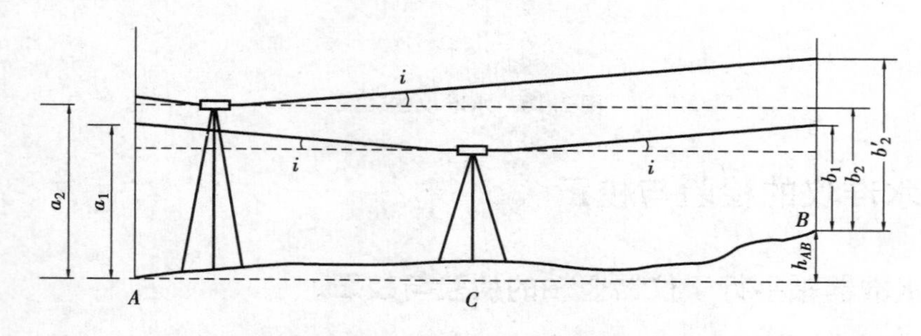

图 2.19　水准管轴平行于视准轴的检验

检验时,在平坦的地面上选定相距为 80 m 左右的 A,B 两点,各打一大木桩或放尺垫,并在上面立尺,然后按以下步骤进行检验:

第一步:将水准仪置于与 A,B 等距离的 C 点,用两次仪器高法测定 A,B 两点间的高差 h_{AB},设其读数分别为 a_1 和 b_1,则 $h_{AB} = a_1 - b_1$。前后两次高差之差如果不大于 5 mm,则取其平均值作为 A,B 间的高差。此时测出的高差 h_{AB}是正确的。

第二步:将仪器搬至距 A 尺 3 m 左右,精平后,在 A 尺上读数 a_2。因为仪器距离 A 尺很近,忽略 i 角的影响。根据近尺读数 a_2 和高差 h_{AB}计算出 B 尺上水平视线时的应有读数:

$$b_2 = a_2 - h_{AB}$$

然后,调转望远镜照准 B 点上水准尺,精平仪器,读取读数 b'_2。如果实际读出的数$b'_2 = b_2$,说明水准管轴平行于视准轴。否则,存在 i 角,其值为:

$$i = \frac{b'_2 - b_2}{D_{AB}}\rho'' \tag{2.18}$$

式中　D_{AB}——A,B 两点间的距离。对于 DS_3 水准仪,i 角大于20″时,要进行校正。

(3)校正

转动微倾螺旋使横丝在 B 尺上的读数从 b_2 移到 b'_2,此时视准轴被调水平,但水准管气泡偏离中心,用校正针拨动水准管一端的上、下两个校正螺丝(位于目镜一端)(如图2.20所示)至水准管两端的影像符合,水准管轴水平,校正完成。校正过程中同样需要弄清楚水准管的升降方向,按前述顺序调节校正螺丝,校正固紧有关螺丝。

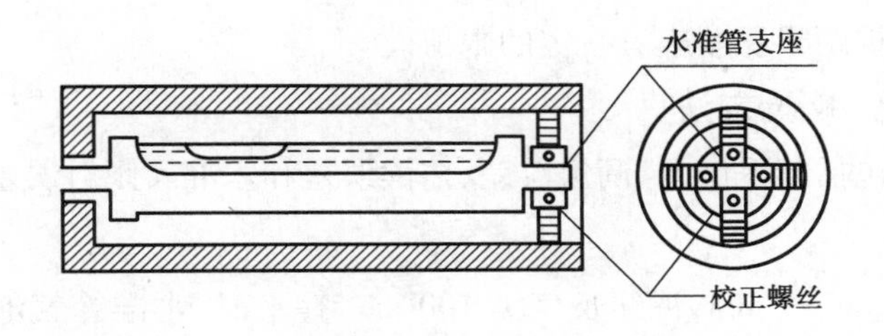

图 2.20　水准管校正螺丝

3) 望远镜十字丝的横丝垂直于仪器竖轴的检验与校正

(1)目的

望远镜十字丝的横丝应垂直于仪器的竖轴。

(2)检验

仪器整平后,在望远镜中用横丝的十字丝中心对准某一标志 P,拧紧制动螺旋,转动微动螺旋。微动时,如果标志始终在横丝上移动,则表明横丝水平;如果标志不在横丝上移动,如图 2.21(a)所示,表明横丝不水平,需要校正。

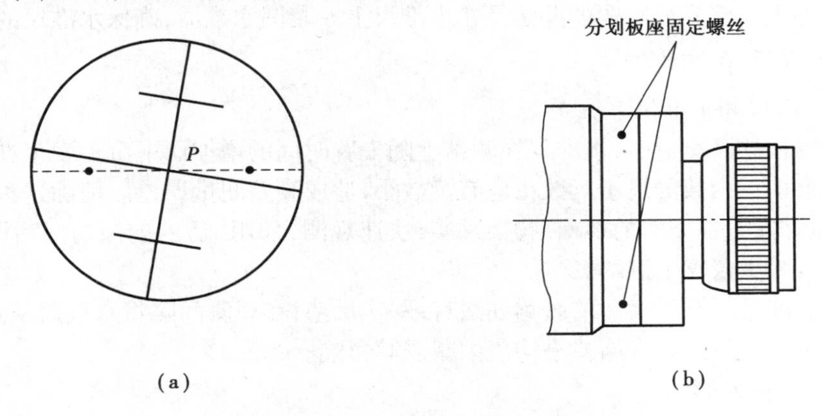

图 2.21　十字丝的检验与校正

(3)校正

松开 4 个十字丝环上的固定螺丝,如图 2.21(b)所示,按十字丝倾斜方向的反方向微微转动十字丝环座,直至 P 点的移动轨迹与横丝重合,表明横丝水平。校正后应将固定螺丝拧紧。

2.7　水准测量误差来源及减弱措施

1) 仪器误差及其减弱方法

因仪器检校不完善,视准轴与水准管轴之间仍然会有微小的交角(i 角误差),而一个测站上前、后视距离相等时,i 角误差对高差测定的影响将被抵消。因此水准测量中前后视距差和每测站前后视距累积差应有一定的限值。

2)观测误差及减弱方法

观测误差主要包括精平误差、调焦误差、估读误差和水准尺倾斜误差。

(1)精平误差

若水准器格值 $r=\frac{20''}{2}$ mm,视线长度为100 m。整平时,水准管气泡偏离中心0.5格,则引起的读数误差可达5 mm。因此,水准测量时一定要严格精平,并果断、快速读数。

(2)调焦误差

在观测时,调焦会引起读数误差。消除或减弱的办法是保持前后视距相等,避免在一站中重复调焦。

(3)估读误差

限制视线长度,作业时态度应认真。

(4)水准尺倾斜误差

在水准测量读数时,若水准尺在视线方向前后倾斜,观测员很难发现,由此造成水准尺读数总是偏大。消除或减弱的办法是在水准尺上安装圆水准器,确保水准尺的铅垂。

3)外界环境的影响

(1)水准仪和水准尺下沉误差

在土壤松软区测量时,水准仪在测站上随安置时间的增加而下沉。发生在两尺读数之间的下沉会使后读数的尺子读数比应有读数小,造成高差测量误差。消除这种误差的办法是,仪器最好安置在坚实的地面,脚架踩实,快速观测,采用"后→前→前→后"的观测程序等方法均可减少仪器下沉的影响。

消除水准尺下沉对读数的影响办法有:踩实尺垫;在观测间隔将水准尺从尺垫上取下,减小下沉量;往返观测,在高差平均值中减弱其影响。

(2)大气折光影响

视线在大气中穿过时,会受到大气折光影响,一般视线离地面越近,光线的折射也就越大。观测时应尽量使视线保持一定高度,一般规定视线须高出地面0.2 m,可减少大气折光的影响。

(3)日照及风力引起的误差

选择好的天气测量,给仪器打伞遮光等都是消除和减弱日照及风的影响的好办法。

2.8 自动安平水准仪

自动安平水准仪与微倾水准仪的最大不同在于它的补偿器。微倾水准仪是依靠复合气泡来使望远镜轴精确处于水平位置,而自动安平水准仪则依靠补偿器来使视线轴处于水平。

补偿器的工作原理是利用地球引力进行工作。它将一组透镜用吊丝悬挂,在地球引力的作用下，悬挂的透镜始终垂直于地面，当仪器没完全整平时，也就是望远镜轴与水平线有一夹角，则相应的补偿器会始终垂直于地面，也将与望远镜轴产生夹角，经过悬挂的透镜，我们的视线就会得到改正，进而得到正确的水平视线。自动安平水准仪可以在不完全整平的情况下正常工作，但由于悬挂物的空间和精度限制，自动安平是有范围的，一般补偿器的有效工作范围是3′。

自动安平水准仪由于没有制动螺旋、管水准器和微倾螺旋，观测时，在仪器粗略整平后，即可直接在水准尺上进行读数。因此，自动安平水准仪的优点是省略了“精平”过程，从而大大加快了测量速度。

图2.22为自动安平水准器的结构示意图，图2.23为苏一光NAL124自动安平水准仪的各部件名称。

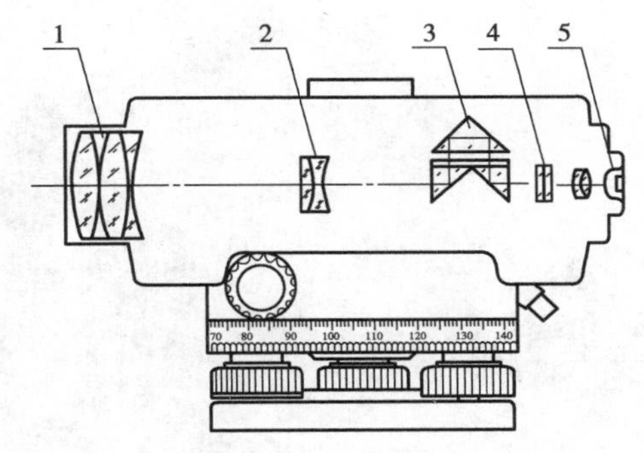

图2.22　自动安平水准仪的结构示意图

1—物镜；2—物镜调焦透镜；3—补偿器棱镜组；4—十字丝分划板；5—目镜

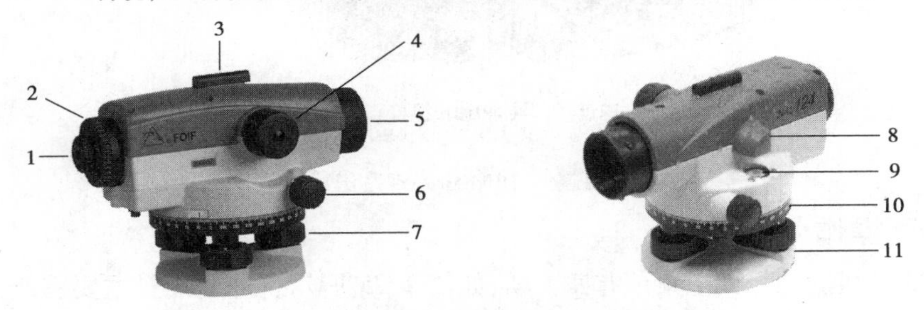

图2.23　苏一光NAL124自动安平水准仪的各部件名称

1—目镜；2—目镜调焦螺旋；3—粗瞄器；4—调焦螺旋；5—物镜；

6—水平微动螺旋；7—脚螺旋；8—反光镜；9—圆水准器；10—刻度盘；11—基座

2.9　电子水准仪

电子水准仪又称数字水准仪，是在自动安平水准仪的基础上发展起来的。它采用条码标尺，各厂家标尺编码的条码图案不相同，不能互换使用。目前照准标尺和调焦仍需目视进行。人工完成照准和调焦之后，标尺条码一方面被成像在望远镜分划板上，供目视观测，另一方面通过望远镜的分光镜,标尺条码又被成像在光电传感器(又称探测器)上,即线阵CCD器件上,供电子读数。因此,如果使用传统水准标尺,电子水准仪又可以像普通自动安平水准仪一样使用。不过这时的测量精度低于电子测量的精度。特别是精密电子水准仪,由于没有光学测微器,当成普通自动安平水准仪使用时,其精度更低。目前市场上电子水准仪品牌主要有天宝、徕卡、拓普康等,本书以 Trimble DINI03 为对象介绍电子水准仪的使用。

1)仪器介绍

DINI03 外观及组成如图 2.24 所示。

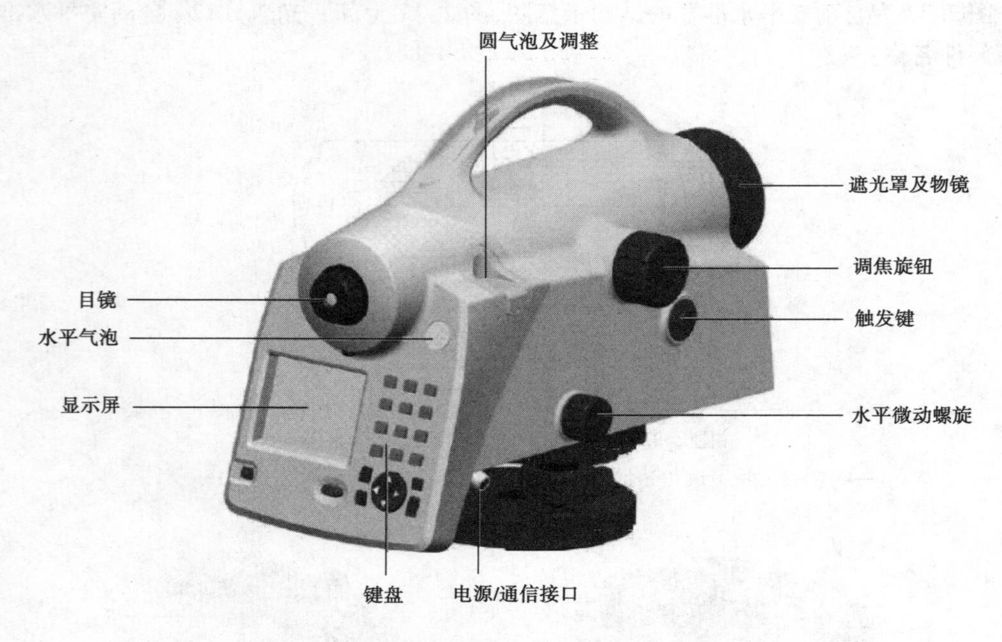

图 2.24 DINI03 外观及组成

2)界面操作

DINI03 开机后的界面主菜单有四大项,如图 2.25 所示。外业测量主要围绕主菜单进行,下面分别说明。

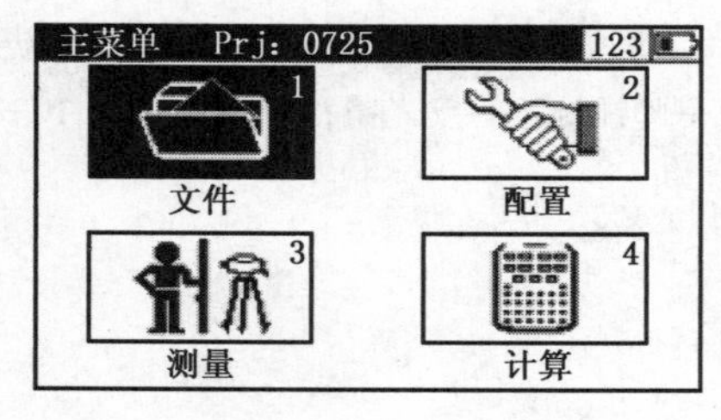

图 2.25 DINI03 界面主菜单

(1)文件

文件主要是用来管理项目,内业数据传输根据项目名称进行,打开文件选项,依次进行下列操作,如图 2.26 所示。

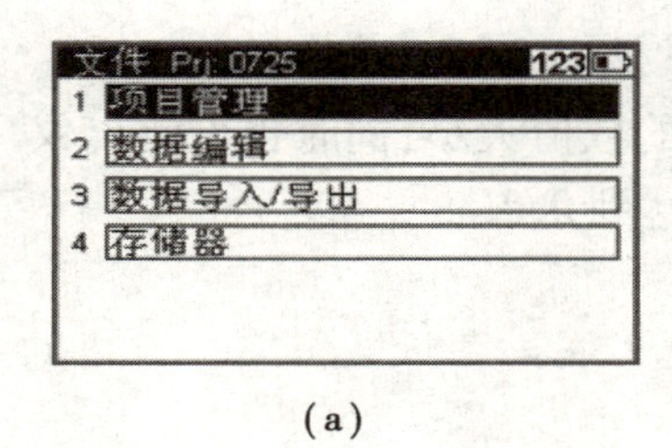

(a)

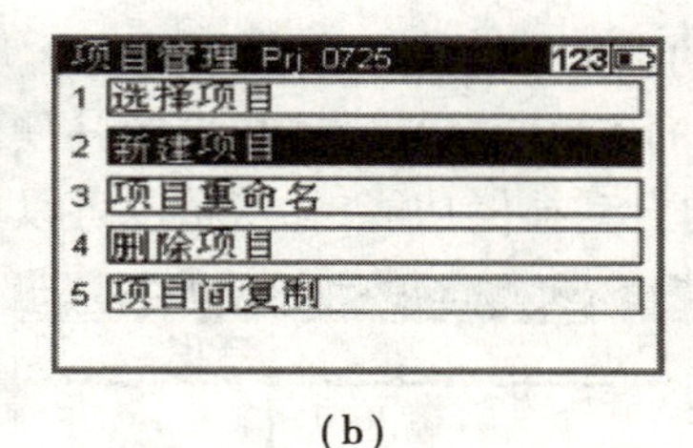

(b)

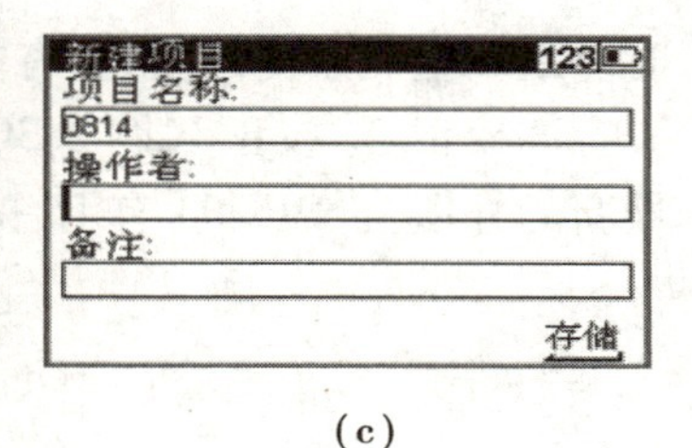

(c)

图 2.26　文件选项操作

新建好的项目名会在主菜单中显示，新建项目参数会默认为最后一次打开项目的配置参数。如需修改，则在“配置”中进行。

(2)配置

配置菜单(图2.27)主要用来配置大气折光、时间日期、水准测量参数、仪器补偿值的检测、仪器自身参数及记录参数。

①输入。“输入”中的“大气折光”和“加常数”是用默认值，“日期”和“时间”可按正确值逗号分隔手工输入，如图

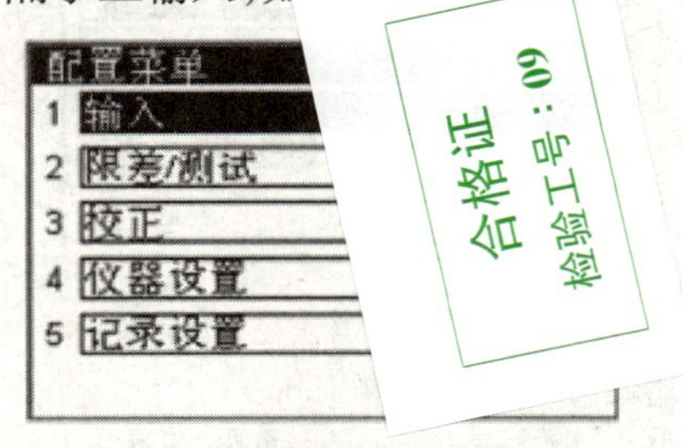

图 2.27　配置菜单

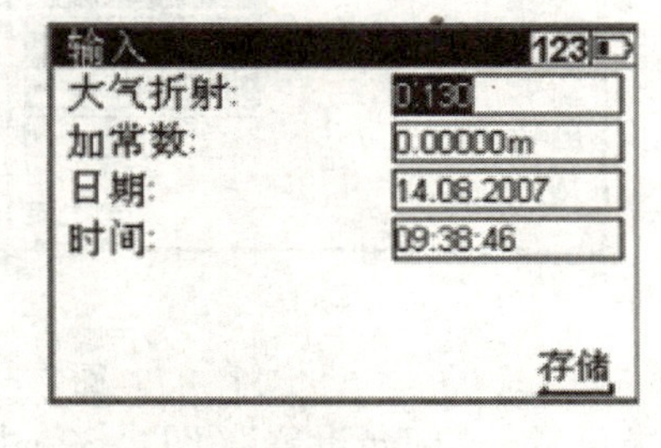

图 2.28　输入

②限差/测试。水准线路的限差根据国家水准测量规范输入，如二等水准的最大视距为50 m，最小、最大视线高分别为0.3 m和2.8 m。

一个测站限差对数字水准仪而言为前后尺分别读两次读数所测的高差较差，也即我们常规水准测量的基辅尺所测得高差较差，对二等水准为0.6 mm。30 cm检测为DINI03读数时只使用30 cm尺面，这样有利于提高每次读数的速度。

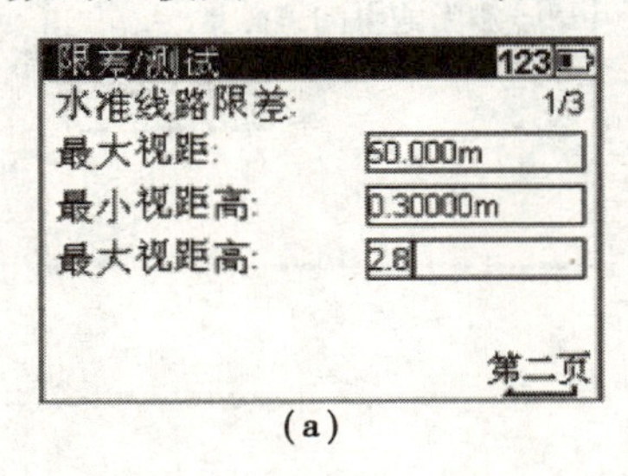

(a)

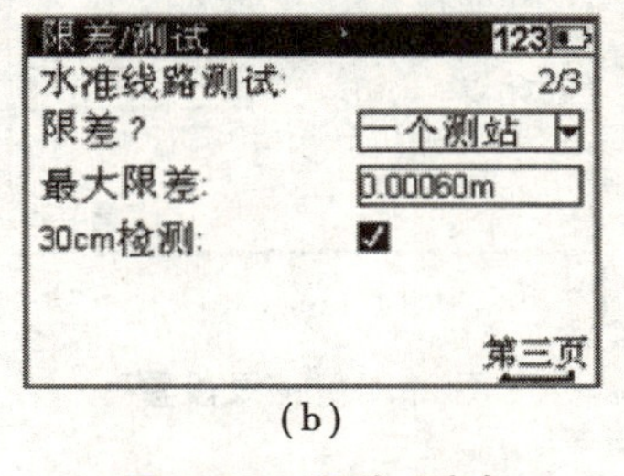

(b)

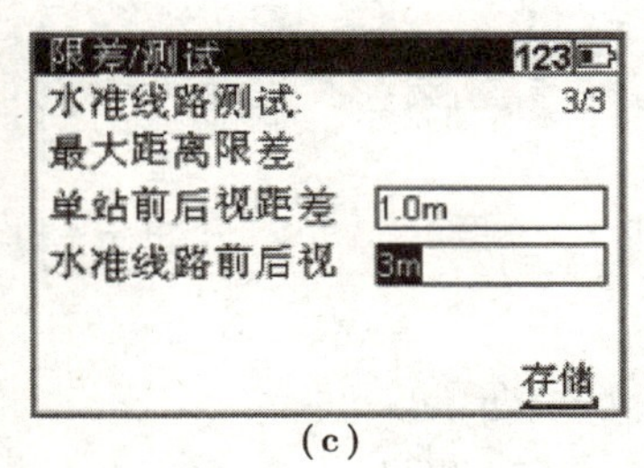

(c)

图 2.29　限差/测试

单站前后视距差和水准线路的前后视距累计差也可按国家标准输入，二等为1 m和3 m。

进行了如图2.29所示的参数设置后，即完成了高等级水准测量的外业所需要控制的各项误差值，一旦在测量过程中有超限值出现，仪器就会报警，并且不会记录超限数据，此

时重新调整后重测即可，所有的参数设置完后按回车键确认并储存。

③校正。“校正”(图2.30)用来查看仪器进行自动补偿的数值大小，同时也可测出仪器新的补偿值，DINI03 有15′的自动补偿功能，补偿精度可以达到0.2′。

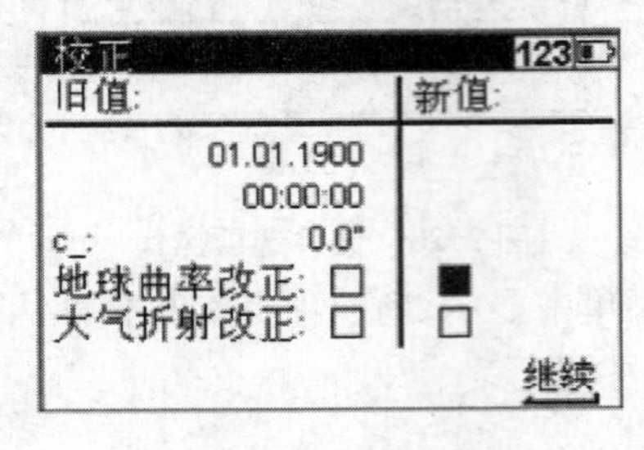

图2.30 校正

④仪器设置。“仪器设置”(图2.31)用来设置一些基本参数，在此不多述。

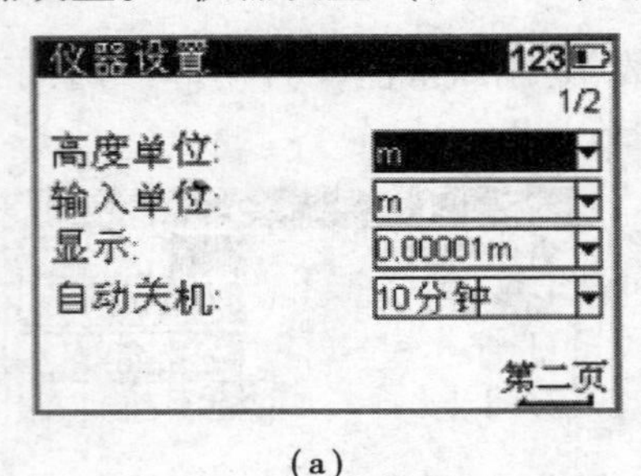

(a)

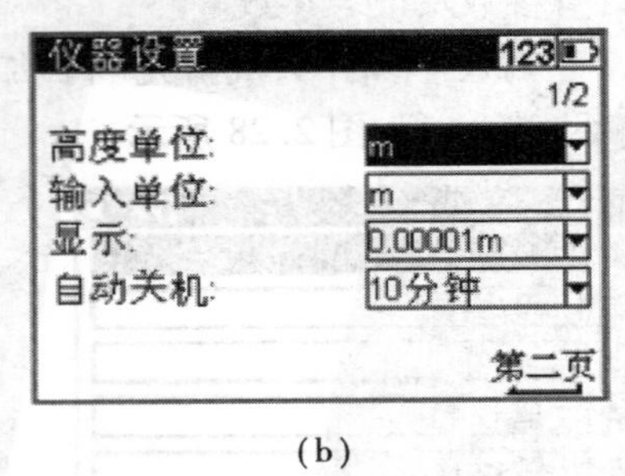

(b)

图2.31 仪器设置

⑤记录设置。“记录设置”(图2.32)中“记录”一定要打钩，否则数据无法存储。RMC数据格式为外业观测值和计算值的综合数据格式，一般不用RM数据格式。记录时，可以选择附加时间还是温度，一般选时间。

“点号自动增加”为测量时的点号步距，“起始点”为仪器第一次照准读数的点名(基点除外)，此外在测量过程中可以随时自定义点名。

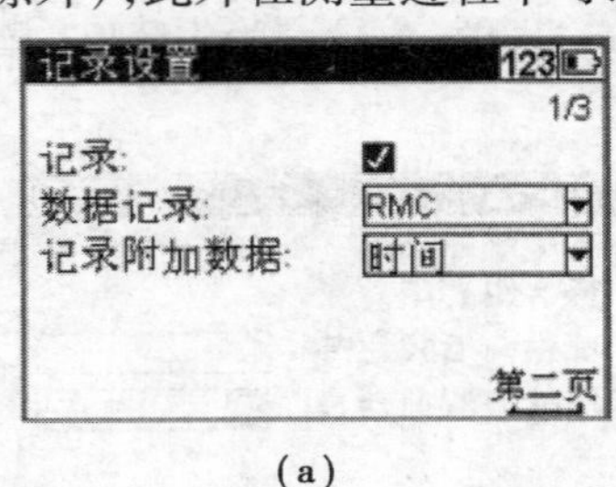

(a)

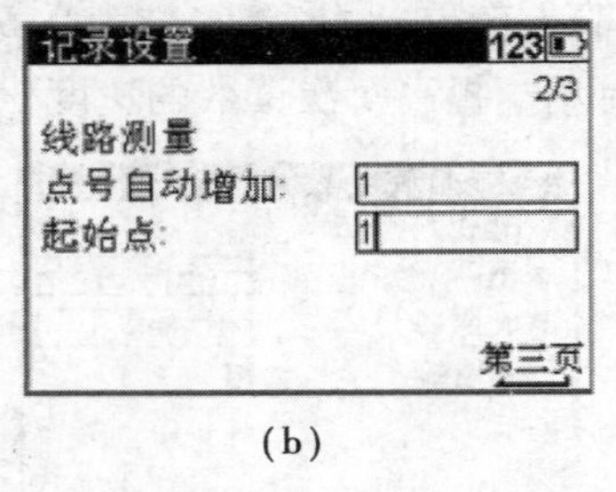

(b)

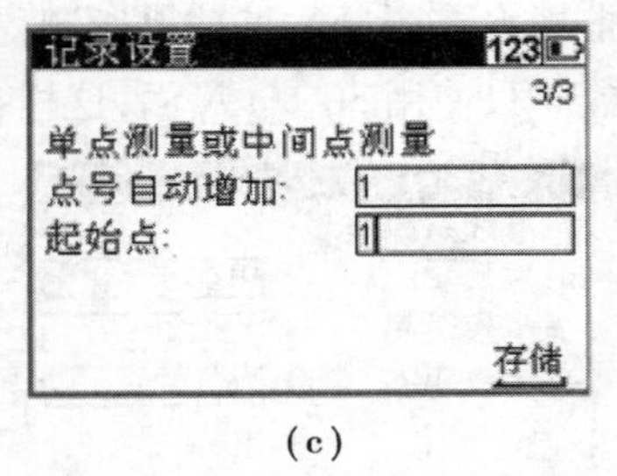

(c)

图2.32 记录设置

(3)测量

测量菜单(图2.33)包括了“单点测量”“水准线路”“中间点测量”“放样”“继续测量”等5个选项。

①单点测量。“单点测量”一般用来测一些散点，较少用。

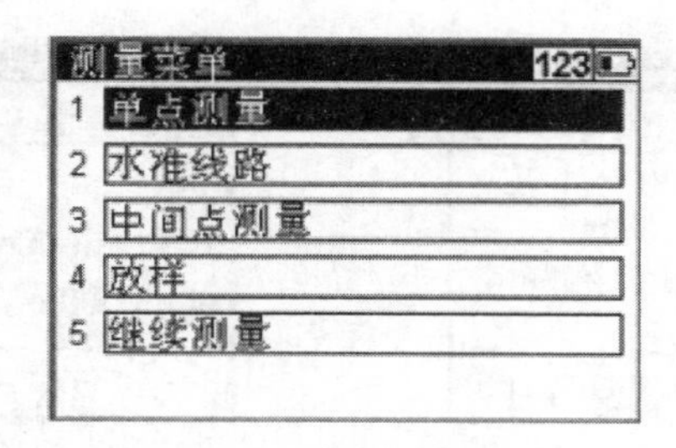

图2.33　测量菜单

②线路测量。“水准线路”一般先要新建一条线路,名字自定义,“测量模式”根据测量规范及往返测量选择,对我们有用的一般就是“aBFFB”和“aFBBF”。“奇偶站交替”为变化奇、偶站的照准前后尺测量。“水准线路”设置如图2.34所示。

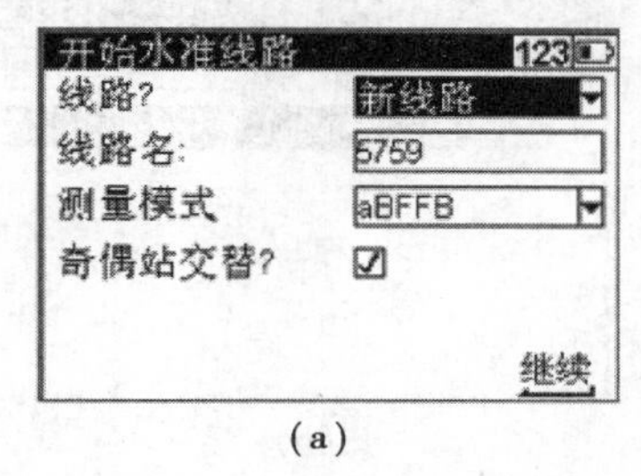

(a)

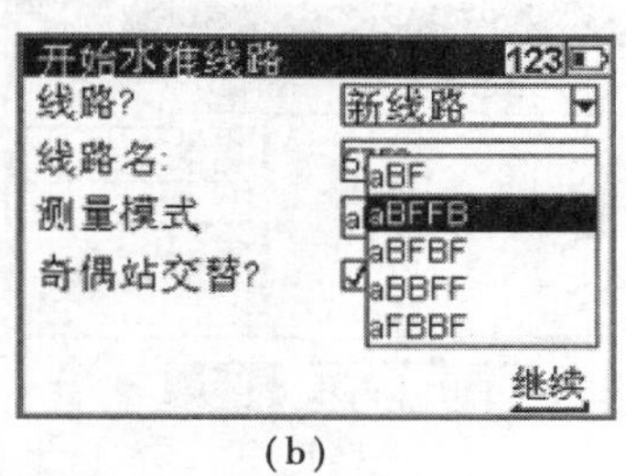

(b)

图2.34　“水准线路”设置

水准线路的基准点输入如图2.35所示。点名自定义,高程为基准实际高,没有高程可以输入“0”,这样测段完成后高差会自动算出。

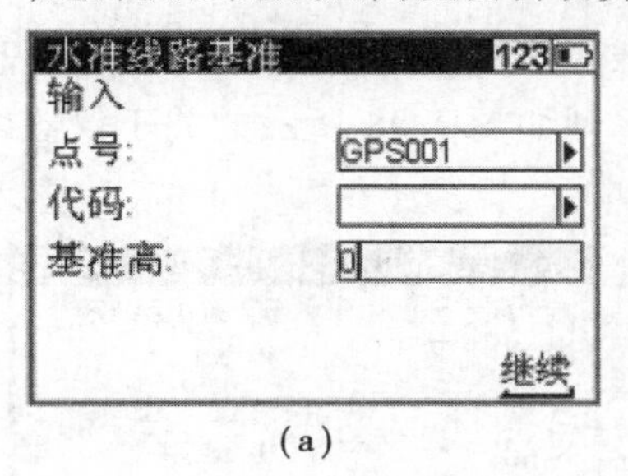

(a)

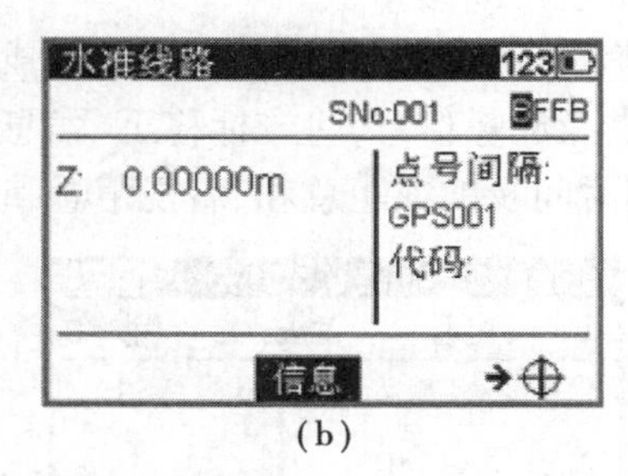

(b)

图2.35　水准线路的基准点输入

“SNo:001”表示为第一个测站,黑色光标落在“B”上说明先测后视。界面中的竖直黑线将主界面一分为二,左边表示的是刚操作过的内容,右边表示的是即将要操作的内容,依次测完一个测站的BFFB,如图2.36所示。

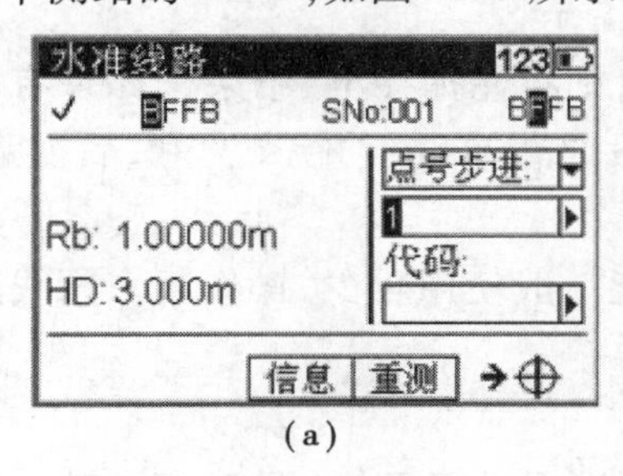

(a)

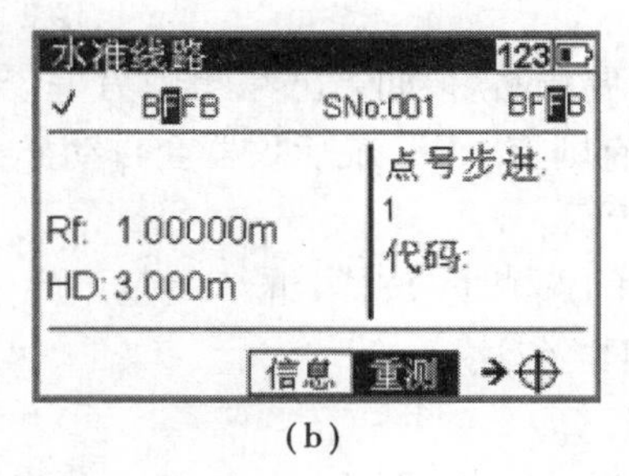

(b)

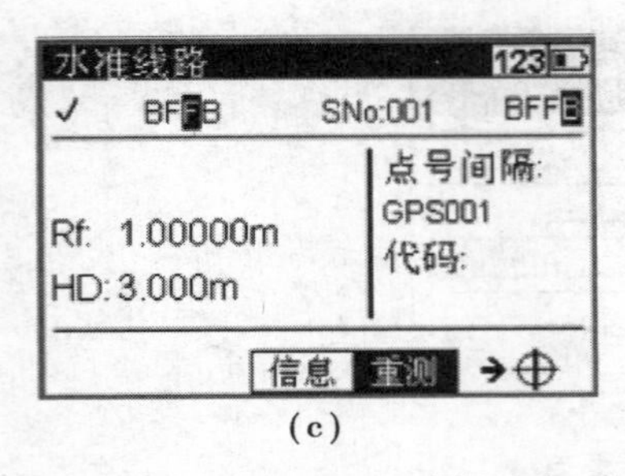

(c)

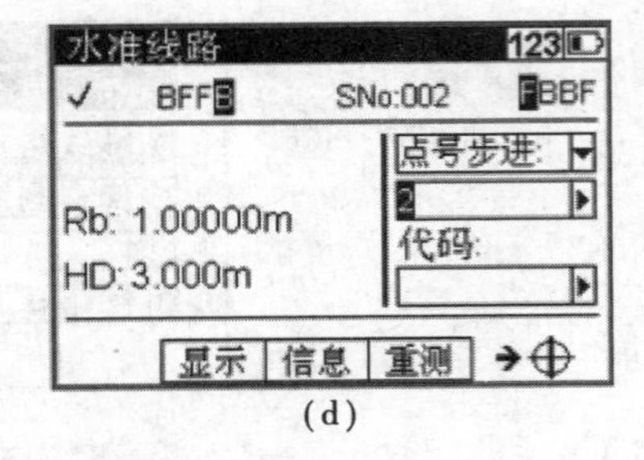

(d)

图 2.36　水准线路的 BFFB 测量

如果测量过程中出现差错(如不小心踢到了脚架等),则可以重测,将光标移至“重测”,此时可根据需要选择重测最后的测量还是重测整个测站,如图 2.37 所示。

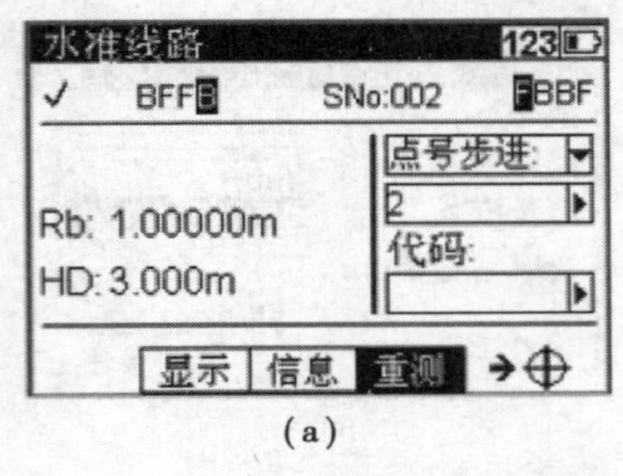

(a)

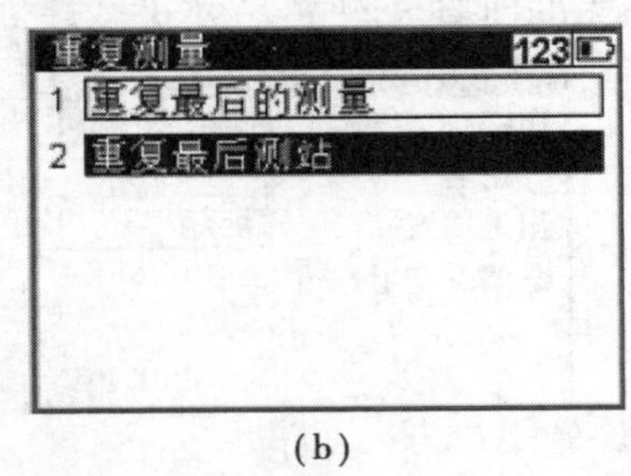

(b)

图 2.37　“重复测量”设置

第一个测站完成后,仪器测站编号会自动提示“SNo:002,”如图 2.37(a)所示。这时仪器操作人员就可以搬站了。

测完第二测站后 SNo 的值会自动变成 003,依次测完整个测段。在测量过程中可以实时查看仪器及测量信息,将光标移至“信息”,可看到如图 2.38 所示的关于仪器内存、电池电量、日期时间及前视距总和、后视距总和的大小。

(a)

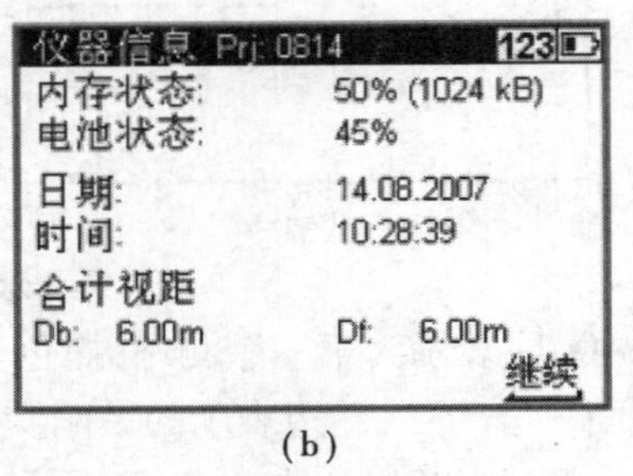

(b)

图 2.38　信息显示

测到偶数站后,如果已经测到另一个水准点,则将光标移至“结束”,如果有高程则点“是”,没有则点“否”,最后仪器会自动显示该测段的高差 Sh、前视距总和、后视距总和,如图 2.39 所示。

③中间点测量、放样、继续测量。此三项功能一般使用较少,操作起来同线路测量相似,在此不再叙述。

(4)计算

“计算”中主要是用机内自带平差程序将所测数据进行平差(图 2.40),建议不用此项功能，因为平差过后所有原始数据都将被覆盖并且不能被恢复。

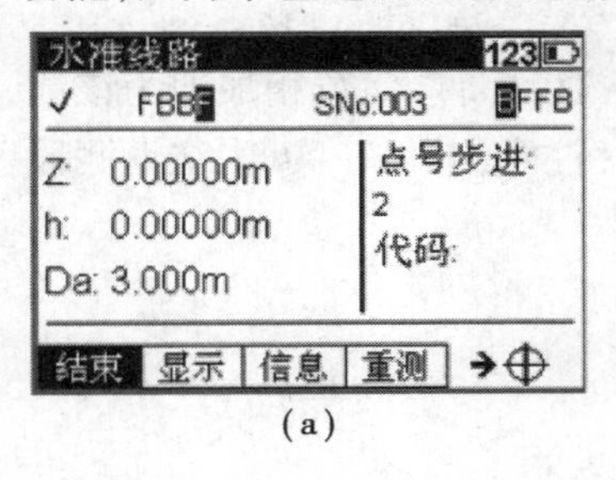

(a)

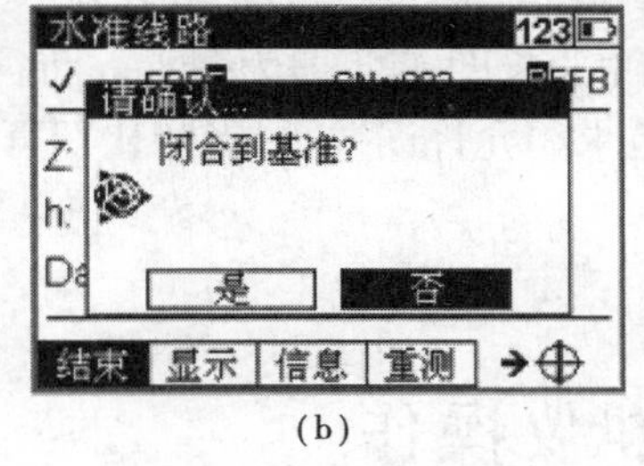

(b)

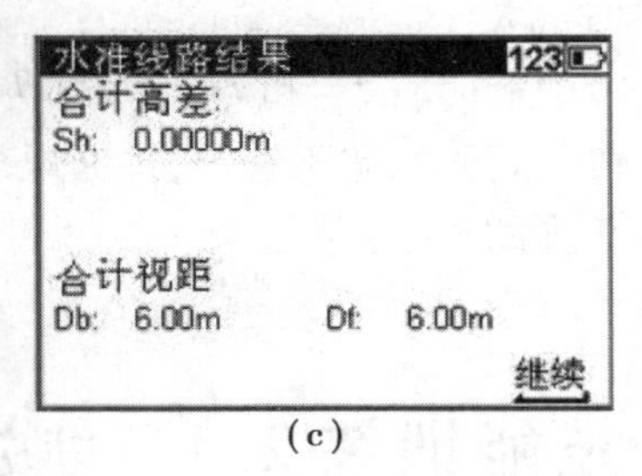

(c)

图 2.39　测量结果

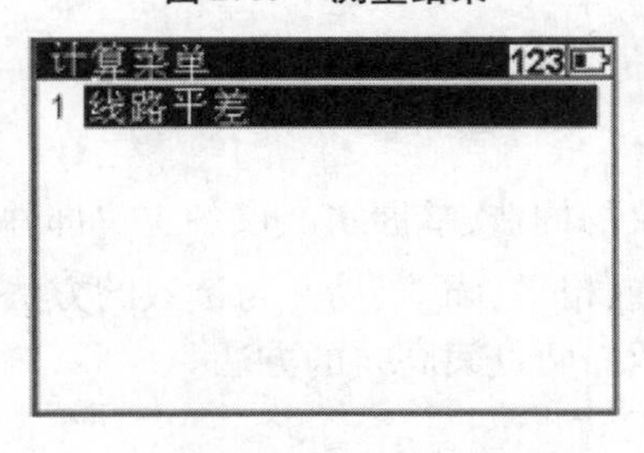

图 2.40　计算菜单

3）仪器操作

（1）安装和粗平

①安装：将脚架打开到适合观测的高度，并用螺旋拧紧；将仪器放在脚架盘中间并拧紧；脚架的螺旋应在中心。

②粗平：将仪器安装到脚架，粗略对准地面点，粗略整平。在固定螺丝上挂住铅垂线，将脚架粗略地对准地面点。

（2）精平和对中

①精平：同时向里或向外转动与仪器视准轴垂直的两个脚螺旋；使气泡在此方向上居中；调节第三个螺旋使气泡居中；然后在各个方向上转动仪器看是否居中，如不居中，重复上一个动作；倾斜补偿器可以使仪器进行倾斜补偿，补偿范围为 ±15′。

②对中：转动三脚架顶板螺旋，使铅垂线正好对准地面点；如果有必要，重复整平数次。

（3）调焦

望远镜十字丝调焦：将镜头找准光亮地区或彩色的表面，调节目镜，直到十字丝变得十分清晰。

（4）仪器的开关机

按键对仪器进行开/关机。无意间关闭电源不会导致测量数据丢失。

（5）进行测量

按键盘上的键和仪器右侧的键可以开始测量。

4）内业

数字水准仪内业处理较为简单，在 PC 机上装好传输软件后将项目文件传输到指定的文件夹中，用记事本打开，在结尾部分可以看到如下显示：

For M5 I Adr 00261 I KD1　12　ABC　　8A I Sh　-12.66113 m　I dz　12.66113 m　I Z　0.00000 m
For M5 I Adr 00262 I KD1　12　ABC　12　8A I Db　285.125 m　I DF　284.658 m　I Z　12.66113 m

此时将 D_b 和 D_f 相加即为测段长度 L,Z 即为高差。将往返测高差代数相加即为该测段往返测高差不符值,根据规范求得允许误差,二者相比即可(注意测段长度 L 为往返测段长度的平均值)。

技能训练 2.1　水准仪操作

1)目的和要求

①了解 DS_3 微倾式水准仪的构造,掌握水准仪各主要部件的作用。

②初步掌握水准仪的安置、粗平、瞄准、精平与读数的方法。

③熟悉使用水准仪测量地面两点间高差的方法。

2)仪器与工具

DS_3 微倾式水准仪 1 台,水准尺 2 根,记录簿 1 本,记录笔 1 支。

3)方法与步骤

(1)安置水准仪

在测站上松开三脚架腿的固定螺旋,将架腿调节到合适的长度,拧紧螺旋。张开三脚架,架头大致水平,并将架脚压实在测站地面上,然后从仪器箱中取出水准仪,通过连接螺旋将其固定在三脚架上。

(2)认识水准仪及水准尺

指出仪器各部件的名称,掌握其作用并熟悉其使用方法。熟悉水准尺的刻划与注记方式。

(3)粗略整平水准仪

按“左手定则”,先用双手同时反向旋转一对脚螺旋,使圆水准器气泡移至中间,再转动第三只脚螺旋使气泡居中。

(4)瞄准水准尺

转动目镜调焦螺旋,使十字丝清晰。转动望远镜,利用照门和准星初步瞄准水准尺,旋紧水平制动螺旋。转动物镜调焦螺旋,使水准尺分划影像清晰。转动微动螺旋,使十字丝竖丝与水准尺刻划影像中心重合。眼睛略做上下移动,检查是否有视差,如果存在视差,则转动物镜调焦螺旋消除视差。

(5)精确整平水准仪

转动微倾螺旋,使管水准器气泡相吻合。微倾螺旋转动方向与水准管左侧气泡的移动方向一致。

(6)读数

用十字丝中丝在水准尺上读取以米为单位的 4 位读数。读数时,应从小到大读,先估读毫米数，然后按米、分米、厘米及毫米依次读出。

(7)测定地面两点间高差

①在地面上选择 A、B 两点。

②在 A、B 两点之间安置水准仪，目测使水准仪到 A、B 两点的距离大致相等，并粗略整平。

③在 A、B 两点上各竖立一根水准尺，先瞄准 A 点上的水准尺，精确整平后读数，此为后视读数 a。

④然后瞄准 B 点上的水准尺，精确整平后读数，此为前视读数 b，记入表中。

⑤计算 A、B 两点的高差。

4)记录与计算

在表2.3中填写 DS_3 微倾式水准仪各部件的功能，将观测数据与计算结果记录到表2.4中。

表2.3　水准仪各部件的功能

序号	部件名称	功能
1	准星和照门	
2	目镜调焦螺旋	
3	物镜调焦螺旋	
4	水平制动螺旋	
5	微动螺旋	
6	管水准器	
7	微倾螺旋	
8	圆水准器	
9	脚螺旋	

表2.4　单测站水准测量记录表

测站	点号	水准尺读数/m		高差/m	备注
		后视读数	前视读数		
O	A				
	B				

技能训练 2.2　多测站水准测量

1) 目的和要求

①进一步熟悉水准仪的构造及使用方法。

②学会普通水准测量的野外操作过程及方法。

2) 仪器与工具

DS_3 微倾式水准仪 1 台，水准尺 2 根，尺垫 2 块、记录簿 1 本，记录笔 1 支。

3) 方法与步骤

①根据实际地形，每一组在地面上选定距离较远的两点，两点间距离以能安置 4 ~ 5 个测站为宜。确定起始点及施测方向（假定起点高程为 100.000 m）。

②在两点间布设转点，用尺垫标定并进行编号。

③在每一测站上架设水准仪，粗平、瞄准、精平、读数，完成一测段测量工作，再将水准仪移至下一测站，依次完成各测段测量工作。

④计算各测段高程之和，推算目标点高程。

4) 记录与计算

完成普通水准测量记录表（表 2.5）的填写并计算。

表 2.5　普通水准测量记录表

日期：_____年___月___日　天气：_____　仪器型号：__________　组号：________

观测者：__________　记录者：__________　立尺者：__________

测站	测点	水准尺读数/m		高差 h/m		高程/m	备注
		后视 a	前视 b	+	−		
Ⅰ	A					76.158	
	TP1						
Ⅱ							
	TP2						
Ⅲ							
	TP3						起点高程设为76.158 m
Ⅳ							
	TP4						
Ⅴ							
	B						
计算校核	$\sum$						
		$\sum a-\sum b=$		$\sum h=$		$H_A-H_B=$	

技能训练2.3　等外闭合水准测量

1)目的和要求

①进一步熟悉水准仪的构造及使用方法。

②学会普通水准测量的野外操作过程及方法。

③训练两次仪高法测站检核方法。

2)仪器和工具

DS_3 微倾式水准仪1台或者自动安平水准仪1台,水准尺2根,尺垫2个,记录簿1本。

3)方法与步骤

①在地面选定 A 点为已知高程点,其高程由指导教师提供。再选1、2、3三个固定点作为待测高程点。

②安置仪器于点 A 和点1之间,目估前、后视距离大致相等,进行粗略整平和目镜调焦,进行测站Ⅰ观测。

③后视 A 点上的水准尺,精平后读取后视读数,记入手簿。前视1点上的水准尺,精平后读取前视读数,记入手簿。

④升高(或降低)仪器10 cm以上,重复步骤②、③,数据记入手簿。

⑤计算高差:两次测得的高差之差如不超过 $+5$ mm,取两次高差平均值作为 $A1$ 间的测量高差。

⑥将水准仪迁至1和2点之间,同样方法观测1、2两点间高差。依次连续设站,经过点3,再回到 A 点,完成闭合水准路线外业测量工作。

⑦进行闭合水准路线成果计算,根据 A 点高程计算出1、2、3点高程。

4)记录与计算

将观测数据与计算结果填写在表2.6和表2.7中。

表 2.6　两次仪器高法水准测量手簿

日期:______年___月___日　　天气:______　　仪器型号:____________　　组号:________

观测者:____________　　记录者:____________　　立尺者:____________

测站	测点	水准尺读数/m		高差 h/m	平均高差/m	高程/m	备注
		后视 a	前视 b				
Ⅰ	A					76.158	H_A设为76.158 m
	1						
Ⅱ	1						
	2						
Ⅲ	2						
	3						
Ⅳ	3						
	A					76.158	

表 2.7　水准测量成果计算

测段	测点	距离(km)/测站数	实测高差/m	高差改正数/m	改正后高差/m	高程/m	备注
	A						
Ⅰ							
	1						
Ⅱ							
	2						
Ⅲ							
	3						
Ⅳ							
	A						
$\sum$							
辅助计算							

思考与练习

2.1 什么是视准轴？什么是水准管轴？圆水准器和管水准器各起什么作用？

2.2 什么是视差？如何检查和消除视差？

2.3 水准仪由哪些主要部分构成？各起什么作用？

2.4 何谓水准测量的高差闭合差？如何计算水准测量的容许高差闭合差？

2.5 设 A 为后视点，B 为前视点，A 点的高程为 126.016 m。读得后视读数为 1.123 m，前视读数为 1.428 m，问 A，B 两点间的高差是多少？B 点比 A 点高还是低？B 点高程是多少？试绘图说明。

2.6 什么是水准点？什么是转点？在水准测量中转点的作用是什么？

2.7 根据下表所列观测资料，计算高差和待测点 B 点的高程，并作检核计算。

测站	点号	后视读数/m	前视读数/m	高差/m	高程/m	备注
1	BM_A	1.266			78.236	
			1.212			
2	TP_1	0.746				
			1.523			
3	TP_2	0.578				
			1.345			
4	TP_3	1.665				
			2.126			
	B					
校核	$\sum$					

2.8 水准测量中共有几项检核？各起什么作用？

2.9 图2.41所示为某一附合水准路线的观测成果，已知 A 点高程为 65.376 m，B 点高程为 68.623 m。点1,2,3为待测水准点，各测段高差、测站数、距离如图所示。试列表整理计算高差改正数、改正后高差以及1,2,3各点高程，并进行检核计算。

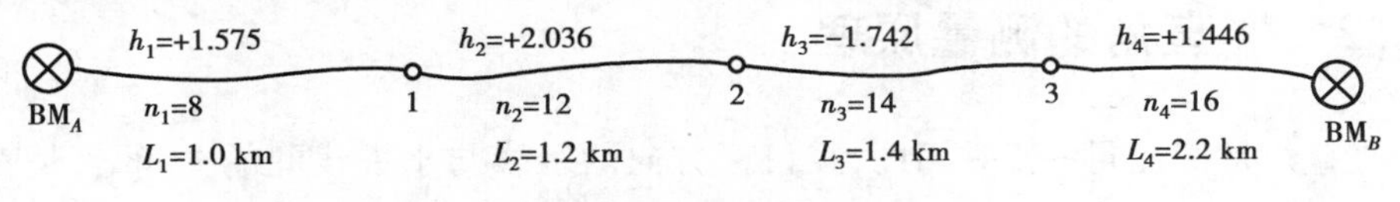

图2.41 题2.9图

第3章 角度测量

3.1 角度测量原理

3.1.1 水平角的测量原理

水平角是指过空间两条相交方向线所作的铅垂面间所夹的两面角，角值范围为0°~360°。空间两直线OA和OB相交于点O，将点A,O,B沿铅垂方向投影到水平面上，得相应的投影点A_1,O_1,B_1，水平线O_1A_1和O_1B_1的夹角β就是过两方向线所作的铅垂面间的夹角，即水平角，如图3.1所示。

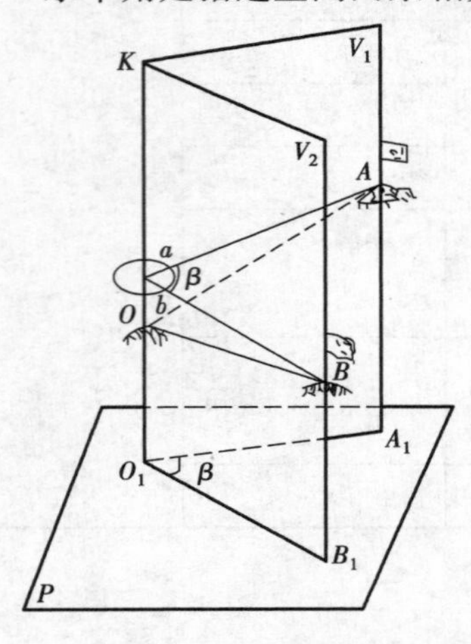

图3.1 水平角测量原理

水平角的大小与地面点的高程无关。

测量角度的仪器在测量水平角时必须具备两个基本条件：

①能给出一个水平放置的，且其中心能方便地与方向线交点置于同一铅垂线上的刻度圆盘——水平度盘。

②要有一个能瞄准远方目标的望远镜，且要能在水平面和竖直面内作全圆旋转，以便通过望远镜瞄准高低不同的目标A和B。

图中水平角β为A和B两个方向读数之差：

$$\beta = b - a \tag{3.1}$$

3.1.2 竖直角的测量原理

竖直角是指在同一铅垂面内，某目标方向的视线与水平线间的夹角α；竖直角的角值范围为-90°~+90°。

当视线在水平线以上时竖直角称为仰角，角值为正（0°～+90°）；视线在水平线以下时为俯角，角值为负（-90°～0°），如图3.2所示。

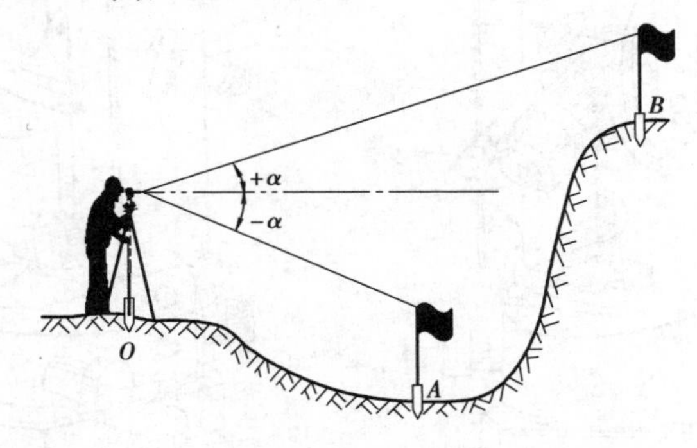

图3.2　竖直角测量

由此可知测角仪器经纬仪还必须装有一个能铅垂放置的度盘——竖直度盘，或称竖盘。

3.2　经纬仪的结构与使用

3.2.1　经纬仪的分类

按物理特性分：游标经纬仪、光学经纬仪和电子经纬仪。

按测角精度分为 DJ_{07}、DJ_1、DJ_2、DJ_6 四种经纬仪，其精度（即"一测回方向观测中误差"）分别为0.7″、1.0″、2.0″、6.0″。其中DJ为"大地""经纬仪"的汉语拼音第一个字母的缩写。

3.2.2　DJ_6 光学经纬仪的构造与读数

DJ_6 光学经纬仪是一种广泛使用在地形测量、工程及矿山测量中的光学经纬仪。它主要由照准部、基座和度盘三大部分组成，如图3.3所示。

1）基座部分

基座部分用于支撑照准部，其上有3个脚螺旋，其作用是整平仪器。

2）照准部

照准部是经纬仪的主要部件。照准部的部件有水准管、光学对中器、支架、横轴、竖直度盘、望远镜、度盘读数系统等。

（1）光学对中器

光学对中器是一个小型外对光式望远镜，由物镜、目镜、分划板、转向棱镜及保护玻璃

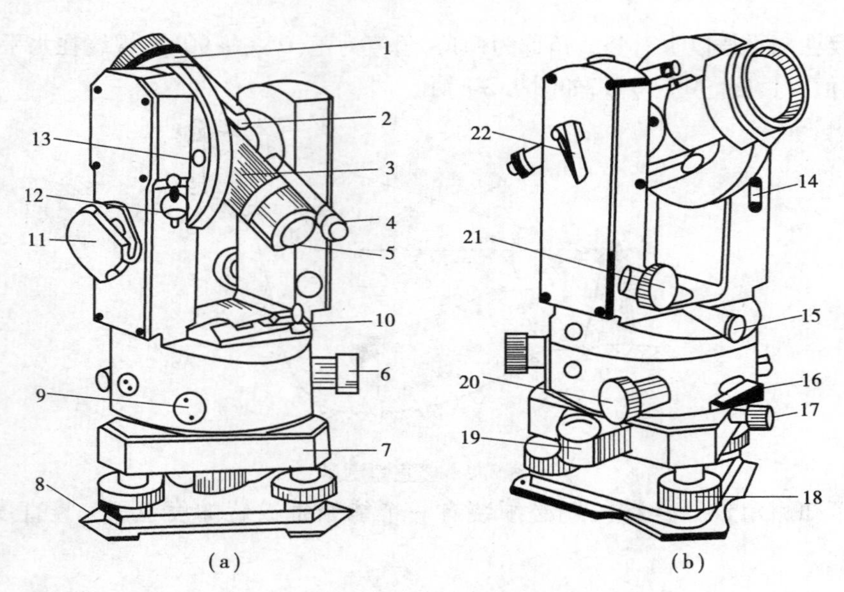

图 3.3　DJ_6 光学经纬仪

1—望远镜物镜;2—粗瞄器;3—对光螺旋;4—读数目镜;5—望远镜目镜; 6—转盘手轮;
7—基座;8—导向板;9,13—堵盖;10—管水准器;11—反光镜;12—自动归零旋钮;
14—调指标差盖板;15—光学对中器;16—水平制动扳钮;17—固定螺旋;18—脚螺旋;19—圆水准器;
20—水平微动螺旋;21—望远镜微动螺旋;22—望远镜制动扳钮

组成。在仪器整平的情况下,如果对中器分划板中心与测站点中心重合,则竖直轴位与过测站中心铅垂线重合,这一过程称为仪器的对中。

(2)望远镜

①结构:由物镜、目镜、内调焦透镜及十字丝分划板组成。

②各部件的作用:

物镜——将远处目标成像于十字丝分划板上。

目镜——将物像放大,使十字丝分划板清晰。

内调焦透镜——由于目标距仪器的距离各不相同,调节调焦透镜可使目标总是清晰地成像于十字丝分划板上。它是一组凹透镜。

十字丝分划板——接收物像。

十字丝中心与物镜中心的连线称为望远镜的视准轴,以此来确保精确照准目标。

③望远镜的使用方法:

目镜对光——使十字丝分划板清晰。

物镜对光——使目标像落在十字丝分划板上。

消除视差——视差是因为目标成像不在十字丝分划板上。

3)度盘部分

DJ_6 光学经纬仪度盘有水平度盘和竖直度盘,均由光学玻璃制成。水平度盘沿着全圆顺时针刻划 0°~360°,最小格值一般为 1°或 30′。

4)度盘读数装置及读数方法

光学经纬仪的读数系统包括水平和竖直度盘、测微装置、读数显微镜等。水平度盘和竖直度盘上的度盘刻划的最小格值一般为1°或30′,在读取不足一个格值的角值时必须借助测微装置。DJ_6级光学经纬仪的读数测微装置有测微尺和平行玻璃板测微器两种。

(1)测微尺读数装置

新产DJ_6级光学经纬仪均采用这种装置。

在读数显微镜的视场中设置一个带分划尺的分划板,度盘上的分划线经显微镜放大后成像于该分划板上,度盘最小格值(60′)的成像宽度正好等于分划尺1°分划间的长度。分划尺分60个小格,注记方向与度盘的相反,用这60个小格去量测度盘上不足一格的格值。量度时以零分划线为指标线。如图3.4所示,水平度盘读数为215°07′18″,竖直度盘读数为78°52′42″。

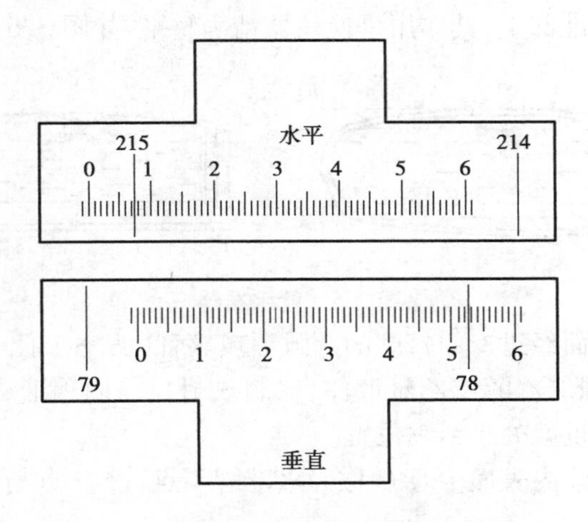

图3.4　测微尺读数

(2)单平行玻璃板测微器读数装置

单平行玻璃板测微器的主要部件有单平行板玻璃、扇形分划尺和测微轮等。图3.5为单平板玻璃测微器读数窗的影像,上面的窗格为测微尺的影像,中间窗格为竖直度盘的影像,下面的窗格为水平度盘影像。

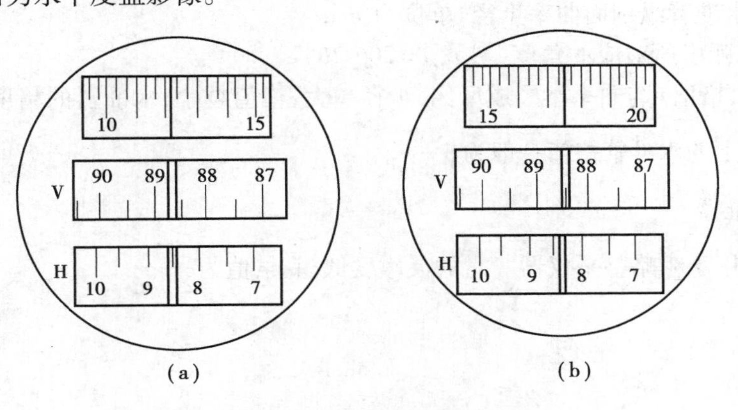

图3.5　单平行玻璃板测微器

这种仪器度盘格值为30′,扇形分划尺上有90个小格,格值为30′/90=20″。

如图3.5所示,测角时,当目标瞄准后转动测微轮,用双指标线夹住度盘分划线影像后读数。整度数根据被夹住的度盘分划线读出,不足整度数部分从测微分划尺读出。例如图3.5(a)中水平度盘的读数为8°30′+12′08″=8°42′08″,图3.5(b)中竖直度盘读数为88°30′+17′24″=88°42′24″。

(3)读数显微镜

光学经纬仪读数显微镜的作用是将读数成像放大,便于将度盘读数读出。

5)水准器

光学经纬仪上有2或3个水准器,其作用是使处于工作状态的经纬仪竖直轴铅垂、水平度盘水平。水准器分管水准器和圆水准器两种。

(1)管水准器

管水准器安装在照准部上,其作用是使仪器精确整平,如图3.6所示。

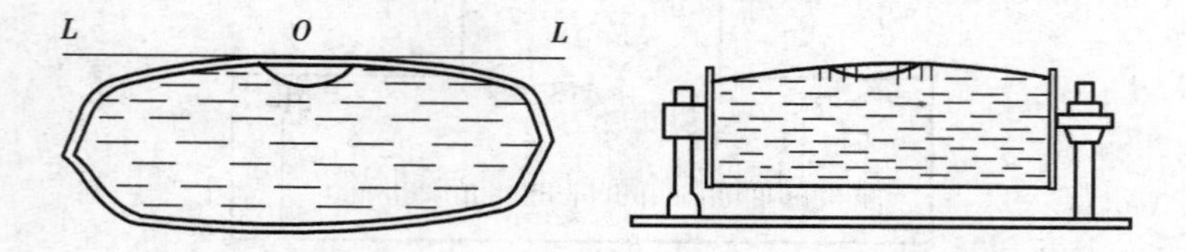

图3.6　管水准器

管水准器是用内表面经过专门打磨的圆弧形玻璃管(曲率半径一般为80~200 m),内部填充冰点低、流动性强的乙醇或乙醚液体,在制成封口前内腔形成一个气泡。当气泡居中时,仪器水平,竖直轴也就处于铅垂位置。

水准管轴——水准管内表面中心 O 称为水准管零点,过 O 点与圆弧相切的切线LL称为水准管轴。

水准管格值——为了精确地指示气泡位置,在水准管零点的两边均匀地刻有分划线,格宽为2 cm,每格所对的圆心角称为水准管的格值,用 τ 表示:

$$\tau = \frac{2}{R}\rho \tag{3.2}$$

式中　R——水准管纵剖面曲率半径,单位为mm;

ρ——1弧度所对应的角度(秒),$\rho = 206\ 265''$。

由此可见,格值 τ 与曲率半径成反比,半径越大,格值越小,水准器的精度越高。DJ_6 级经纬仪照准部上的水准管格值一般为 $\frac{30''}{2\ \text{mm}}$。

(2)圆水准器

圆水准器用于粗略整平仪器。它的灵敏度低,其格值为 $\frac{8''}{2\ \text{mm}}$。

3.2.3　DJ_2 光学经纬仪简介

DJ_2 光学经纬仪与 DJ_6 光学经纬仪相比，望远镜的放大倍数较大、照准部水准管的灵敏度高、度盘格值较小，读数设备也不同。由于 DJ_2 光学经纬仪精度较高，常用于国家三、四等三角测量和精密工程测量。图 3.7 是苏州第一光学仪器厂生产的 DJ_2 光学经纬仪的外形，其各部件的名称如图所注。

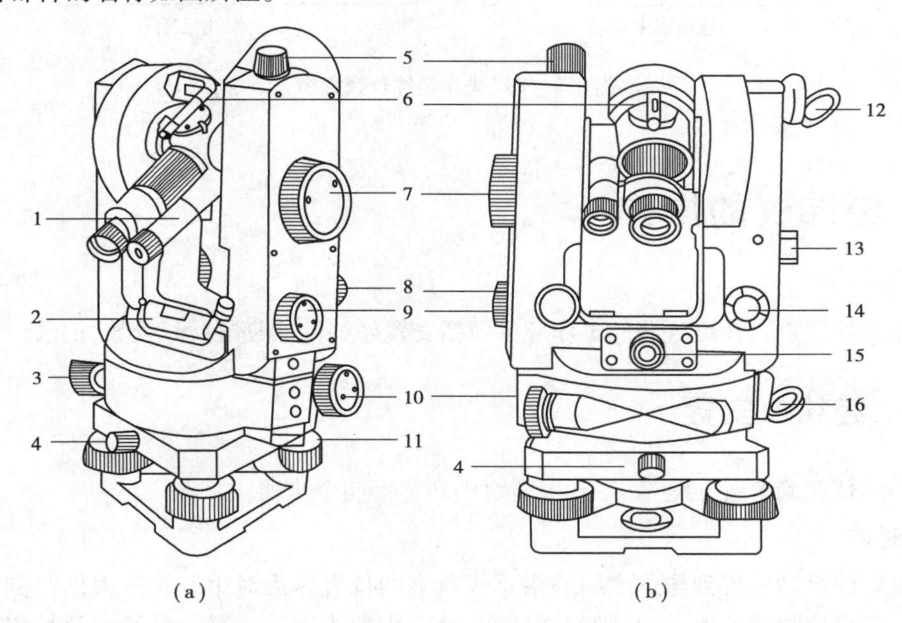

图 3.7　DJ_2 级光学经纬仪

1—读数显微镜；2—照准部水准管；3—水平制动螺旋；4—轴座连接螺旋；5—望远镜制动螺旋；6—瞄准器；7—测微轮；8—望远镜微动螺旋；9—换像手轮；10—水平微动螺旋；11—水平度盘位置变换手轮；12—竖盘照明反光镜；13—竖盘指标水准管；14—竖盘指标水准管微动螺旋；15—光学对点器；16—水平度盘照明反光镜

DJ_2 光学经纬仪采用的是对径分划线影像符合的读数（又称双指标读数）设备。它将度盘上相对 180°的分划线经过一系列棱镜和透镜的反射和折射，同时显现在读数显微镜中，采取对径符合和测微显微镜原理进行读数。如图 3.8 所示，这种读数窗采用了数字化读数。其右下方为分划线重合窗，右上方为读数窗中上面的数字为整度值，凸出的小方框中所注数字为整 10′。测微尺读数窗中左边注记数字为分（′），右边为整 10″数。

DJ_2 光学经纬仪观测读数步骤如下：

①转动测微轮 7，使分划线重合窗中上、下分划线重合，如图 3.8(b) 所示。

②在读数窗中读出度数；在小方框中读出整 10′数；在测微尺读数窗中读出分、秒数。

③将以上读数相加即为度盘读数。图 3.25(b) 中读数为 96°37′15.5″。

在 DJ_2 经纬仪的读数窗中，一般只能看到水平度盘或竖直度盘中的一种影像，如果需要读另一种影像时必须转动换像手轮 9。

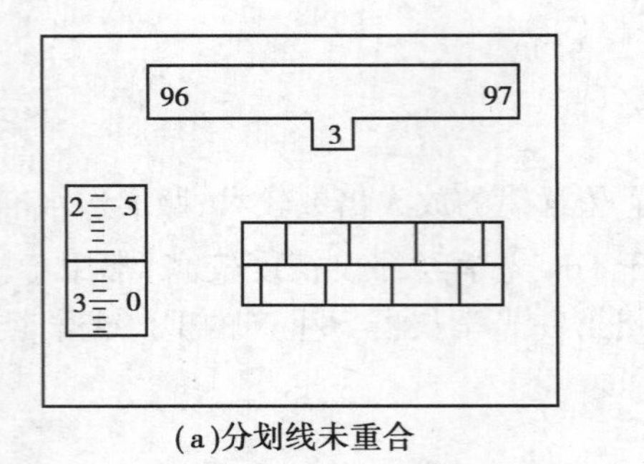

(a)分划线未重合

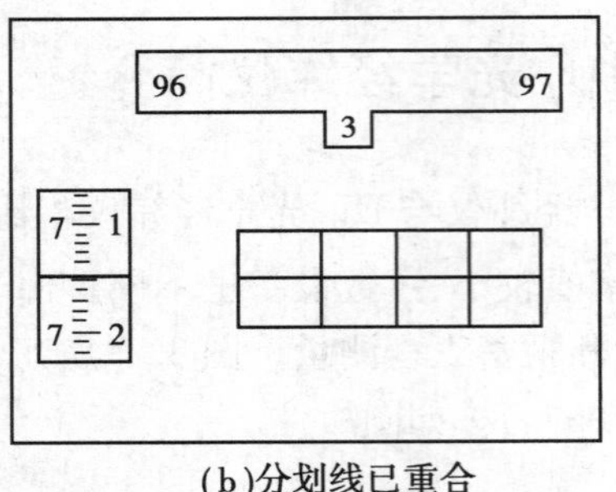

(b)分划线已重合

图 3.8　DJ_2 光学经纬仪读数窗

3.3　经纬仪的操作

使用经纬仪进行角度观测的工作环节包括安置经纬仪、照准目标、读数、记录。

3.3.1　经纬仪安置

将经纬仪正确安置在测站点上,包括对中和整平两个步骤。

1)对中

将仪器的纵轴安置到与过测站的铅垂线重合的位置称为对中。首先根据观测者的身高调整好三脚架腿的长度,张开脚架并踩实,使三脚架头大致水平。将经纬仪从仪器箱中取出,用三脚架上的中心螺旋旋入经纬仪基座底板的螺旋孔。用垂球或光学对中器对中。

(1)垂球对中

挂垂球于中心螺旋下部的挂钩上,调整垂球线长度至垂球尖与地面点间的铅垂距离≤2 mm,垂球尖与地面点的中心偏差不大时通过移动仪器,偏差较大时通过平移三脚架,使垂球尖大致对准地面点中心;偏差大于2 mm时,微松连接螺旋,在三脚架头微量移动仪器,使垂球尖准确对准测站点,旋紧连接螺旋。

(2)光学对中器对中

调节光学对中器目镜、物镜调焦螺旋,使视场中的标志圆(或十字丝)和地面目标同时清晰;旋转脚螺旋,使地面点成像于对中器的标志中心,此时,因基座不水平而圆水准器气泡不居中;调节三脚架腿长度,使圆水准器气泡居中,进一步调节脚螺旋,使水平度盘水准管在任何方向气泡都居中;光学对中器对中误差应小于1 mm。

2)整平

整平指使仪器的纵轴铅垂,竖直度盘位于铅垂平面,水平度盘和横轴水平的过程。精确整平前应使脚架头大致水平,调节基座上的3个脚螺旋,使照准部水准管在任何方向上气泡都居中,如图3.9所示。

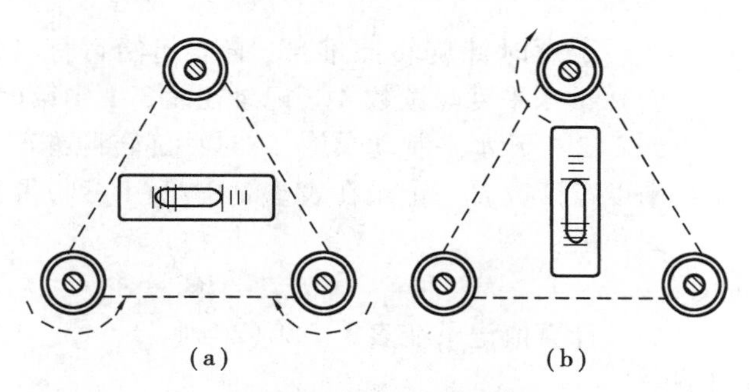

图3.9　经纬仪整平

注意上述整平、对中应交替进行,最终既使仪器竖直轴铅垂,又使铅垂的竖直轴与过地面测站点标志中心的铅垂线重合。

3.3.2　照准标志与瞄准方法

测量角度时,仪器所在点称为测站点,远方目标点称为照准点。在照准点上必须设立照准标志便于瞄准。测角时用的照准标志有觇牌、测钎、垂球线等。

瞄准目标的方法和步骤:

①将望远镜对向明亮的背景(如天空),调目镜调焦螺旋,使十字丝最清晰。

②旋转照准部,通过望远镜上的外瞄准器,对准目标,旋紧水平及竖直制动螺旋。

③转动物镜调焦螺旋至目标的成像最清晰,旋转竖直微动螺旋和水平微动螺旋,使目标成像的几何中心与十字丝的几何中心(竖丝)重合,目标被精确瞄准。

3.3.3　读数与记录

照准目标后,打开反光镜,使读数窗内进光均匀。然后进行读数显微镜调焦,使读数窗内分划清晰,并注意消除读数视差,然后按3.2.2节的方法进行读数,并把读数结果记录在相应表格内。

3.4　水平角测量

水平角观测方法有测回法和方向观测法两种。

3.4.1　测回法

测回法适用于观测两个方向形成的单角。如图3.10所示,测量OA与OB的水平角,就可以采用如下方法进行观测。

盘左位置(竖直度盘在望远镜左边,又称正镜):

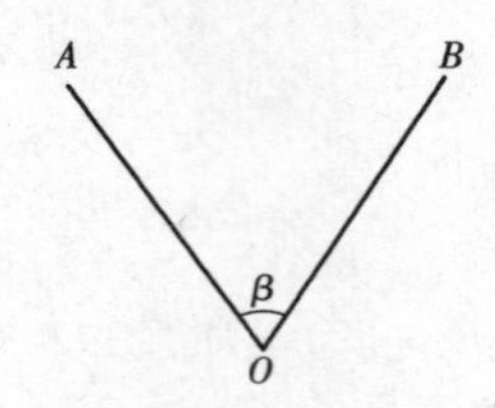

图 3.10　测回法测水平角

①顺时针旋转照准部，瞄准起始目标 A（又称观测的零方向），读水平度盘读数 $A_左$，记录在表 3.1 中第(1)列。

②松开水平制动螺旋，顺时针旋转照准部，瞄准目标 B，读水平度盘读数 $B_左$，记录在表 3.1 中第(1)列，得盘左位置时上半测回角值：

$$\beta_左 = B_左 - A_左 \tag{3.3}$$

计算值记录在表 3.1 第(2)列。

这个过程称为上半测回。

盘右位置（竖直度盘在望远镜右边，又称“倒镜”）：

③倒转望远镜，逆时针旋转照准部，瞄准目标 B，读水平度盘读数 $B_右$，记录在表 3.1 中第(1)列。

④逆时针旋转照准部，瞄准目标 A，读水平度盘读数 $A_右$，得盘右位置下半测回角值：

$$\beta_右 = B_右 - A_右 \tag{3.4}$$

计算值记录在表 3.1 第(2)列。

这个过程称为下半测回。

上、下半测回称一测回。对 DJ_6 级光学经纬仪，如果上、下半测回角值差的限差不大于 40″时，则取盘左、盘右水平角的平均值作一测回的角值：

$$\beta = (\beta_左 + \beta_右)/2 \tag{3.5}$$

计算值记录在表 3.1 中第(3)列。

用盘左、盘右观测水平角，取其平均值，可以抵消仪器误差对测角的影响。

测回法记录表格示例见表 3.1。

表 3.1　测回法记录表格示例

测点	测回	盘位	目标	水平度盘读数 /(° ′ ″) (1)	水平角 半测回值 /(° ′ ″) (2)	水平角 一测回值 /(° ′ ″) (3)	各测回平均水平角 /(° ′ ″) (4)
O	Ⅰ	盘左	A	0 01 36	58 04 06	58 04 09	58 04 03
			B	58 05 42			
		盘右	A	180 02 18	58 04 12		
			B	238 06 30			
	Ⅱ	盘左	A	91 00 42	58 04 00	58 03 57	
			B	149 04 42			
		盘右	A	271 00 36	58 03 54		
			B	329 04 30			

在测回法测角中，仅测一个测回可以不配置度盘起始位置。当测角精度要求较高时，需要观测多个测回，为了减小度盘分划误差的影响，第一测回应将起始目标的读数用度盘变换手轮调至略大于 0°。其他测回各测回间应按 $180°/n$ 的差值变换度盘起始位置，n 为

测回数。例如需观测3个测回,则各测回度盘(零方向)应分别置于略大于0°,60°,120°处。用 DJ_6 光学经纬仪观测时,各测回角值之差不得超过9″,取各测回的平均值作为最后成果。

3.4.2 方向观测法

一个测站上需要观测的方向数在两个以上时,要用方向观测法,又称全圆观测法。如图3.11所示,需要观测 OA,OB,OC,OD 所成的水平角,可以采用如下观测方法。

1)观测程序

盘左位置:$A \to B \to C \to D \to A$

盘右位置:$A \to D \to C \to B \to A$

盘左位置瞄准 A 点时,调整水平度盘变换手轮使得水平度盘读数略大于0°。再次瞄准目标 A 称为"归零"。进行归零观测的目的是:检查度盘在观测过程中是否发生变动。

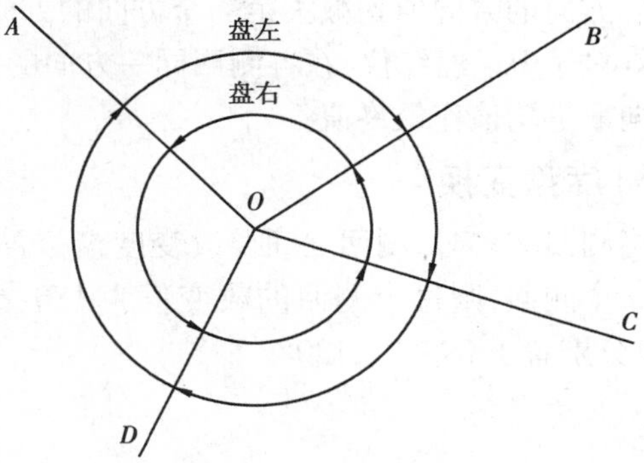

图3.11 方向观测法

2)记录和计算

方向观测法记录表格见表3.2。

①记录顺序:盘左自上而下,盘右自下而上。

表3.2 方向观测法记录表格及计算

测站	测回	目标	水平度盘读数 盘左 /(° ′ ″)	水平度盘读数 盘右 /(° ′ ″)	2c /(″)	平均读数 /(° ′ ″)	归零方向值 /(° ′ ″)	各测回平均方向值 /(° ′ ″)	水平角 /(° ′ ″)
O	第一测回					(0 00 34)			
		A	0 00 54	180 00 24	+30	0 00 39	0 00 00	0 00 00	
		B	79 27 48	259 27 30	+18	79 27 39	79 27 05	79 26 59	79 26 59
		C	142 31 18	322 31 00	+18	142 31 09	142 30 35	142 0 29	63 03 30
		D	288 46 30	108 46 06	+24	288 46 18	288 45 44	288 45 47	146 15 18
		A	0 00 42	180 00 18	+24	0 00 30			71 14 13
	第二测回					(90 00 52)			
		A	90 01 06	270 00 48	+18	90 00 57	0 00 00		
		B	169 27 54	349 27 36	+18	169 27 45	79 26 53		
		C	232 31 30	52 31 00	+30	232 31 15	142 30 23		
		D	18 46 48	198 46 36	+12	18 46 42	288 45 50		
		A	90 01 00	270 00 36	+24	90 00 48			

②计算 $2c$ 值:$2c$ 值即视准误差的 2 倍值。$2c$ = 盘左读数 -(盘右读数 ±180°)。$2c$ 本身为一常数,故 $2c$ 的变化可作为观测质量检查的一个指标。

③计算:半测回归零差 Δ = 零方向归零方向值 - 零方向起始方向值。DJ_6 经纬仪其允许值(限差)为 ±18″。

④一测回盘左、盘右方向平均值:当 $2c$ 变化不大时,取盘左、盘右读数的平均值作该方向一测回的最终方向值(只计算秒值)。

⑤归零方向值的计算:先取零方向 A 的平均值(4 个值的平均值),并令其为 0°00′00″,其他各方向的方向值均减去第一个方向的方向值,计算结果称为归零方向值。

⑥对于 DJ_6 经纬仪,在各测回同一方向的方向值互差不超限(<24″)的情况下,对各观测方向取平均值作最终值。

3)度盘变换

当测回较多时,测回之间要改变度盘位置,以减弱度盘分划不均匀对测角的影响。设观测 n 个测回,则每个测回的改变值为 $180/n$。如需观测 3 个测回,则各测回度盘(零方向)应分别置于 0°,60°,120°。

3.5 竖直角测量

3.5.1 竖直角测角原理

为了测定竖直角,经纬仪在铅垂面内装置一个刻度盘,称为竖直度盘或简称竖盘。竖直角与水平角一样,其角值是度盘上两个方向的读数之差。所不同的是,竖直角两个方向中一个是水平方向,而对于某一种仪器来说,水平视线方向的竖盘读数是一个固定值,所以测量竖直角时,只要瞄准观测目标,读出竖盘读数,就可计算出竖直角,如图 3.12 所示。即:

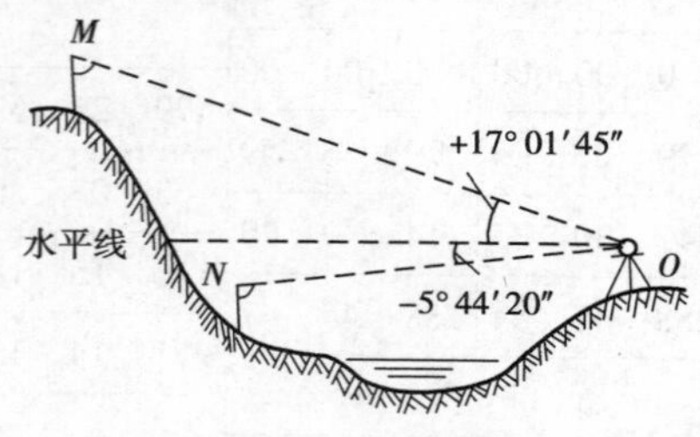

图 3.12 竖直角测角原理

$$\alpha = \text{目标视线读数} - \text{水平视线读数}$$

3.5.2 竖直度盘的构造及竖直角计算

光学经纬仪的竖盘装置包括竖盘、竖盘读数指标及竖盘指标水准管。竖盘固定安装在横轴的一端,其中心与横轴中心一致,望远镜在竖直面内转动时,竖盘跟随望远镜一起转动,而读数指标则是不动的。竖盘读数指标与竖盘水准管连接在一起,当指标水准管气泡居中时,指标便处于正确位置。

如图 3.13 所示,这种竖盘在盘左位置视线水平时读数为 90°,望远镜向上仰时读数减

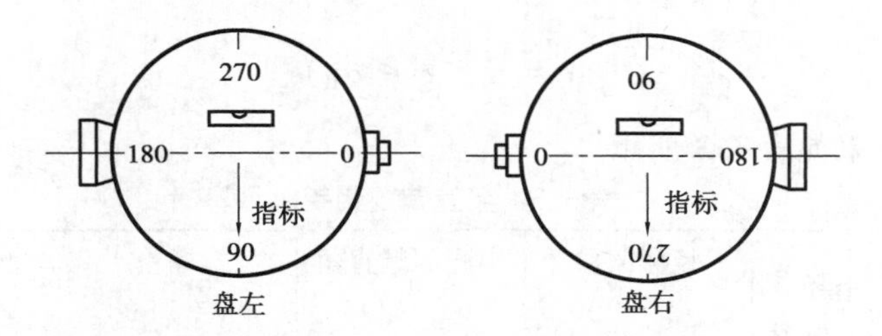

图 3.13　竖盘读数指标

小,所以,盘左时竖直角 α_L 的计算式为:

$$盘左:\alpha_L = 90° - L \tag{3.6}$$

式中,L 是盘左瞄准目标时的竖盘读数。

同样,盘右位置视线水平时读数为 270°,盘右时竖直角 α_R 的计算式为:

$$盘右:\alpha_R = R - 270° \tag{3.7}$$

式中,R 是盘右瞄准目标时的竖盘读数。

利用盘左、盘右两个位置观测竖直角,可以抵消仪器误差对测角的影响,同时也可以检核观测中有无错误存在。因此,取盘左、盘右的平均值作为最后结果,即:

$$\alpha = \frac{1}{2}(\alpha_L + \alpha_R) \tag{3.8}$$

3.5.3　竖盘指标差

正常情况下,当视线水平时,盘左竖盘读数为 90°,盘右为 270°。但由于指标线偏移,当视线水平时,指标并不指在 90°或 270°,而与正确位置相差一个小角度 x,x 称为竖盘指标差。当偏移方向与竖盘注记增加方向一致时,x 为正,反之为负。

$$x = \frac{1}{2}(\alpha_R - \alpha_L) = \frac{1}{2}(R + L - 360°) \tag{3.9}$$

指标差可以反映观测成果的质量。规范规定,竖直角观测时的指标差互差,DJ_2 型经纬仪不得超过 ±15″,DJ_6 型经纬仪不得超过 ±25″。取盘左、盘右的平均值作为竖直角的测量结果可以清除竖盘指标差的不利影响。

3.5.4　竖直角观测方法和步骤

竖直角观测和计算的方法如下:

①仪器安置于测站点上,盘左瞄准目标点,使十字丝中丝精确地切于目标顶端。

②转动竖盘指标水准管,使竖盘指标水准管气泡居中,读取竖盘读数 L。

③盘右,再瞄准目标点并调节竖盘指标水准管气泡居中,读取竖盘读数 R。

④计算竖直角 α。

$$盘左:\alpha = 90° - L = \alpha_L;盘右:\alpha = R - 270° = \alpha_R$$

由于存在测量误差,实测值 α_L 常不等于 α_R,取一测回竖直角为:

$$\alpha = \frac{1}{2}(\alpha_L + \alpha_R)$$

观测和计算成果如表3.3所示。

表3.3 竖直角观测手簿

测点	目标	竖盘位置	竖盘读数/(° ′ ″)(1)	半测回竖直角/(° ′ ″)(2)	指标差/(″)(3)	一测回竖直角/(° ′ ″)(4)
O	P	左	72 12 36	+17 47 24	−12	+17 47 12
		右	287 47 00	+17 47 00		
	Q	左	97 18 42	−7 18 42	−9	−7 18 51
		右	262 41 00	−7 19 00		

3.6 光学经纬仪的检验与校正

经纬仪是测角仪器,从测角原理可知,它必须满足两个条件:

①照准面必须铅垂,才能形成正确的两面角。

②水平度盘必须水平,才能正确量度两面角。

3.6.1 光学经纬仪应满足的几何条件

经纬仪有纵轴(竖轴)VV、水准管轴LL、视准轴CC、水平轴(横轴)HH及圆水准器轴$L'L'$等几大轴线。视准轴为望远镜的物镜中心与十字丝中心的连线,是瞄准目标时的视线。竖轴为照准部旋转轴,正常使用时应保持铅垂;水准管轴在气泡居中时,应水平;圆水准器轴在其气泡居中时,应铅垂;横轴是望远镜的旋转轴,正常状态应水平。

为保证经纬仪的正常使用,上述各轴线间必须满足一定的几何关系(如图3.14所示),包括:

①水准管轴垂直于纵轴($LL \perp VV$);当LL水平时,可保证VV的铅垂。

②圆水准器轴平行于纵轴($L'L' /\!/ VV$)。

③视准轴垂直于横轴($CC \perp HH$);当HH水平时,只要$CC \perp HH$,就保证了视准面是铅垂的。

④横轴垂直于纵轴($HH \perp VV$);当VV铅垂,只要保证$HH \perp VV$,就保证了HH的水平,也就保证了CC扫出来的视准面是铅垂的。

⑤十字丝纵丝垂直于横轴。

⑥竖盘指标应处于正确位置。

⑦光学对中器视准轴位置正确。

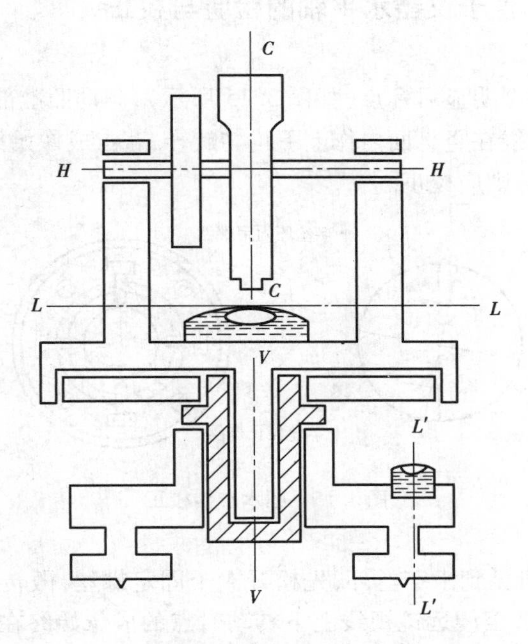

图 3.14　经纬仪主要轴线

3.6.2　经纬仪的检验与校正

1) 水准管轴垂直于纵轴(LL⊥VV)的检验与校正

(1) 检验

大致整平仪器,并旋转照准部,使水准管轴与仪器任意两脚螺旋连线平行,调节这对脚螺旋使水准管气泡居中。再旋转照准部 180°,若气泡仍居中,说明该几何条件满足,否则应校正仪器。

(2) 校正

调节平行于水准管的一对脚螺旋使气泡向中央移动偏离值的一半,用校正针拨水准管的校正螺旋,升高或降低水准管的一端至气泡居中,反复进行几次,直到在任何位置气泡偏离值都在一格以内为止。

2) 圆水准器的检验与校正

(1) 检验

在水准管轴校正的基础上,整平经纬仪,若圆水准器气泡不居中,则需校正。

(2) 校正

用校正针拨动圆水准器下面的校正螺丝,使圆水准器气泡居中即可。

3)十字丝竖丝垂直于仪器水平轴的检验与校正

(1)检验

整平仪器并瞄准一个明显目标点(如图3.15所示),制动照准部和望远镜,旋转望远镜的微动螺旋使望远镜视线在竖直面内作上下均匀旋转,若点成像始终在竖丝上,无须校正。如果点的轨迹偏离竖丝,则应校正。

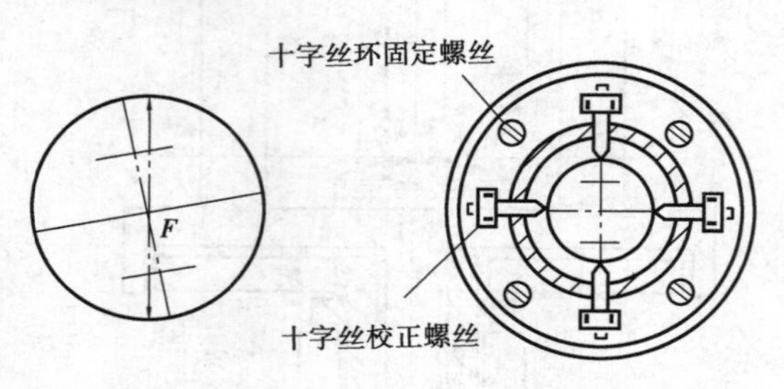

图3.15　圆水准器校正

(2)校正

卸下目镜的外罩,可见到十字丝环,先松开4个固定螺丝,微转目镜筒,此时十字丝板也转动同样的角度,调节至望远镜视线上下转动时点的成像始终在竖丝上移动止,校正后装好外罩。

4)视准轴垂直于水平轴(CC⊥HH)的检验与校正

(1)检验原理

视准轴与水平轴不垂直的误差称为视准误差。视准误差 c 对水平角观测值的影响,正倒镜值绝对值相等、符号相反。检验时,选一水平位置目标,盘左、盘右观测读数差即为两倍视准误差,该误差称为 $2c$ 值。

$$2c = \text{盘左读数} - (\text{盘右读数} \pm 180°) \tag{3.10}$$

瞄准目标 A 点时,本来应用 CC,读数为 L,但由于视准误差 c 的存在,使得 CC 还要右转 c 角后,用 $C'C'$ 瞄准目标 A 点,这样,读数就增加了 c 值,变为 L',则 $L = L' - c$,同理,$R = R' + c$,则

$$L - R = (L' - c) - (R' + c) = \pm 180°$$

得

$$2c = L' - R' \pm 180° \tag{3.11}$$

(2)校正

若 $2c \geqslant \pm 20''$ 应校正。计算盘左、盘右瞄准同一目标的水平盘读数的盘右(或盘左)正确读数:

$$a = [a_{右} + (a_{左} \pm 180°)]/2 \tag{3.12}$$

旋转水平微动螺旋,使盘右的水平度盘读数为 a。观测十字丝纵丝偏离目标情况,用校正针旋转左、右两个十字丝校正螺丝(如图3.15所示),至十字丝交点重新照准目标点。

5)水平轴垂直于竖轴($HH \perp VV$)的检验与校正

(1)检验

在距高墙10~20 m处安置经纬仪,整平仪器,盘左瞄准墙面高处的一点 P(仰角为30°

左右),固定照准部后大致放平望远镜,在墙面上定出一点 P_1,如图3.16所示。以相同的方法盘右瞄准 P 点,放平望远镜,在墙面上定出另一点 P_2,若 P_1,P_2 重合,关系满足,否则需校正。纵轴铅垂而横轴不水平,其与水平线的交角 i 称为横轴误差。由图3.16知:

$$\tan i = P_1M/PM \tag{3.13}$$

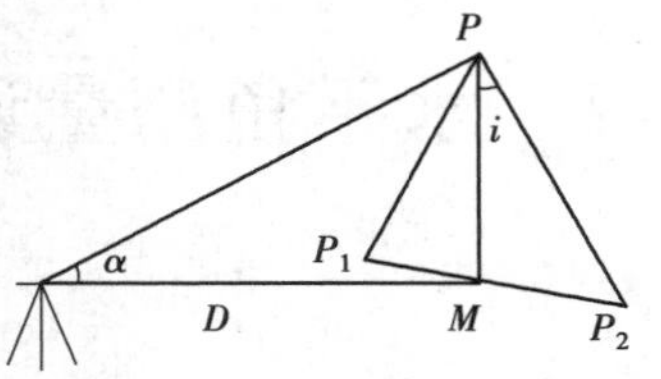

图3.16 水平轴校正

若仪器距墙壁的距离为 D,P_1P_2 间距为 Δ,经纬仪瞄准 P 时的竖直角为 α,则有:

$$\tan i = \frac{P_1P_2}{2}\frac{\rho}{D}\cot\alpha \tag{3.14}$$

式中 ρ——1弧度所对应的角(秒),$\rho = 206\,265''$。

由于 i 角很小,故有:

$$i = \frac{P_1P_2}{2}\frac{\rho}{D}\cot\alpha \tag{3.15}$$

(2)校正

当 $i > \pm 30''$ 应校正。取 P_1P_2 的中点 M,以盘右(或盘左)位置瞄准 M 点,抬高望远镜至 P 位置,视线必偏离 P 点,可拨动仪器支架上的偏心轴承,使横轴的右端升高或降低,使十字丝中心与 P 点的几何中心重合,这时,横轴误差 i 已消除,横轴水平。

6)指标差的检验与校正

(1)检验

置平仪器,以盘左、盘右分别瞄准一水平目标,读取竖盘读数,计算竖直角 $\alpha_{左}$ 和 $\alpha_{右}$,两者相等则无竖盘指标差存在,否则应计算指标差 x,当其大于 $\pm 25''$ 时应进行校正。

(2)校正

校正时可在盘左、盘右任一位置进行,如在盘右时令望远镜照准原目标不动,转竖盘水准管微动螺旋,将竖盘读数对到盘右的正确读数 $R_{右} = R'_{右} - i$,此时指标水准管气泡必然偏移,用校正针使气泡居中即可。

7)光学对中器的检验与校正

光学对中器的视准轴为其分划板刻划中心与物镜光心的连线,光学对中器的视准轴应与仪器的竖轴重合。

(1)检验

选一平地安置仪器并严格整平,在脚架的中央地面放置一张画有"十"字形标志 O 点的白纸,并使对中器标志中心与标志 O 点重合,在水平方向旋转照准部180°,如对中器标志中心偏离标志 O 点,而至另一点 O' 处,则对中器的视准轴和仪器的纵轴不重合,应校正。

(2)校正

定出 O,O' 点的中点,调节对中器的校正螺丝,使对中器中心标志对准该点,校正完成。

应指出,经纬仪的各项检验、校正需反复进行多次,直至稳定地满足条件为止。

3.7 水平角测量误差

3.7.1 仪器误差

在水平角和竖直角的观测过程中，有多种误差会对角度测量产生影响。本节仅就几种主要误差加以分析，并提出消除或限制这些误差的措施。

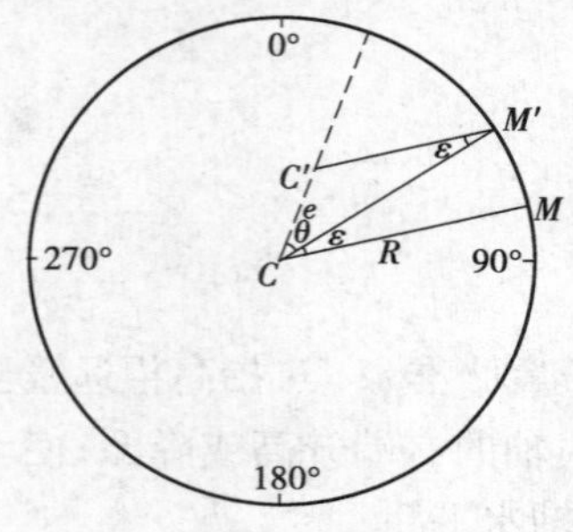

图 3.17　经纬仪偏心误差

1) 照准部偏心误差

照准部的旋转中心 C' 与度盘的刻划中心 C 不重合引起的误差称为照准部偏心差，如图 3.17 所示。偏心距 CC' 用 e 表示。e 与零分划线的夹角称偏心角，以 θ 表示。仪器无偏心差时的正确读数为 M，存在偏心差时读数为 M'，M 与 M' 之差 ε 就是照准部偏心对观测方向的影响。

$$\varepsilon = \frac{e}{R}\rho \sin(M' - \theta) \tag{3.16}$$

式中　ρ——1 弧度对应的角度(秒)，$\rho = 206\ 265''$。

因为盘左、盘右所得 ε 符号相反，绝对值相等，取盘左、盘右平均值可消除此误差的影响。

2) 度盘刻划误差

光学度盘的刻划误差在度盘制造时产生，采用观测时变换度盘位置的方法可减小此误差的影响。

3) 视准误差

视准误差 C 是指在仪器校正不完善，视准轴未能真正垂直于水平轴而致其偏离正确位置的小角值。

$$\Delta C = C/\cos\alpha \tag{3.17}$$

由于水平角由两个方向组成，所以视准误差对水平角的影响为：

$$\Delta\beta_C = \Delta C_1 - \Delta C_2 = C\left(\frac{1}{\cos\alpha_1} - \frac{1}{\cos\alpha_2}\right) \tag{3.18}$$

视准误差 C 对方向观测的影响 ΔC，随竖直角 α 的增大而增大。盘左、盘右观测时，ΔC 数值相等，符号相反，取盘左、盘右读数的平均值可消除视准误差的影响。

4) 横轴倾斜误差

仪器整平后横轴应水平，不水平时就存在横轴误差。横轴倾斜误差同视准误差影响计算类似，i 角对水平方向读数的影响 Δi 为

$$\Delta i = i\tan\alpha \tag{3.19}$$

对水平角的影响为：

$$\Delta\beta = \Delta i_1 - \Delta i_2 = i(\tan \alpha_1 - \tan \alpha_2) \tag{3.20}$$

横轴倾斜误差的影响随竖直角的增大而增大。竖直角为零时，对水平度盘的影响为零；α 增大时，对水平方向读数的影响迅速增大。用盘左、盘右方法观测时，Δi 数值相等而符号相反，取盘左、盘右观测值均值可抵消横轴误差的影响。

5) 纵轴倾斜误差

纵轴不铅垂产生的误差为纵轴倾斜误差。纵轴误差不能用盘左、盘右观测取平均值的方法消除，故观测时应十分重视水准管的检校及整平时气泡的居中。

3.7.2　观测误差

1) 仪器对中误差

当仪器中心与测站中心不在同一铅垂线上时存在对中误差，如图 3.18 所示。设 O 为仪器中心，O' 为测站中心，A, B 为两目标中心，仪器中心 O 相对于测站中心 O' 的偏心量 e 为对中长度误差。β 为无对中误差时的角度，β' 为实测角，由于对中误差引起的角度偏差为：

$$\Delta\beta = \beta - \beta' = \varepsilon_1 + \varepsilon_2 \tag{3.21}$$

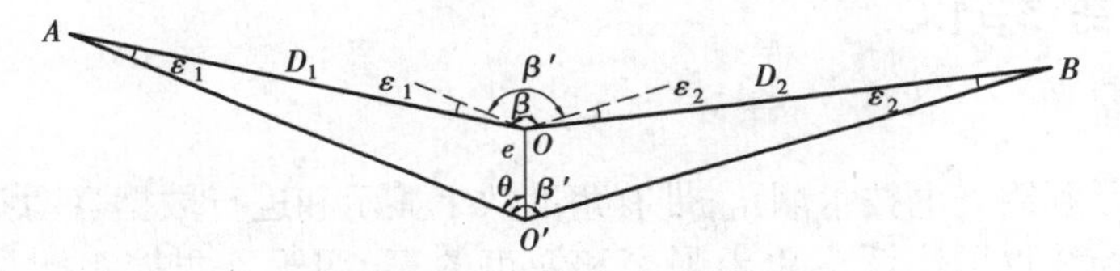

图 3.18　仪器对中误差

由图 3.19 可知，角度偏差 $\Delta\beta$ 与偏心距 e 成正比，e 越大，$\Delta\beta$ 越大；与边长 D_1, D_2 成反比，边长越短，偏差越大；与水平角 β 的大小有关，当 β 接近 180°，θ 接近直角时 $\Delta\beta$ 最大。因此，在观测目标较近或者水平角 β 接近 180°时，应特别注意仪器对中。

2) 目标偏心误差

当目标点上的觇标中心偏离目标标志中心时产生偏心误差。图 3.19 中 B 为测站点，C 为照准点的标志中心，T 为照准点的觇标中心，S 为两测点间距，e 为目标的偏心距，θ 为偏心角即观测方向与偏心方向间夹角，则目标偏心对水平角的影响为：

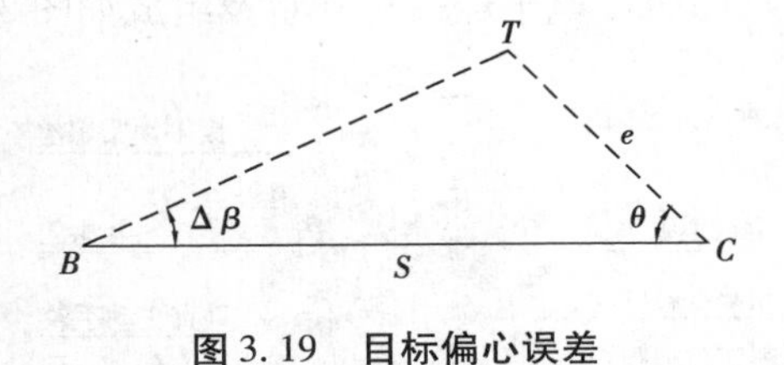

图 3.19　目标偏心误差

$$\Delta\beta = \frac{e \sin \theta}{S}\rho \tag{3.22}$$

由式(3.22)可知，垂直于视线方向的目标偏心影响最大，偏心影响与目标偏心距 e 成正比，与边长 S 成反比。觇标铅垂是减少目标偏心对水平角观测影响的最佳方法。观测时，望远镜应尽量瞄准目标的底部。

3) 瞄准误差与读数误差

瞄准误差是因未能精确地瞄准目标几何中心而产生的。引起的原因主要有：人眼的分辨能力，目标的形状、亮度、背景，外界条件等。消除或减弱其影响的办法一般采用经验模型改正或选择较好的观测环境。

读数误差主要取决于仪器的读数设备和人的技能及工作态度。

4）视差和十字丝不清晰的影响

视差是指目标成像不在十字丝板上引起的误差。消除办法是在观测时认真调焦，使目标成像位于十字丝板上。

十字丝不清晰的误差，因目镜调焦不准确引起，可通过目镜调焦消除。

3.7.3 外界条件的影响

外界条件对测角精度有直接的影响，且比较复杂，一般难以由人力来控制。如大风、烈日暴晒、松软的土质可影响仪器和标杆的稳定性，雾气会使目标成像模糊，温度变化会引起视准轴位置变化，大气折光变化会使视线发生偏折等。这些都会给角度测量带来误差。因此，应选择有利的观测条件，尽量避免不利因素对角度测量的影响。

3.8 电子经纬仪

电子经纬仪是利用光电技术测角，带有角度数字显示和进行数据自动归算及存储装置的经纬仪。电子经纬仪可广泛应用于国家和城市的三、四等三角控制测量，用于铁路、公路、桥梁、水利、矿山等方面的工程测量，也可用于建筑及大型设备的安装，应用于地籍测量、地形测量和多种工程测量。目前市场上电子经纬仪主要品牌有徕卡、托普康、科力达、苏一光等。本书以苏一光 DJD2 电子经纬仪为对象介绍电子经纬仪的使用。

1）仪器介绍

DJD2 电子经纬仪外观及组成如图 3.20 所示。

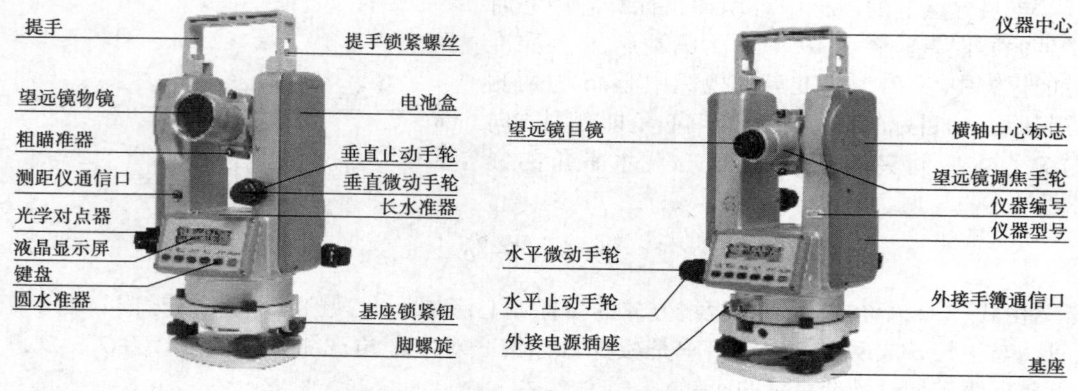

图 3.20　DJD2 电子经纬仪外观和组成

2) 界面操作

(1) 液晶显示屏

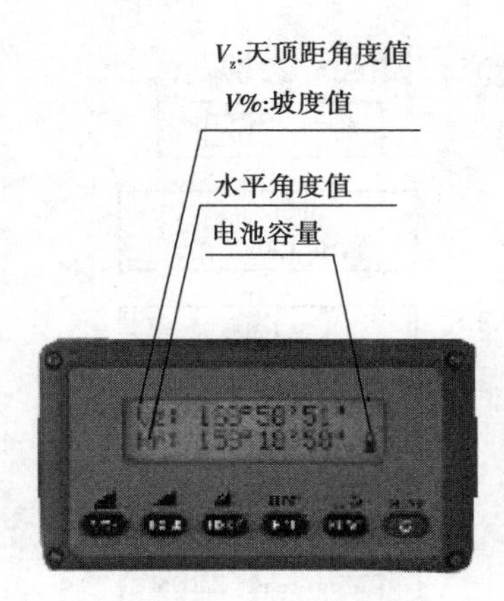

图 3.21　液晶显示屏

液晶显示屏(图 3.21)共显示两行文字,第一行为垂直盘角度,第二行为水平盘角度和电池容量,显示符号说明:

Hr:表示水平度盘角度,且顺时针转动仪器为角度的增加方向;

Hl:表示水平度盘角度,且逆时针转动仪器为角度的增加方向;

Vz:表示天顶距角度值;

V%:表示坡度值。

(2) 仪器操作键

仪器操作键及功能见表 3.4。

表 3.4　DJD2 操作按键及功能

键名	功能
ⓘ MENU	开机、关机 打开手簿通信或测距菜单
FUNC U/□	360°/400gon 单位转换 照明开/关(按键时间较短) 进入菜单后返回键
R/L REC	向右/左水平角度值增加 记录,向手簿发送数据
0SET ◿	水平角度值设置 0°00′00″ 进行单次测距
HOLD ◿	水平角任意角度锁定 显示高差
V/% ◿	竖盘角度显示天顶距(V) 坡度值(%) 显示平距

(3)仪器设置

设置内容只需根据使用要求在第一次使用前设置,使用中如果无变动要求,则无须重新进行仪器设置。

①进入仪器设置状态:设置流程如图 3.22 所示。

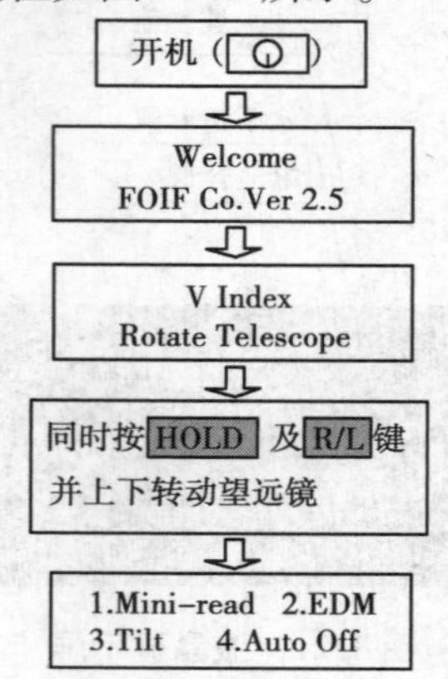

图 3.22 进入仪器设置流程图

a. 按键并释放,仪器开机;

b. 仪器显示屏显示"上下转动望远镜";

c. 同时按住HOLD及R/L键,并上下转动望远镜;

d. 仪器进入设置状态,并显示设置项目;

e. 按相应键进入相应设置项。

②最小显示读数设置:设置流程如图 3.23 所示。

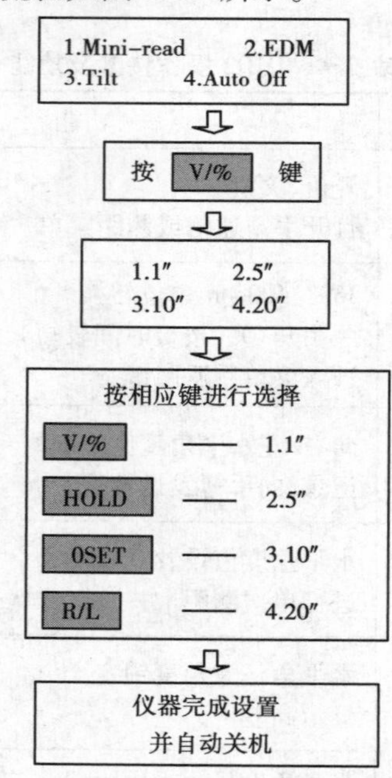

图 3.23 最小显示读数选择流程图

a. 按上一步操作进入仪器设置状态；

b. 按V/%键（选择“1. Mini - read”），进入最小显示读数设置选择；

c. 仪器显示可供选择的4个最小显示读数选项表示最小显示读数分别为：1″，5″，10″，20″。

d. 按相应键进行设置，仪器完成设置并自动关机。

③测距仪连接选择设置：设置流程如图3.24所示。

a. 进入仪器设置状态；

b. 按HOLD键（选择“2. EDM”），进入测距仪联接设置选择；

c. 仪器显示可供选择的有“With EDM”（联接）和“Without EDM”（不联接）两个测距仪连接设置选项。

d. 按相应键进行设置，仪器完成设置并自动关机。

④竖盘补偿器设置：设置流程如图3.25所示。

a. 进入仪器设置状态；

b. 按0SET键（选择“3. Tilt”），进入竖盘补偿器设置选择；

c. 仪器显示可供选择的3个竖盘补偿器设置选项，分别为：

“1. Modity”——补偿器校正；

“2. Check”—— 补偿器检查；

“3. Tilt On”——开启补偿器或“3. Tilt Off”——关闭补偿器。

d. 按0SET键进行设置，仪器完成设置并自动关机。

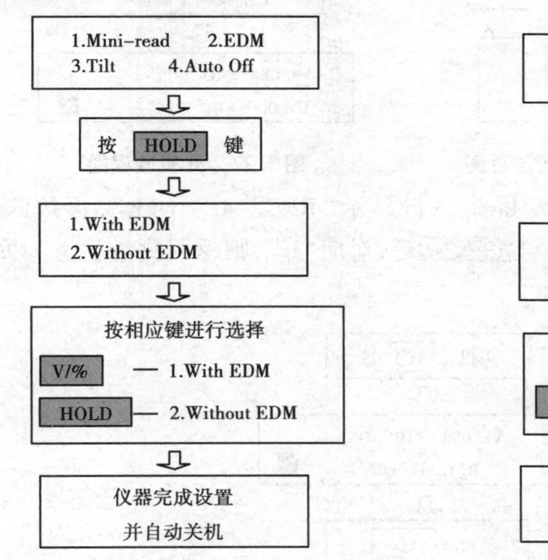

图3.24　测距仪连接选择流程图

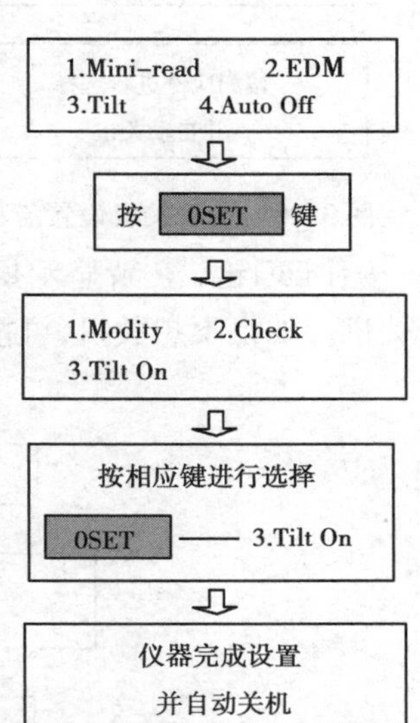

图3.25　补偿器设置选择流程图

⑤仪器自动关机设置：设置流程如图3.26所示。

a. 进入仪器设置状态；

b. 按R/L键（选择“4. Auto off”），进入仪器自动关机设置；

c. 仪器显示两个选项：

"1. Auto off 10′"——自动关机功能开启,时间为10′;

"2. Not Auto off"——自动关机功能关闭。

d. 按相应键进行设置:

V/% ——Auto off 10′;

HOLD ——Not Auto off。

(4)按键操作

①开机。按住键,液晶显示屏显示欢迎词、公司及软件版本信息;释放,液晶显示屏显示提示信息,提示"上下转动望远镜"。上下转动望远镜,使仪器初始化,并自动显示水平度盘角度、竖直度盘角度以及电池容量信息。开机流程如图3.27所示。

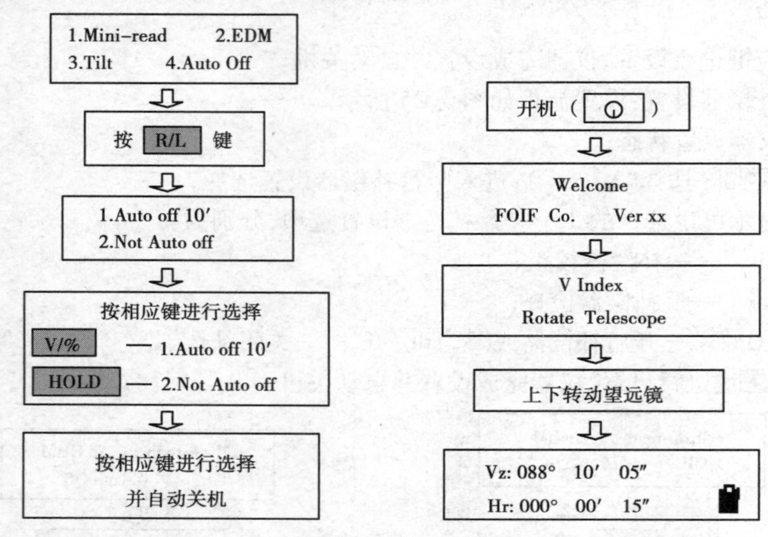

图3.26 自动关机设置流程图　　图3.27 开机流程图

②关机。按住键,液晶显示屏第二行显示"REC U OFF",再按键,对应"OFF",仪器关机。如果不想关机,可按FUNC键,对应"U",则返回测量状态。关机流程如图3.28所示。

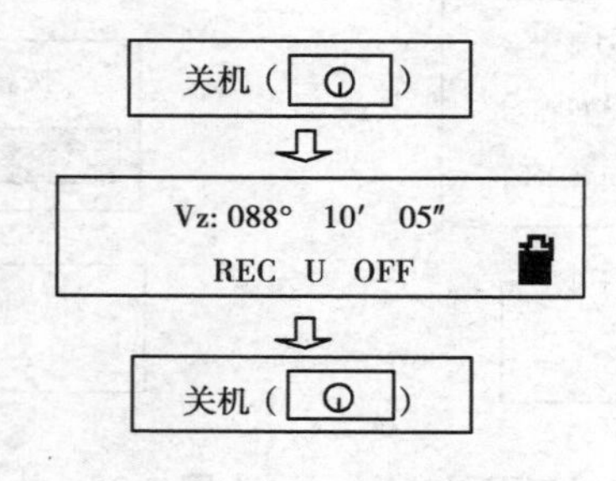

图3.28 关机流程图

③照明打开/关闭。按住FUNC键,并马上释放,则液晶显示屏照明打开,望远镜分划板照明同时打开;再按并马上释放,则液晶显示屏照明及望远镜分划板照明关闭。

④360°/400gon 转换。按住FUNC键,直到显示屏第一行显示"To400gon",然后释放,则

液晶屏显示的角度值自动从360°制转换到400gon制；再按FUNC键直到显示屏第一行显示"To 360°"，然后释放，则角度值从400gon制转换到360°制。单位转换流程如图3.29所示。

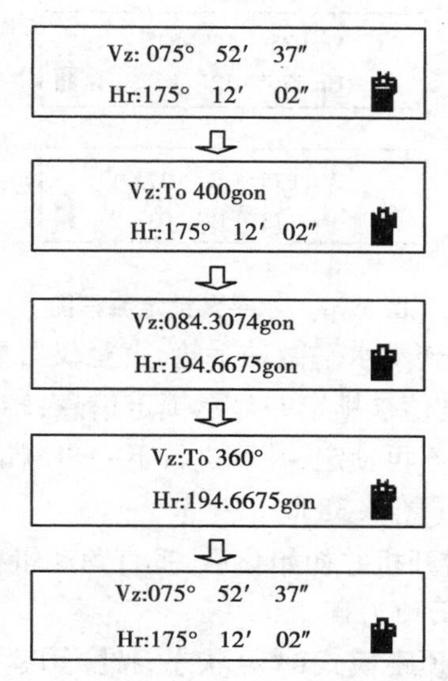

图3.29　单位转换流程图

⑤角度值增加方向转换。仪器每次开机并初始化后，显示屏水平角度值显示为Hr：×××°××′××″，表示水平角度值以顺时针转动仪器方向为角度值增加方向（Hr模式）；按住R/L键并释放，则显示屏水平角度值显示为Hl：×××°××′××″，表示水平角度值以逆时针转动仪器方向为角度值增加方向（Hl模式）。角度值增加方向流程如图3.30所示。

⑥水平角度值置零。按住0SET键，直到显示屏第二行显示"SET0"并释放，则水平角度值自动显示为000° 00′00″，如图3.31所示。

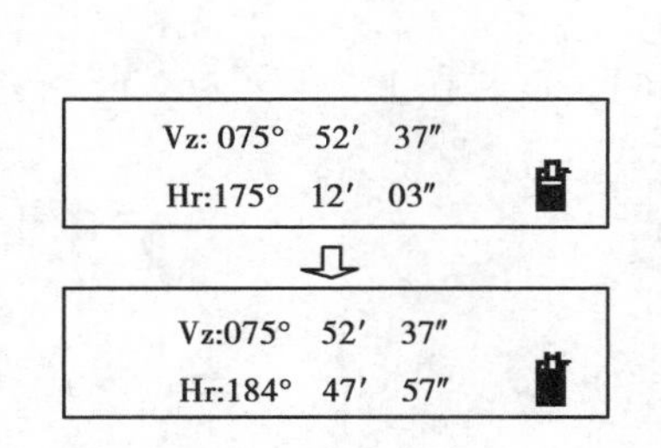

图3.30　角度值增加方向流程图

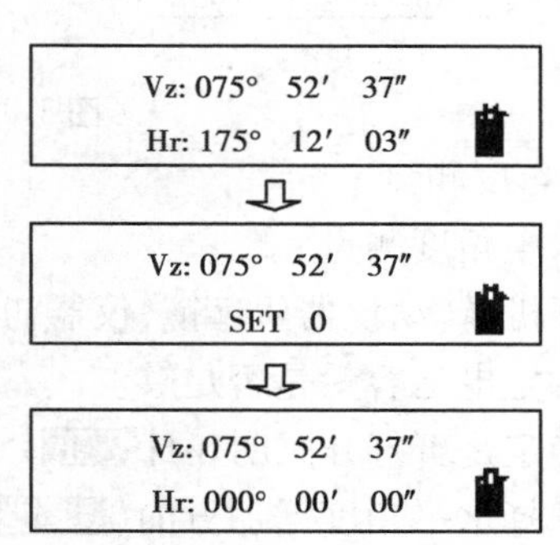

图3.31　水平角度值置零流程图

⑦水平角度值锁定及任意设置。

a. 水平角度值锁定。按住HOLD键并释放，出现锁定信息，显示屏显示"H"，如图3.32所示。此时转动仪器，水平角度保持不变；再按住HOLD键并释放，则恢复原状态，水平角度值随仪器转动而变化。

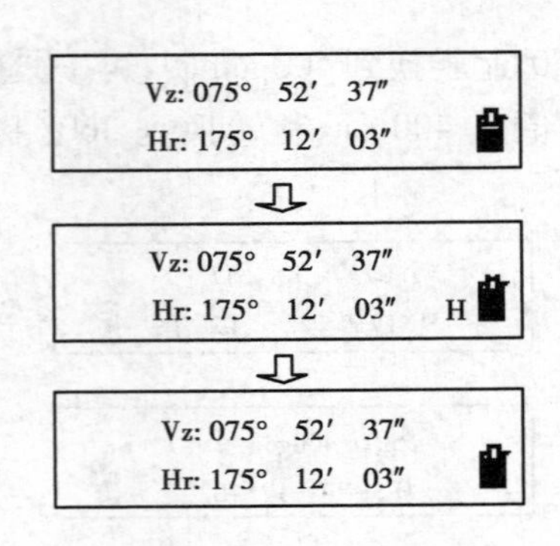

图 3.32 水平角锁定流程图

b. 水平角度值任意设置。转动水平微动手轮，直至仪器显示屏显示所需要的水平角度值，按住HOLD并释放，则该角度值被锁定并显示锁定信息；转动仪器并用望远镜瞄准目标，再按住HOLD并释放，则角度值不再锁定，并可进行下一步测量工作。

⑧垂直角度测量模式转换（图 3.33）。

a. 天顶距模式（Vz）。仪器开机并初始化后，垂直角测量模式自动为天顶距模式（Vz），显示角度值范围为 0°～360°，天顶为 0°。

b. 坡度模式（V%）。在天顶距模式（Vz）状态，按V/%键并释放一次，则垂直角测量模式转换为坡度模式（V%），显示坡度值范围为－100%～＋100%，水平方向为 0，相应的角度值范围为－45°～＋45°。如果超出范围，则显示“超出范围”。

在坡度模式（V%）状态，按V/%键并释放一次，则恢复到天顶角模式（Vz）状态。

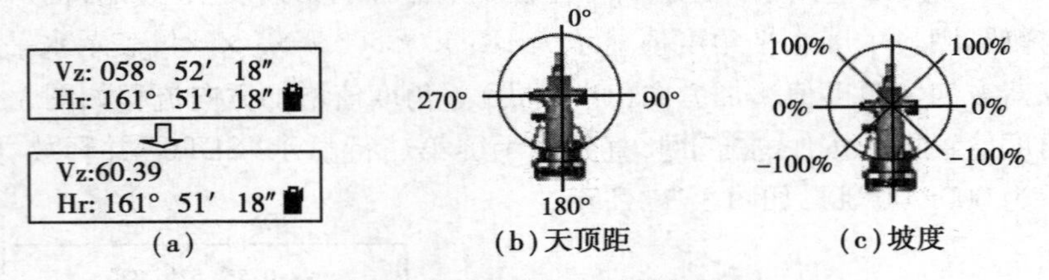

图 3.33 垂直角模式转换流程

(5)角度测量

①水平角度测量。

a. 开机，转动仪器望远镜，仪器初始化。（⏻）

b. 确定电池容量是否足够。

c. 确定是否打开照明。（FUNC）

d. 选择水平角度增加方向（Hr或Hl）。（R/L）

e. 选择测量角度单位（360°或 400gon）。（FUNC）

f. 水平角度置零或锁定任意水平角度值。（0SET或HOLD）

g. 瞄准目标。

h. 读数。

i. 进行下一步测量项目。

j. 测量结束，关机。（⏻）

②垂直角度测量：

a. 开机，转动仪器望远镜，仪器初始化。（[⊙]）

b. 确定电池容量是否足够。

c. 确定是否打开照明。（[FUNC]）

d. 选择测量角度单位（360°或400gon）。（[FUNC]）

e. 选择垂直角度测量模式（天顶距 Vz 或坡度 V%）；（[V/%]）

f. 瞄准目标。

g. 读数。

h. 进行下一步测量项目。

i. 测量结束，关机。（[⊙]）

（6）利用视距丝测距

利用仪器望远镜分划板视距丝以及标尺可进行测距，如图3.34所示。具体步骤如下：

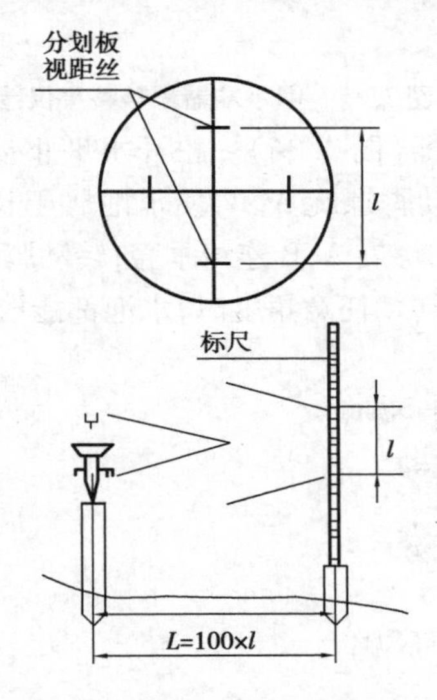

图3.34　利用分划板视距丝和标尺测距

①在测站安放并整平仪器。

②在测点竖好标尺。

③通过望远镜观察，确定分划板上下视距丝分别在标尺上对应的读数，从而确定在标尺上截取的间隔 l。

④计算从测站到测点的距离"$L=100\times l$"。其中：

l——视距丝在标尺上截取的间隔；

L——测站到测点的距离；

100——仪器望远镜乘常数。

3）仪器操作

（1）仪器安置

①安放三脚架。首先将三脚架三个架腿拉伸到合适位置上，紧固锁紧装置。

②把仪器放在三脚架上。小心地把仪器放在三脚架上,通过拧紧三脚架上的中心螺旋使仪器与三脚架连接紧固。

(2)仪器整平

①用圆水准器粗略整平仪器。相向转动脚螺旋A,B使气泡移至垂直于脚螺旋A,B连线的圆水准器线上,如图3.35(a)所示。转动脚螺旋C,使水泡居于圆水准器中心,如图3.35(b)所示。

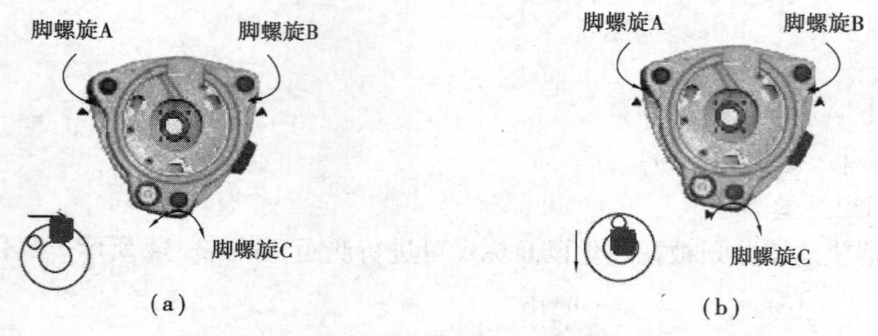

图3.35　圆水准器粗略整平仪器

②用长水准器精确整平仪器(图3.36)。松开水平止动手轮,转动仪器使长水准器与脚螺旋A,B连线平行;相向转动脚螺旋A,B,使水泡居于长水准器的中心;松开水平止动手轮,转动仪器使长水准器与脚螺旋A,B连线垂直;转动脚螺旋C,使水泡居于长水准器的中心;重复以上步骤,直至仪器转动任意角度时,水泡都能居于长水准器的中心。

图3.36　长水准器精确整平仪器

(3)光学对中

根据仪器使用者视力进行对点目镜调焦,然后松开中心螺丝并平稳移动仪器,使地面的标志点在分划板上的成像居于目镜分划板中心,然后拧紧中心螺丝;再次精确整平仪器,重复上述步骤,直至仪器精确整平时,对点器分划板中心与地面标志点精确重合,如图3.37所示。

(4)开机设置仪器

本节已详细介绍,不重复叙述。

(5)瞄准目标,调焦

①屈光度调节。将望远镜向着光亮均匀的背景(天空),但不要瞄向太阳,转动目镜使分划板十字丝清晰明确。

②焦距调节。将望远镜对准目标,转动调焦手轮,使目标的影像清晰;眼睛在目镜出瞳

位置作上下和左右移动，检查有无视差存在，即分划板十字丝与目标间隙有无变化。若有视差则继续进行调节，直到没有为止。

（6）读数

按照显示屏的数值准确读数。

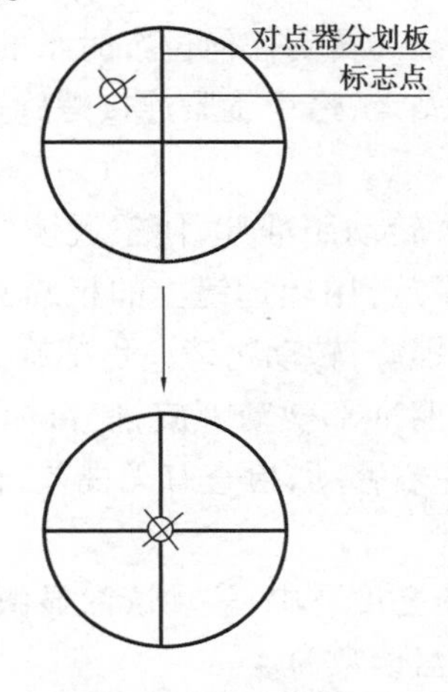

图3.37　光学对中

技能训练3.1　光学经纬仪操作

1）目的和要求

①了解 DJ_6 光学经纬仪的构造，熟悉主要部件的名称和作用。

②练习经纬仪的对中、整平、瞄准和读数的方法。

③要求对中误差小于3 mm，整平误差小于1格。

2）仪器和工具

DJ_6 光学经纬仪1台，标杆或测钎2根，记录簿1本，伞1把。

3）方法与步骤

（1）垂球初步对中

张开三脚架，安置在测站上，使三脚架高度适中，架头大致水平；然后从箱中取出经纬仪，用连接螺旋将其连在三脚架上；挂上垂球，平移三脚架，使垂球尖大致对准测站点，并注意保持架头大致水平，此时将架脚压实；稍松连接螺旋，双手扶住基座，在架头上平移仪器，使垂球尖准确对准测站点。

（2）光学对中器对中

调节光学对中器目镜、物镜调焦螺旋，使视场中的标志圆（或十字丝）和地面目标同时清晰。此时，因基座不水平而圆水准器气泡不居中，调节三脚架腿长度，使圆水准器气泡居中。通过在架头上平动经纬仪,用光学对中器照准地面的测站点。

(3)整平

松开照准部制动螺旋,转动照准部,使水准管平行于任意一对脚螺旋的连线,两手同时反向转动这对脚螺旋,使气泡居中;将照准部旋转90°,转动第三只脚螺旋,使气泡居中。

以上步骤反复1~2次,使照准部转到任何位置时水准管气泡的偏离都不超过1格,且光学对中器始终照准地面上的测站点,最后旋紧连接螺旋。

(4)调焦与照准

先纵转望远镜成盘左位置,再转动照准部,使望远镜对向明亮处,转动目镜对光螺旋,使十字丝清晰;松开照准部制动螺旋,用望远镜上的粗瞄器对准目标,使其位于视场内,固定望远镜制动螺旋和照准部制动螺旋;转动物镜调焦螺旋,使目标影像清晰;旋转望远镜微动螺旋,使目标像高低适中;旋转照准部微动螺旋,使目标像被十字丝的单根竖丝平分,或被双根竖丝夹在中间;眼睛微微左右移动,检查有无视差,转动物镜调焦螺旋予以消除。

(5)读数

调节反光镜的位置,使读数窗亮度适中;转动读数显微镜目镜调焦螺旋,使度盘分划清晰。注意区别水平度盘与竖直度盘读数窗。

读取位于分微尺中间的度盘刻划线注记度数,从分微尺上读取该刻划线所在位置的分数,估读至0.1′(即6″的整倍数)。

盘左位置照准目标读出水平度盘读数后,纵转望远镜,盘右位置再照准该目标,两次读数之差约为180°,用以检核照准和读数是否正确。

4)记录与计算

将光学经纬仪各部件功能填入表3.5中,角度观测数据填入表3.6中。

表3.5　经纬仪各部件功能

序号	部件名称	功能
1	光学对中器	
2	基座圆水准器	
3	照准部管水准器	
4	水平制动螺旋	
5	水平微动螺旋	
6	望远镜制动螺旋	
7	望远镜微动螺旋	
8	竖盘指标水准管	
9	竖盘指标水准管微动螺旋	
10	读盘变换手轮	

表3.6　水平读盘读数

测站	目标	竖盘位置	水平读盘读数/(°　′　″)	备注

技能训练3.2　测回法测水平角

1)目的和要求

①掌握测回法测量水平角的操作程序和方法,学会测回法观测水平角的记录与计算方法。

②每位同学一测回观测一个水平角,上、下半测回角值之差不超过$\pm 40''$。

③在地面上选择4点组成四边形,所测四边形的内角之和与360°之差不超过$\pm 60''\sqrt{4}=\pm 120''$。

2)仪器和工具

DJ_6光学经纬仪1台,测钎2根,记录簿1本,伞1把。

3)方法与步骤

①在地面上选择4点组成四边形,每位同学测量一个水平角度。

②在测站点安置经纬仪,对中、整平。

③盘左位置,照准左侧的目标并置零,读取水平度盘读数,记入观测手簿;然后松开照准部制动螺旋,顺时针转动照准部,照准右侧目标,读取水平度盘读数,记入观测手簿。

④松开照准部和望远镜制动螺旋,纵转望远镜成盘右位置,照准右侧方向目标,读取水平度盘读数,记入观测手簿;然后松开照准部制动螺旋,逆时针转动照准部,照准左侧方向目标,读取水平度盘读数,记入观测手簿。

4)注意事项

①只测一个测回,目标不能照错,并尽量照准目标下端。

②观测完立即计算角值,上、下半测回如果超限立即重测。

5)提交成果

将观测结果记入表3.7中。

表 3.7　测回法观测手簿

测点	盘位	目标	水平度盘读数/(°　′　″)	水平角/(°　′　″)		示意图
				半测回值	一测回值	

技能训练 3.3　方向观测法测水平角

1) 目的和要求

①练习方向观测法测量水平角,掌握相关记录和计算方法。

②半测回归零差不得超过 ±18″;测回 $2c$ 互差不得超过 ±30″。

③各测回方向值互差不得超过 ±24″。

2) 仪器和工具

DJ_6 经纬仪 1 台,记录簿 1 本,伞 1 把。

3) 方法与步骤

①在测站 O 安置经纬仪,对中、整平后,选定 A、B、C、D 四个目标。

②盘左位置,配置水平度盘读数略大于 0″,照准起始目标 A,读取水平度盘读数并记入

观测手簿；顺时针方向转动照准部，依次照准 B、C、D、A 各目标，分别读取水平度盘读数并记入观测手簿，检查半测回归零差是否超限。

③盘右位置，逆时针方向依次照准 A、D、C、B、A 各目标，分别读取水平度盘读数并记入观测手簿，检查半测回归零差是否超限。

④计算：

同一方向2倍视准轴误差 $2c$ = 盘左读数 −（盘右读数 ±180°）；

各方向的平均读数 $=\frac{1}{2}$［盘左读数 +（盘右读数 ±180°）］；

各方向的归零方向值 = 各方向的平均读数 − 起始方向的平均读数。

⑤进行第二测回观测，起始方向的水平度盘读数配置在90°附近，观测方法与第一测回相同。各测回同一方向归零方向值的互差不超过 ±24″。

4）注意事项

①应选择远近适中，易于照准的清晰目标作为起始方向。

②如果方向数只有3个时，可以不归零。

5）成果提交

将观测成果记入表3.8中。

表3.8　方向观测法观测手簿

测站	测回数	目标	水平度盘读数（° ′ ″）		2c /（″）	平均方向值 /（° ′ ″）	归零方向值 /（° ′ ″）	各测回平均方向值 /（° ′ ″）	水平角度值及略图 /（° ′ ″）
			盘左	盘右					
O	1	A							
		B							
		C							
		D							
		A							
	2	A							
		B							
		C							
		D							
		A							

技能训练3.4 竖直角观测

1)目的和要求

①练习竖直角观测、记录、计算的方法。

②了解竖盘指标差的计算方法。

③同一组所测得的竖盘指标差的互差不得超过25″。

2)仪器和工具

DJ_6 光学经纬仪1台,记录簿1本,伞1把。

3)方法与步骤

①在测站点 O 上安置经纬仪,对中、整平后,选定 A、B 两个目标。

②判定竖直角的计算公式:盘左位置将望远镜大致放平观察竖直度盘读数;然后将望远镜慢慢上仰,观察竖直度盘读数的变化情况。

a.若读数减小,则:竖直角 = 视线水平时竖盘读数 - 目标竖盘读数;

b.若读数增加,则:竖直角 = 目标竖盘读数 - 视线水平时竖盘读数。

③盘左位置,用十字丝中丝切于 A 目标顶端,转动竖盘指标水准管微动螺旋,使竖盘指标水准管气泡居中,读取竖直度盘读数 L,记入观测手簿并计算出 α_L。

④盘右位置,同法观测 A 目标,读取盘右读数 R,记入观测手簿并计算出 α_R。

⑤计算竖盘指标差:$x = \frac{1}{2}(L + R - 360°)$。

⑥计算一测回竖直角:$\alpha = \frac{1}{2}(\alpha_L + \alpha_R)$。

⑦同法测定 B 目标的竖直角,并计算出竖盘指标差。检查指标差的互差是否超限。

4)注意事项

①每次竖盘读数前,必须使竖盘水准管气泡居中。

②竖直角观测时,对同一目标应以中丝切准目标顶端(或同一部位)。

③计算竖直角和指标差时,应注意正、负号。

5)提交成果

将观测结果记录在表3.9中。

表3.9　竖直角观测手簿

测站	目标	竖盘位置	竖盘读数 /(° ′ ″)	半测回竖直角 /(° ′ ″)	指标差/(″)	一测回竖直角 /(° ′ ″)
O	A	左				
		右				
	B	左				
		右				

思考与练习

3.1　什么是水平角？“一点至两目标点视线的夹角为水平角”的说法是否正确？为什么？

3.2　什么是竖直角？“一点至一目标点视线与水平线的夹角为竖直角”的说法是否正确？为什么？

3.3　经纬仪的安置包括哪几个步骤？简述其操作过程。

3.4　经纬仪对中、整平的目的是什么？

3.5　采用盘左、盘右观测取平均的方法，能消除哪些仪器误差？

3.6　在测站点 C 上用 DJ_6 经纬仪测回法观测了水平角 $\angle ACB$。各方向读数已经记录在下表中，试在表中计算 $\angle ACB$ 的角度值。

测 站	目 标	竖盘位置	水平度盘读数 /(° ′ ″)	半测回角值 /(° ′ ″)	一测回角值 /(° ′ ″)	备 注
C	A	左	0 04 12			
	B		252 14 48			
	A	右	180 05 30			
	B		72 15 48			

3.7　方向观测法观测水平角的数据列于下表中，试进行各项计算。

测站	测回	目标	水平度盘读数 盘左 /(° ′ ″)	水平度盘读数 盘右 /(° ′ ″)	2C /(″)	平均读数 /(° ′ ″)	归零方向值 /(° ′ ″)	各测回平均方向值 /(° ′ ″)	水平角角度值
O	Ⅰ								
		A	0 02 48	180 03 12					
		B	55 36 12	235 36 54					
		C	120 26 06	300 27 00					
		D	201 46 18	21 47 00					
		A	0 02 42	180 03 24					
	Ⅱ								
		A	60 34 24	240 34 18					
		B	116 07 48	296 07 36					
		C	180 57 42	0 57 30					
		D	262 17 54	82 17 48					
		A	60 34 36	240 34 12					

3.8　整理下表中竖直角观测记录。

测站	目标	竖盘位置	竖盘读数/(° ′ ″)	半测回竖直角/(° ′ ″)	指标差/(° ′ ″)	一测回竖直角/(° ′ ″)	备注
O	1	左	72 18 18				270, 180, 0, 90 (竖盘盘左)
		右	287 42 00				
	2	左	96 32 48				
		右	263 27 30				

3.9　经纬仪主要有哪些轴线？各轴线之间应满足怎样的位置关系？

3.10　角度观测时有哪些误差？我们在测角时应注意哪些问题？

3.11　测角时哪些误差可以通过盘左、盘右的平均值予以消除？

单元4　距离测量及直线定向

确定两点间距离的工作称为距离测量。常用的距离测量方法有钢尺量距、视距测量和电磁波测距等。

钢尺量距方便、直接，且使用的工具成本低，钢尺的最小刻度通常为mm。

视距测量利用经纬仪或水准仪望远镜中的视距丝和视距尺，按几何光学原理进行测距。普通视距测量精度一般为1/300～1/200，由于操作简便，不受地形起伏限制，可同时测定距离和高差，被广泛应用于测距精度要求不高的地形测量中；精密视距测量精度可达1/2 000。

电磁波测距是用仪器发射及接收红外光、激光或微波等，按其传播速度及时间确定距离。电磁波测距的精度比卷尺测距及视距测距的精度高。

4.1　钢尺量距

4.1.1　钢尺量距的工具

1）钢尺

钢尺是钢尺量距的主要工具。钢尺为钢制成的带状尺，尺的宽度为10～15 mm，厚度约0.4 mm。长度有多种，常用的有30 m尺和50 m尺等。钢尺全长都刻有毫米分划，米、分米、厘米处都有数字注记。尺的注记为零的一端有拉环，钢尺可绕在尺架上携带和保护。用于量距的尺还有皮尺等。

2）钢尺量距的辅助工具

钢尺量距的辅助工具有标杆、测钎、垂球、拉力计（弹簧秤）和温度计等。拉力计（弹簧秤）和温度计主要用于精密量距。

4.1.2　钢尺量距的一般方法

钢尺量距的基本步骤是：直线定线、量距和数据整理。

1)直线定线

两点间的距离大于尺长时,需分段丈量。将各分段点置于同一条直线上的工作叫直线定线。直线定线的方法有目测法和仪器法两种。

(1)目测法直线定线

目测标定分段点使之位于同一直线上的方法叫目测法直线定线,如图4.1所示。在某两端点 A,B 间定线时,先在两端点上竖立标杆,一人站其中的一个端点,如 A 点标杆后约1 m处,指挥另一人左右移动标杆,直到两端点标杆与另一人手持的标杆位于同一线上,另一人持杆位置即为第一个分段点,用测钎或小钉标出。注意定线时应由远到近,如由 B 向 A 定点。

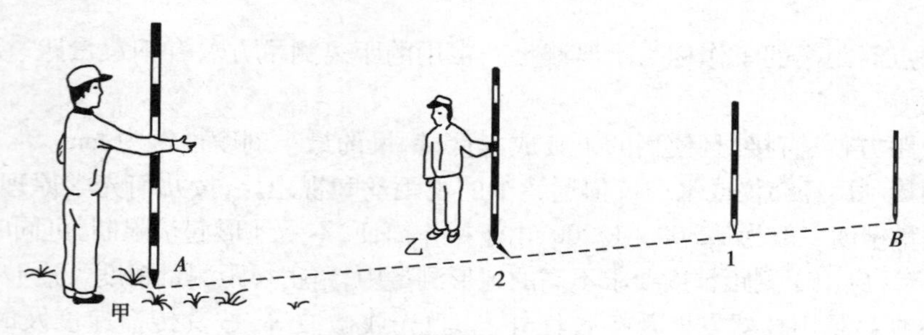

图4.1　目测法直线定线

(2)仪器法直线定线

高精度量距要用经纬仪定线。直线两端点间通视时,先置经纬仪于其中一端点,瞄准另一端点,固定照准部,纵转望远镜,指挥定点员左右移动标杆或垂线,直至标杆成像的几何中心与纵丝所在几何中心重合。标杆或垂球线处的点即为与两端点位于同一直线上的点。

2)钢尺一般量距法

钢尺(或皮尺)量距时需作业人员3~5人(根据量距方法而定),分别担任拉尺、读数和记录等工作。钢尺量距分为一般量距和精密量距两种。

(1)平坦地区量距

地面平坦时可使钢尺沿地(拖地)丈量,丈量 A,B 距离可先从 A 向 B 进行(往测)。

为检核丈量结果,提高测量精度,需由 B 向 A 丈量 B,A 之距(返测),司尺员应调换位置。往返丈量距离的差数的绝对值与该距离的往返测均值之比,称为丈量的相对精度或称相对误差,即:

$$\frac{|\text{往测值}-\text{返测值}|}{\text{往返测均值}}=\frac{1}{M} \tag{4.1}$$

平坦地区钢尺量距相对误差不应大于1/3 000,在困难地区相对误差不应大于1/1 000。符合要求时,取往返测均值作 A,B 水平距离的最终结果。

(2)倾斜量距法

如图4.2所示,A,B 间坡度大,但坡度变化均匀,故可设置 $1,2,3,\cdots,n$ 一系列分段点并打入木桩,分别丈量各段的倾斜长度。将各段斜距 L_i 换算为水平距离 D 时采用下列公式：

$$D = \sum L_i \cos \alpha_i \tag{4.2}$$

其中，i 为尺段号，$i=1,2,3,\cdots,n$。α_i 倾角用经纬仪测定，测量时应使目标高与仪器高相等，也就是使视线平行于地面坡度线，以保证 α 角代表地面的坡度角。

（3）水平量距法量距

如图4.3所示，坡度小但地形变化比较复杂的地面量距，可采用水平量距法。用该法量距时，后尺员持钢尺零端并将其对准地面点 A 标志中心，前尺员拉紧钢尺，目测使钢尺水平并用测钎或用花杆、垂球，将钢尺末端或某一整分划处投到地面，并插一测钎，这样可直接测量该尺段的水平距离 D_1。依次测得各段水平距离 D_i，相加得到水平距离 D_{AB}。

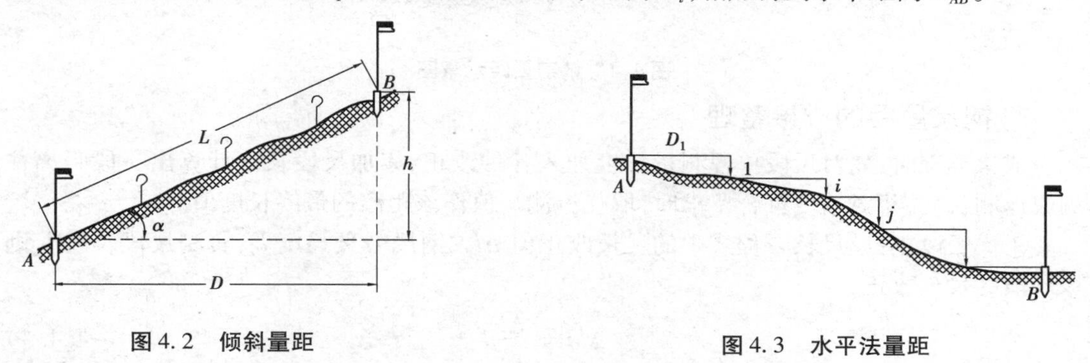

图4.2　倾斜量距

图4.3　水平法量距

4.1.3　钢尺量距的精密方法

当测距精度要求高时，要用精密量距方法。钢尺精密量距精度可达1/3 000～1/10 000或更高。

精密量距前首先要对钢尺进行检定，求出尺长方程式；定线必须采用仪器法，场地中障碍物应清除，尺段点按坡度变化点和尺长确定，用预先设有标志的木桩或水泥桩标定，桩面应高出地面10 cm左右；尺段端点高差一般用水准测量方法测定；量距时应施加标准拉力；测记钢尺表面温度（无此条件时可测气温）；实测斜距应进行尺长改正、温度改正和倾斜改正。

1）钢尺的检定

钢尺尺面注记长度称为名义长度，两端点刻划线间所代表的真长为钢尺的实际长度，名义长度与实际长度的差值为 Δl（尺长改正数）。通过钢尺检定，可求出 l_t，即尺长方程式：

$$l_t = l_0 + \Delta l + \alpha l_0 (t - t_0) \tag{4.3}$$

式中　l_t——温度为 l_t 时钢尺的实际长度，m；

l_0——钢尺的名义长度，m；

Δl——尺长改正数（为钢尺检定时值），mm；

α——钢尺线性膨胀系数，值为0.011 6～0.012 5 mm/（m·℃）；

t_0——检定钢尺时的温度（标准温度），℃；

t——量距时温度，℃。

2)精密量距法

如图 4.4 所示,精密量距由 5 人进行:记录 1 人,前后尺司尺员各 1 人,前后读数员各 1 人。每尺段量距方法如下:后尺员持钢尺零端,并挂拉力计。前尺员持钢尺末端,使钢尺贴于标志顶面。前尺员喊"预备",在施加到标准拉力时,后尺员喊"好"。两读数员同时读得前、后尺读数,读数至毫米,其差即为尺段一次测量值,并立即记入手簿。测量 3 次,互差不得超过 3 mm。每次丈量前后应各测记一次温度并取平均。

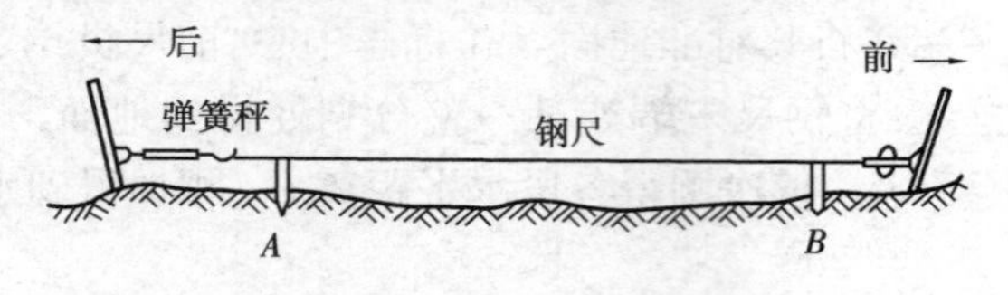

图 4.4　精密量距示意图

3)钢尺量距的成果整理

成果整理时,先对尺段单程测量长度加入各种改正,累加尺段长度计算出一段距离往测或返测长度,相对精度符合要求时,取往返测均值作该距离的最终长度值。

①尺长改正:设尺长方程式中的尺长改正值 Δl_d,钢尺名义长度 l_0,实测尺段长度 l,则该尺段的尺长改正:

$$\Delta l_d = \frac{\Delta l}{l_0} l \tag{4.4}$$

②温度改正:将丈量时的平均温度 t 与标准温度 t_0 之差乘以钢尺的线性膨胀系数及量得长度 l,得到该尺段的温度改正:

$$\Delta l_t = \alpha(t - t_0) l \tag{4.5}$$

③倾斜改正:当沿倾斜地面丈量后,用水准仪测得两端点的高差 h,尺段倾斜长为 L,D_L 为尺段平距,则倾斜改正值为 $\Delta D_L = D_L - L$。由于 $D_L = \sqrt{L^2 - h^2}$,并将 D_L 按级数展开,取至两项:

$$\Delta l_h = -\frac{h^2}{2l} \tag{4.6}$$

④改正后的尺段水平长度:

$$d = l + \Delta l_d + \Delta l_t + \Delta l_h \tag{4.7}$$

⑤尺段往测或返测水平距离 $D_{往}$ 和 $D_{返}$。

⑥相对误差:

$$K = \frac{|D_{往} - D_{返}|}{D_{平均}} \tag{4.8}$$

⑦两点间水平距离:

$$D = D_{平均} = (D_{往} + D_{返})/2 \tag{4.9}$$

【例 4.1】　用尺长方程为 $l_t = 30\ \text{m} + 0.002\ 5\ \text{m} + 1.25 \times 10^{-5}℃^{-1} \times (t - 20) \times 30\ \text{m}$ 的钢尺实测 A—B 尺段的水平距离。测得 $l = 29.896$ m,A,B 两点间高差 $h = 0.272$ m,测量时的温度 $t = 25.8$ ℃,试求 A—B 尺段的水平距离。

【解】 (1)尺长改正

$$\Delta l_d = \frac{\Delta l}{l_0} l = \frac{0.002\ 5\ \text{m}}{30\ \text{m}} \times 29.896\ \text{m} = 0.002\ 5\ \text{m}$$

(2)温度改正

$$\Delta l_t = \alpha(t - t_0) l = 1.25 \times 10^{-5}℃^{-1}(25.8 - 20)℃ \times 29.896\ \text{m} = 0.002\ 2\ \text{m}$$

(3)倾斜改正

$$\Delta l_h = -\frac{h^2}{2l} = -\frac{0.272^2\ \text{m}^2}{2 \times 29.896\ \text{m}} = -0.001\ 2\ \text{m}$$

(4)A—B 尺段水平距离

$$d = l + \Delta l_d + \Delta l_t + \Delta l_h = (29.896 + 0.002\ 5 + 0.002\ 2 - 0.001\ 2)\text{m} = 29.000\ \text{m}$$

4.2　视距测量

视距测量是用望远镜内的视距丝装置,根据光学原理同时测定距离和高差的一种方法。这种方法具有操作方便、速度快、一般不受地形限制等优点。虽然精度较低(普通视距测量的精度仅能达到1/200～1/300),但能满足测定碎部点位置的精度要求。所以视距测量被广泛应用于地形图测绘中。

4.2.1　视距测量原理

视距测量所用的仪器主要有经纬仪、水准仪和平板仪等。进行视距测量,要用到视距丝和视距尺。视距丝即望远镜内十字丝平面上的上下两根短丝,它与横丝平行且等距离,如图4.5所示。视距尺是有刻划的尺子,和水准尺基本相同。

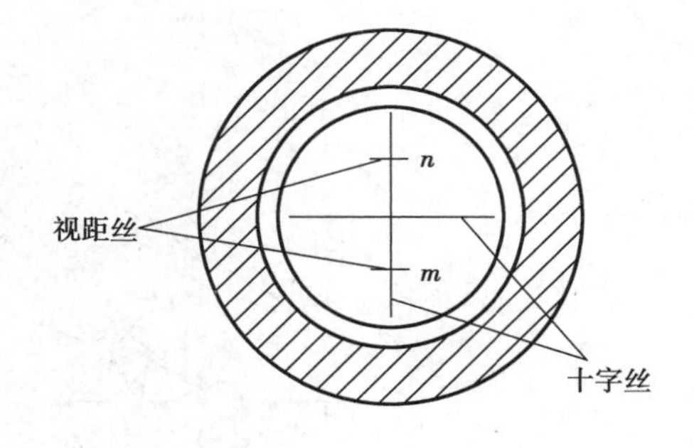

图4.5　视距丝

1)视线水平时的水平距离和高差公式

如图4.6所示,在 A 点安置经纬仪,在 B 点竖立视距尺。用望远镜照准视距尺,当望远镜视线水平时,视线与视距尺垂直。如果视距尺上 M,N 点成像在十字丝分划板上的两根视距丝 m,n 处,那么视距尺上 MN 的长度可由上、下视距丝读数之差求得。上、下视距丝读数之差称为视距间隔或尺间隔,用 l 表示。

在图4.6中,$l=\overline{mn}$为视距丝读数差,f 为物镜焦距。由三角形相似可得

$$D = Kl \tag{4.10}$$

式中　K——视距乘常数,通常 $K=100$。

由图4.6可知,A,B 两点间的高差 h 为:

$$h = i - \nu \tag{4.11}$$

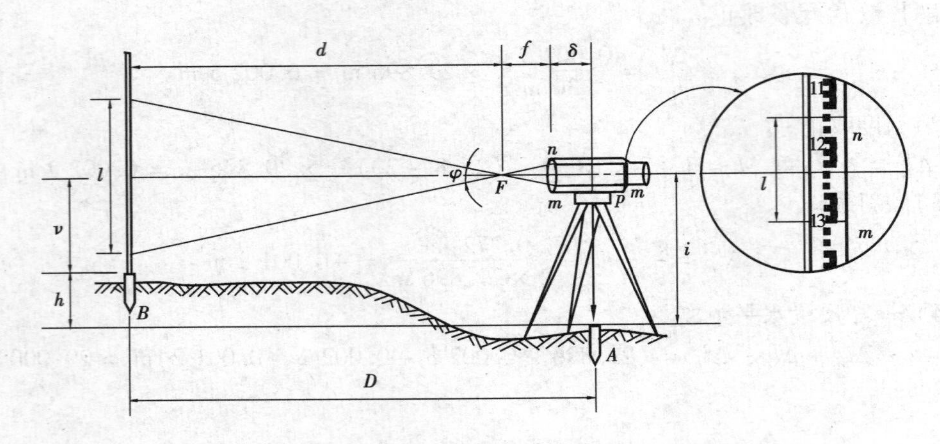

图 4.6　视线水平时视距测量原理

式中　i——仪器高,m;

ν——十字丝中丝在视距尺上的读数,即中丝读数,m。

2)视线倾斜时的水平距离和高差公式

在地面起伏较大的地区进行视距测量时,必须使望远镜视线处于倾斜位置才能瞄准视距尺。此时,视线不垂直于竖立的视距尺尺面,因此式(4.10)不适用。

如图 4.7 所示,如果我们把竖立在 B 点上视距尺的尺间隔 MN,换算成与视线相垂直的尺间隔 $M'N'$,就可用式(4.13)计算出倾斜距离 L。然后再根据 L 和垂直角 α,计算出水平距离 D 和高差 h。

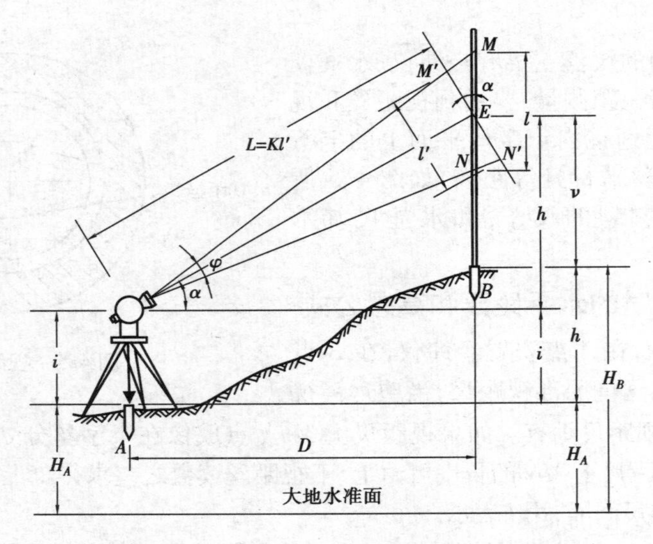

图 4.7　视线倾斜时的视距测量原理

从图 4.7 可知,在 $\triangle EM'M$ 和 $\triangle EN'N$ 中,由于 φ 角很小(约 34′),可把 $\angle EM'M$ 和 $\angle EN'N$视为直角。而$\angle MEM' = \angle NEN' = \alpha$,因此

$$M'N' = M'E + EN' = ME\cos\alpha + EN\cos\alpha = MN\cos\alpha$$

式中，$M'N'$就是假设视距尺与视线相垂直的尺间隔 l'，MN 是尺间隔 l，所以

$$l' = l\cos\alpha \tag{4.12}$$

将上式代入式(4.10)，得倾斜距离 L

$$L = Kl' = Kl\cos\alpha \tag{4.13}$$

因此，A，B 两点间的水平距离为：

$$D = L\cos\alpha = Kl\cos^2\alpha \tag{4.14}$$

式(4.14)为视线倾斜时水平距离的计算公式。

由图4.7可以看出，A，B 两点间的高差 h 为：

$$h = h' + i - \nu$$

其中

$$h' = L\sin\alpha = Kl\cos\alpha\sin\alpha = \frac{1}{2}Kl\sin 2\alpha \tag{4.15}$$

所以

$$h = \frac{1}{2}Kl\sin 2\alpha + i - \nu \tag{4.16}$$

式(4.16)为视线倾斜时高差的计算公式。

4.2.2　视距测量的施测与计算

视距测量的施测步骤如下：

①如图4.7所示，在 A 点安置经纬仪，量取仪器高 i，在 B 点竖立视距尺。

②盘左(或盘右)位置，转动照准部瞄准 B 点视距尺，分别读取上、下、中三丝读数，并算出尺间隔 l。

③转动竖盘指标水准管微动螺旋，使竖盘指标水准管气泡居中，读取竖盘读数，并计算垂直角 α。

④根据尺间隔 l，垂直角 α，仪器高 i 及中丝读数 ν，计算水平距离 D 和高差 h。

【例4.2】　以表4.1中的已知数据和测点1的观测数据为例，计算 A，1两点间的水平距离和1点的高程。

表4.1　视距测量记录与计算手簿

测站：A		测站高程：+45.37 m			仪器高：1.45 m		仪器：DJ_6		
测点	下丝读数 上丝读数 尺间隔 l/m	中丝读数 ν/m	竖盘读数 L /(° ′ ″)	垂直角 α /(° ′ ″)	水平距离 D/m	初算高差 h'/m	高差 h/m	高程 H/m	备注
1	2.237 0.663 1.574	1.45	87 41 12	+2 18 48	157.14	+6.35	+6.35	+51.72	盘左位置

【解】　$D_{A1} = Kl\cos^2\alpha = 100 \times 1.574\ \text{m} \times \cos^2(2°18'48'') = 157.14\ \text{m}$

$$h_{A1} = \frac{1}{2}Kl\sin 2\alpha + i - \nu = \frac{1}{2} \times 100 \times 1.574\ \text{m} \times \sin(2 \times 2°18'48'') + 1.45\ \text{m} - 1.45\ \text{m}$$

$= 6.35\ \text{m}$

$H_1 = H_A + h_{A1} = 45.37\ \text{m} + 6.35\ \text{m} = 51.72\ \text{m}$

4.2.3 视距测量的误差来源及消减方法

(1)用视距丝读取尺间隔的误差

读取视距尺间隔的误差是视距测量误差的主要来源,因为视距尺间隔乘以常数,其误差也随之扩大100倍。因此,读数时需注意消除视差,认真读取视距尺间隔。另外,对于一定的仪器来讲,应尽可能缩短视距长度。

(2)垂直角测定误差

从视距测量原理可知,垂直角误差对于水平距离影响不显著,而对高差影响较大,故用视距测量方法测定高差时应注意准确测定垂直角。读取竖盘读数时,应严格令竖盘指标水准管气泡居中。对于竖盘指标差的影响,可采用盘左、盘右观测取垂直角平均值的方法来消除。

(3)标尺倾斜误差

标尺立不直,前后倾斜时将给视距测量带来较大误差,其影响随着尺子倾斜度和地面坡度的增加而增加。因此标尺必须严格铅直(尺上应有水准器),尤其是山区作业。

(4)外界条件的影响

①大气垂直折光影响:由于视线通过的大气密度不同而产生垂直折光差,而且视线越接近地面,垂直折光差的影响也越大,因此观测时应使视线离开地面1 m以上(上丝读数不得小于0.3 m)。

②空气对流使成像不稳定产生的影响。这种现象在视线通过水面和接近地表时较为突出,特别在烈日下更为严重。因此应选择合适的观测时间,尽可能避开大面积水域。

此外,视距乘常数 K 的误差、视距尺分划误差等都将影响视距测量的精度。

4.3 光电测距

4.3.1 概述

长距离丈量是一项繁重的工作,劳动强度大,工作效率低,尤其是在山区或沼泽区,丈量工作更是困难。20世纪50年代研制成的光电测距仪改变了这种状况。与钢尺量距、视距测量相比,光电测距具有测距远、精度高、作业快、受地形限制少等优点,因而在测量工作中广泛应用。近年来,由于电子技术及微处理机的迅猛发展,各类光电测距仪竞相出现(如图4.8所示),并在测量工作得到了普遍应用。

电磁波测距按测程来分,有短程(<3 km)、中程(3~15 km)和远程(>15 km)之分。

按测距精度来分，有Ⅰ级（5 mm）、Ⅱ级（5 ~ 10 mm）和Ⅲ级（ >10 mm）。按载波来分，有采用微波段的电磁波作为载波的微波测距仪，有采用光波作为载波的光电测距仪。

图4.8　光电测距仪

光电测距仪所使用的光源有激光光源和红外光源（普通光源已淘汰）。采用红外线波段作为载波的红外光电测距仪是以砷化镓（GaAs）发光二极管所发的荧光作为载波源，发出的红外线强度能随注入电信号的强度而变化，因此它兼有载波源和调制器的双重功能。GaAs 发光二极管体积小，亮度高，功耗小，寿命长，且能连续发光，所以红外光电测距仪获得了更为迅速的发展。本节讨论的就是红外光电测距仪。

4.3.2　测距原理

如图4.9所示，欲测定 A,B 两点间的距离 D，安置仪器于 A 点，安置反射镜于 B 点。仪器发射的光束由点 A 至点 B，经反射镜反射后又返回到仪器。设光速 c 为已知，如果光束在待测距离 D 上往返传播的时间 t_{2D} 已知，则距离 D 可由式(4.17)求出：

$$D = \frac{1}{2}ct_{2D} \tag{4.17}$$

式中　c——光速，$c = c_0/n$，c_0 为真空中的光速值，其值为 299 792 458 m/s；

n——大气折射率，它与测距仪所用光源的波长，测线上的气温 t、气压 P 和湿度 e 有关。

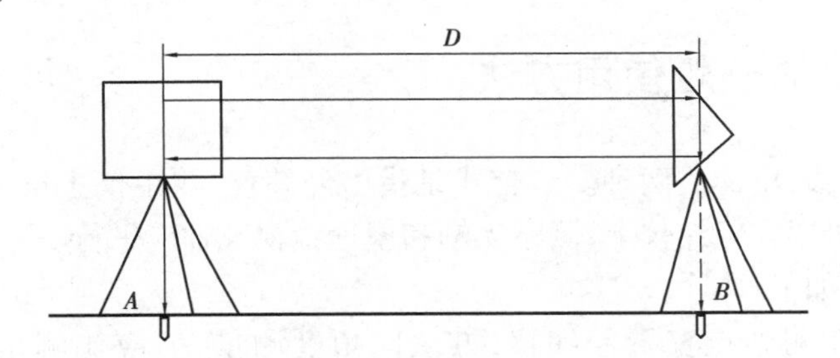

图4.9　光电测距原理

测定距离的精度，主要取决于测定 t_{2D} 的精度。光电测距仪根据测定时间 t_{2D} 的方式，分为下列两种：

1）脉冲式测距

由测距仪的发射系统发出光脉冲，经被测目标反射后，再由测距仪的接收系统接收，测出这一光脉冲往返所需时间间隔的光脉冲的个数以求得距离 D，如图4.10所示。由于计数器的频率一般为300 MHz，测距精度为0.5 m，精度较低。

2）相位式测距

由测距仪的发射系统发出一种连续的调制光波，测出该调制光波在测线上往返传播所产生的相位移，以测定距离 D，如图4.11所示。红外光电测距仪一般都采用相位测距法。

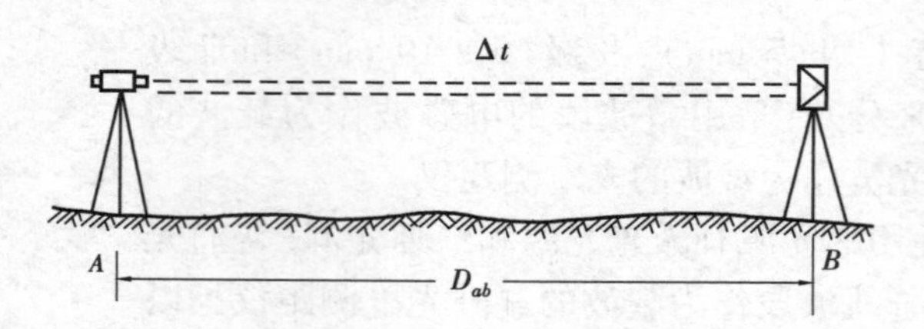

图 4.10 脉冲式测距

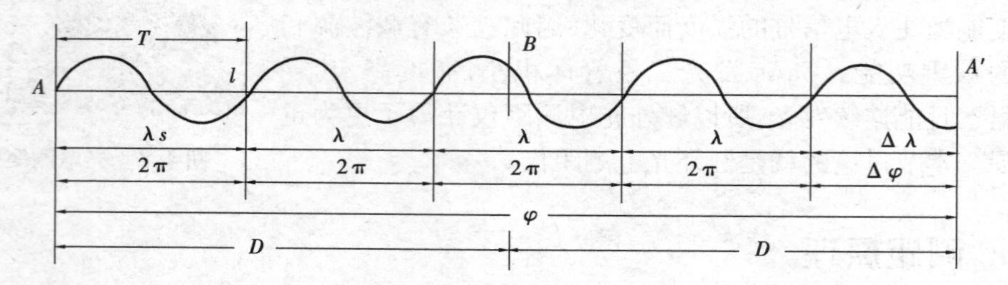

图 4.11 相位式测距

在砷化镓(GaAs)发光二极管上加了频率为f的交变电压(即注入交变电流)后,它发出的光强就随注入的交变电流呈正弦变化,这种光称为调制光。测距仪在A点发出的调制光在待测距离上传播,经反射镜反射后被接收器所接收,然后用相位计将发射信号与接受信号进行相位比较,由显示器显出调制光在待测距离往、返传播所引起的相位移φ。随着光电技术的发展,以电磁波(光波或微波)作为载波传输测距信号测量两点间距离的光电测距技术已成为距离测量的主要手段。电磁波测距仪测距具有工作轻便、测距精度高、测程远、作业效率高和不受地形影响等优点。

4.3.3 测距仪的一般使用方法

测距仪有组合式、整体式两种。组合式是指由经纬仪、测距仪主机、控制键盘、电源及其他附件组成,主机架在经纬仪上,测距光轴和望远镜视准轴应平行。

距离测量步骤如下:

①仪器安置:在测站点安置经纬仪,方法同角度测量,但应比测角时仪器安置高度略低。

②测前准备:打开电源进行仪器功能及电源状态测试;设置单位制式,预置常数,包括仪器加常数、气象改正数等。

③照准反射棱镜,调节经纬仪的水平和竖直微动螺旋使回光信号最大。

④根据测量精度要求测量距离若干测回,同时观测垂直角,量仪器高、镜高并记录有关气象数据,备成果整理之用。

实测得距离S,称为野外距离观测值,一般为倾斜距离,还必须经过改正,包括测距仪常数改正、气象改正等,才能得到两点间正确的水平距离。

4.4　直线定向

确定一条直线与标准方向间的关系叫直线定向。直线定向的目的是确定一条直线与标准方向之间的夹角。

4.4.1　标准方向

测量工作中常用的标准方向有以下三种(见图4.12):

1)真子午线方向(真北方向)

地球表面某点的真子午线的切线方向,称为该点的真子午线方向。真子午线北端所指的方向为真北方向,它可以用天文观测的方法来确定。

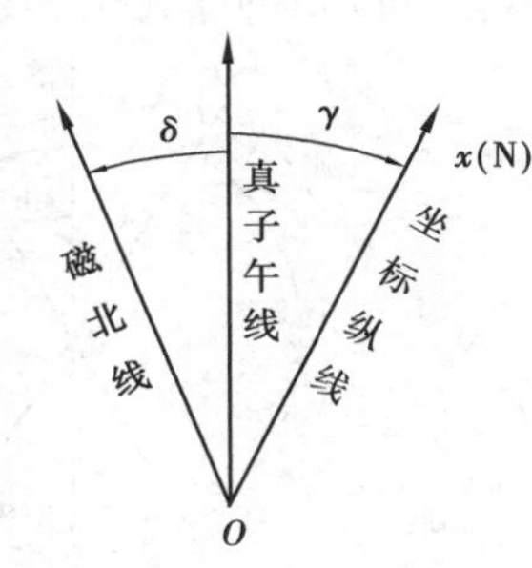

图4.12　标准方向

2)磁子午线方向(磁北方向)

地球表面某点上磁针所指的方向为该点的磁子午线方向。磁针北端所指的方向为磁北方向,可用罗盘仪测定。

3)坐标纵轴方向(坐标北方向)

测量工作中采用高斯平面直角坐标系,坐标系中坐标纵轴北端所指的方向为坐标北方向。

上述3个北方向通常称为"三北"方向。在一般情况下,它们是不一致的。其中坐标后方向在建筑施工测量中使用较多。

4.4.2　磁偏角与子午线收敛角

1)磁偏角

由于地球磁场的南北极与地球的南北极并不一致,因此某点的磁子午线方向和真子午线方向间有一夹角,这个夹角称为磁偏角,用δ表示,如图4.12所示。磁子午线偏向真子午线以东为东偏,δ为正;以西为西偏,δ为负。我国磁偏角在$-10° \sim +6°$变化。

2)子午线收敛角

地球表面某点的真子午线方向与该点坐标纵线方向之间的夹角,称为子午线收敛角,用γ表示,如图4.12所示。坐标纵线偏向真子午线以东为东偏,以西为西偏;东偏为正,西偏为负。子午线收敛角大小与两点所在的纬度和经度的大小有关。

4.4.3 表示直线方向的方法

在测量工作中,常采用方位角或象限角表示直线的方向。

1)方位角

由标准方向的北端起顺时针方向量到某直线的夹角,称为该直线的方位角,如图 4.13 所示。方位角的变化范围是 0°~360°。

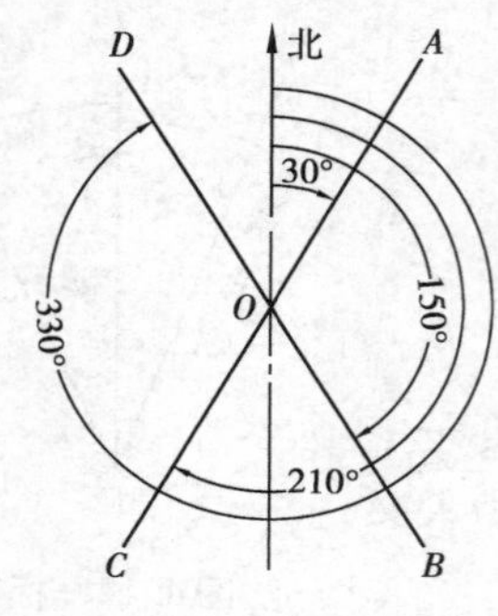

图 4.13 方位角

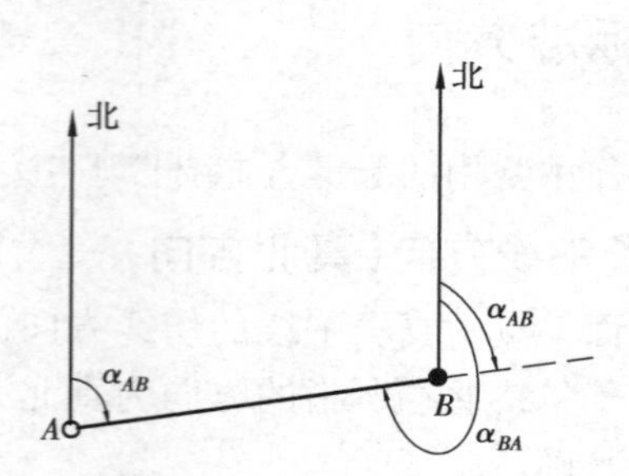

图 4.14 正反方位角

真方位角 A——以真子午线方向为标准方向的,称为真方位角,$A = Am + \delta$。

磁方位角 Am——以磁子午线方向为标准方向的,称为磁方位角,$A = \alpha + \gamma$。

坐标方位角 α——以坐标纵线为标准方向,从标准方向的北端起顺时针方向量到某直线的夹角,$\alpha = A - \gamma$。

2)正反方位角

由于任何地点的坐标纵线都是平行的,因此,任何直线的正坐标方位角和它的反方位角均相差 180°,如图 4.14 所示。即:

$$\alpha_{AB} = \alpha_{BA} \pm 180° \tag{4.18}$$

α_{AB} 称直线 AB 的正方位角,α_{BA} 称直线 AB 的反方位角。若 $\alpha_{BA} > 180°$,公式中取"-"号;若 $\alpha_{BA} < 180°$,公式中取"+"号。

3)坐标方位角的推算

在实际测量工作中并不需要直接测定每条直线的坐标方位角,而是通过与已知坐标方位角的直线连测后,推算出各条直线的坐标方位角。如图 4.15 所示,已知直线 12 的坐标方位角 α_{12},观测了转角 β_2 和 β_3,要求推算直线 23 和 34 的坐标方位角 α_{23} 和 α_{24}。从图中分析可知,

$$\alpha_{23} = 360° - (180° - \alpha_{12}) - \beta_2 = \alpha_{12} + (180° - \beta_2)$$

$$\alpha_{34} = \beta_3 - (180° - \alpha_{23}) = \alpha_{23} - (180° - \beta_3)$$

图 4.15 中观测方向是由直线 12 到 23 再到 34,因 β_2 在推算路线前进方向的右侧,称为右角,β_3 在前进方向的左侧,称为左角。由此可归纳出坐标方位角推算的一般公式:

$$\alpha_{前} = \alpha_{后} - (180° - \beta_{左}) \tag{4.19}$$

$$\alpha_{前} = \alpha_{后} + (180° - \beta_{右}) \tag{4.20}$$

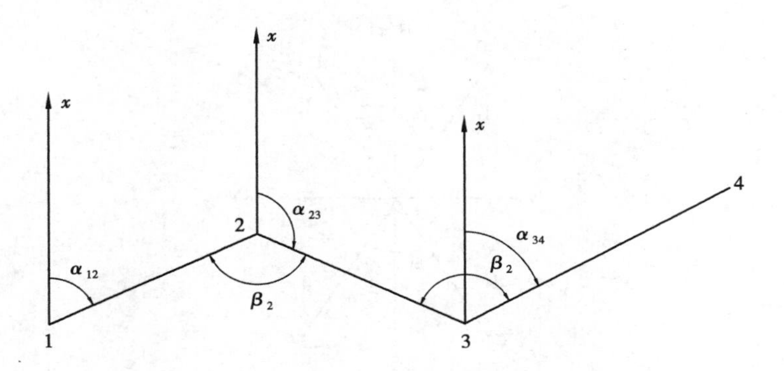

图4.15　坐标方位角推算

在计算中,如果 $\alpha_{前}>360°$,应减去360°;如果 $\alpha_{前}<0°$,应加上360°。

【例4.3】　如图4.16所示,已知直线 AB 的坐标方位角 $\alpha_{AB}=125°30'42''$,B 点转角为 $\beta_B=110°25'06''$,C 点转角为 $\beta_C=135°08'36''$,请计算直线 BC、CD 的坐标方位角。

【解】　B 点转角为左角,由式(4.19)得直线 BC 的坐标方位角

$$\begin{aligned}\alpha_{BC}&=\alpha_{AB}-(180°-\beta_B)\\&=125°30'42''-(180°-110°25'06'')\\&=55°55'48''\end{aligned}$$

C 点转角为右角,由式(4.20)得直线 CD 的坐标方位角

$$\begin{aligned}\alpha_{CD}&=\alpha_{BC}+(180°-\beta_C)\\&=55°55'48''+(180°-135°08'36'')\\&=100°47'12''\end{aligned}$$

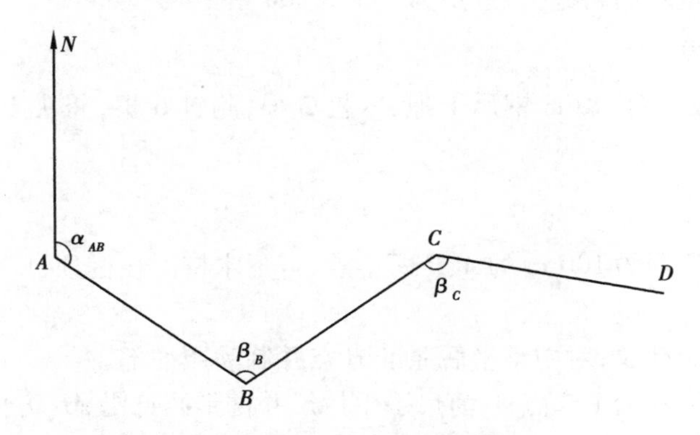

图4.16　坐标方位角计算

4)象限角

直线与标准方向线所夹的锐角称为象限角。象限角的取值范围为0°~90°,用 R 表示。由于象限角可以自北端或南端量起,所以表示直线的方向时,不仅要注明其角度大小,而且要注明其所在象限,如图4.17所示。

象限名称由方位角 α 求象限角 R,由象限角 R 求方位角 α:

Ⅰ北东(NE):$R=\alpha,\alpha=R$;

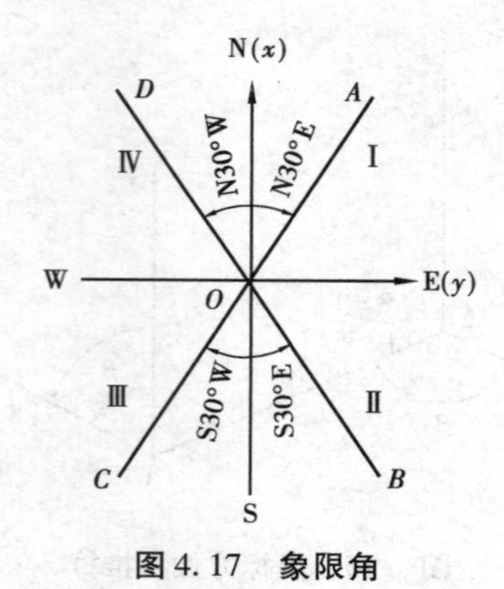

图 4.17 象限角

Ⅱ南东(SE):$R=180°-\alpha$,$\alpha=180°-R$;

Ⅲ南西(SW):$R=\alpha-180°$,$\alpha=180°+R$;

Ⅳ北西(NW):$R=360°-\alpha$,$\alpha=360°-R$。

技能训练　钢尺量距

1)目的与要求

①掌握距离测量的一般方法。

②要求往返测量距离,相对误差不大于 1/3 000 。

2)仪器和工具

DJ_6 光学经纬仪 1 台,30 m 钢尺 1 把,木桩 2 根,测钎 6 根,斧头 1 把,记录簿 1 本,伞 1 把。

3)方法和步骤

①在地面选定相距约 100 m 的 A、B 两个点,打下木桩。在桩顶钉一小钉或画十字作为定位点。

②在 A 点安置经纬仪,对中整平后照准 B 点并制动照准部。

③后尺手手执尺零端于起点 A,前尺手手持尺并携带测钎沿 AB 方向前进,行至一尺段处停下。

④用经纬仪进行定线,经纬仪操作者指挥前尺手拿测钎左右移动,使其插在 AB 方向上。

⑤后尺手将尺零点对准点起点 A,前尺手沿直线水平拉紧钢尺,在钢尺的整尺段刻划处竖直地插下测钎, 这样便丈量完一个尺段长度 l。

⑥后尺手与前尺手共同举尺前进,同法丈量其余各尺段。

⑦最后,不足一整尺段时,后尺手将尺零点对准测钎,前尺手将尺对准 B 点,读出尺读数,精确到毫米位,得到余长 l'。则往测全长 $D_{往}=nl+l'$。

⑧同法由 B 向 A 进行返测，但必须重新进行直线定线。

⑨计算往返测量结果的平均值及相对误差：

$$K=\frac{|D_{往}-D_{返}|}{D_{平均}}=\frac{1}{\dfrac{D_{平均}}{|D_{往}-D_{返}|}}$$

若 $K>1/3\ 000$，必须重新测量。

4）注意事项

①使用钢尺时，不得让钢尺被车碾、人踏，不准在地面上拖拉，尺身应平直不得扭结，用后擦去污垢并涂油防锈。

②钢尺拉出和卷入时不得过快，防止钢尺损坏。

③不准握住尺盒拉紧钢尺，防止钢尺末端从尺盒内拉出。

④钢尺应经检定再使用。

5）数据记录与整理

在表4.2中进行数据记录与整理。

表4.2　钢尺量距手簿

测段	量距外业数据			相对误差	平均距离
A—B	往测	整尺段数			
		余长/m			
		全长/m			
	返测	整尺段数			
		余长/m			
		全长/m			

思考与练习

4.1　钢尺量距的基本工作是什么？

4.2　用钢尺量距一条边，$D_{往}=56.337$ m，$D_{返}=56.346$ m。请问这次测量的相对误差为多少？

4.3　做普通视距测量时，上、下丝在视距尺上的读数分别为2.568 m和1.965 m，中丝读数为2.267 m，量得仪器高为1.650 m，盘左位置竖盘读数为 $\alpha=104°15'36''$，请计算这次测量的斜距值、平距值和高差。

4.4　如图4.18所示，已知 CA 的坐标方位角为 $\alpha_{CA}=264°30'42''$，$\beta_1=25°05'30''$，$\beta_2=54°25'24''$，请计算 AB 边的坐标方位角。

4.5 如图 4.19 所示，已知 $\alpha_{12}=65°$，β_2 及 β_3 的角值均注于图上，试求 2—3 边的正坐标方位角及 3—4 边的反坐标方位角。

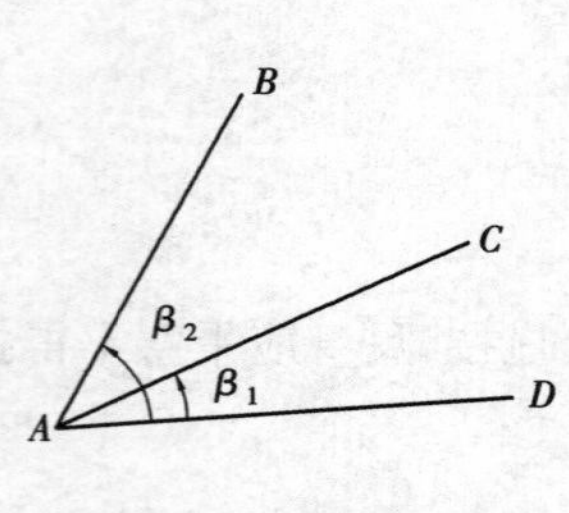

图 4.18 题 4.4 图

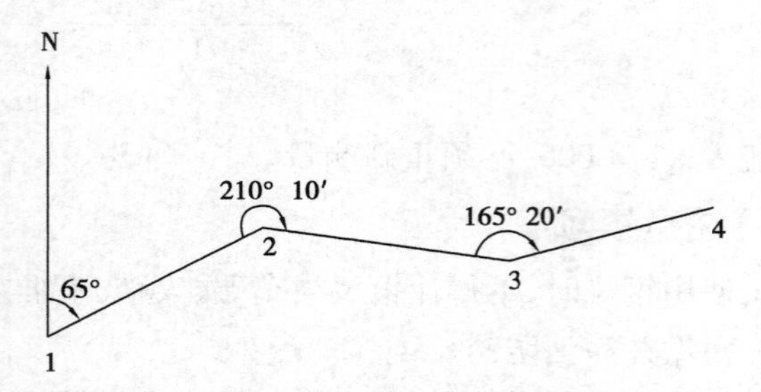

图 4.19 题 4.5 图

单元 5　全站仪及其操作

全站仪(Total station)是由电子测角、光电测距、微型机及其软件组合而成的智能型光电测量仪器。世界上第一台商品化的全站仪是 1968 年联邦德国 OPTON 公司生产的 Reg-Elda14。全站仪可以测量水平角、竖直角和距离,借助于机内固化的软件,可以组成多种测量功能,如可以计算并显示平距、高差以及镜站点的三维坐标,进行偏心测量、悬高测量、对边测量、后方交会测量、放样测量等。

全站仪的特点:

(1)三同轴望远镜

在全站仪的望远镜中,照准目标的视准轴、光电测距的红外光发射光轴和接收光轴是同轴的。因此,测量时使望远镜照准目标棱镜的中心,就能同时测定水平角、垂直角和斜距。

(2)键盘操作

全站仪测量是通过键盘输入指令进行操作的,键盘分为硬键和软键两种。每个硬键有一个固定功能,或兼有第二、第三功能;软键(一般为 F1、F2、F3、F4 等)的功能通过屏幕最下一行相应位置显示的字符提示,在不同的菜单下,软键一般具有不同的功能。

(3)数据存储与通信

主流全站仪机内一般都带有可以存储不少于 3 000 个点观测数据(坐标数据和测量数据)的内存,有些还配有储存卡来增加存储容量。仪器上设有一个标准的 RS-232C 通信接口,使用专用电缆与计算机的 COM 口连接,通过专用软件可以实现全站仪与计算机的双向数据传输。

(4)倾斜传感器

当仪器未精确整平,其竖轴倾斜时,引起的角度观测误差不能通过盘左、盘右观测取平均抵消。为了消除竖轴倾斜误差对角度观测的影响,全站仪上一般设置有电子倾斜传感器,当它处于打开状态时,仪器能自动测量出竖轴倾斜的角度值,据此计算出对角度观测的影响值并显示出来,并自动对角度观测值进行改正。

5.1 全站仪的测量原理

在全站仪发展初期,半站型电子速测仪较为普及。半站仪是一种以光学方法测角的电子速测仪,通常情况下是在光学经纬仪上架装测距仪,再加上计算记录部分组成仪器系统,即形成积木型半站仪。也有将光学经纬仪与电子测距仪设计成一台独立的仪器,称为整体型半站仪。在使用半站仪时,可将光学角度读数通过键盘输入到测距仪里,对斜距进行换算,最后得出平距、高差、方向角和坐标差,这些结果都可以自动传输到外部记录设备中去。

5.1.1 红外测距原理

全站仪中的测距部分,是一种利用电磁波在测线两端点间往返传播的时间来测量距离的仪器。电磁波测距仪按测程来划分,可分为短程(小于3 km),中程(3 ~15 km),远程(大于15 km)3类;按所采用的载波和发射光源的不同,可分为微波测距仪、激光测距仪、红外测距仪3类。其中,红外测距仪是全站仪测距部分的主要载体。

1)测距原理

测距原理见第4章4.3节的介绍。

光电测距仪根据测定时间 t 的方式,分为直接测定时间的脉冲测距法和间接测定时间的相位测距法。高精度的测距仪,一般采用相位式。

相位式光电测距仪的测距原理是:由光源发出的光通过调制器后,成为光强随高频信号变化的调制光。通过测量调制光在待测距离上往返传播的相位差 $\Delta\varphi$ 来计算距离。

相位法测距相当于用"光尺"代替钢尺量距,而 $\lambda/2$ 为光尺长度。

相位式测距仪中,相位计只能测出相位差的尾数 ΔN,测不出整周期数 N,因此对大于光尺的距离无法测定。为了扩大测程,应选择较长的光尺。为了解决扩大测程与保证精度的矛盾,短程测距仪上一般采用两个调制频率,即两种光尺。例如:长光尺(称为粗尺)f_1 = 150 kHz,$\lambda_{1/2}$ = 1 000 m,用于扩大测程,测定百米、十米和米;短光尺(称为精尺)f_2 = 15 MHz,$\lambda_{2/2}$ = 10 m,用于保证精度,测定米、分米、厘米和毫米。

2)仪器组成

测距部分是通过连接器安置在全站仪机身上或出厂时内置全站仪机内,利用光轴调节螺旋,可使主机的发射——接收器光轴与全站仪视准轴位于同一竖直面内。另外,测距仪横轴到全站仪横轴的高度与觇牌中心到反射棱镜高度一致,从而使全站仪瞄准觇牌中心的视线与测距仪瞄准反射棱镜中心的视线保持平行,配合主机测距的反射棱镜,根据距离远近,可选用单棱镜(1.5 km内)或三棱镜(2.5 km内),棱镜安置在三脚架上,根据光学对中器和长水准管进行对中整平。

5.1.2　电子测角原理

全站仪测角系统是利用光电扫描度盘,自动显示于读数屏幕,使观测时操作更简单,且避免了产生人为读数误差。目前,电子测角有3种度盘,即编码度盘、光栅度盘和格区式度盘。现分述如下:

1)编码度盘的绝对法电子测角原理

编码度盘属于绝对式度盘,即度盘的每一个位置均可读出绝对的数值。

编码度盘通常是在玻璃圆盘上制成多道同心圆环,每一个同心圆环称为码道。度盘按码道数 n 等分成 2^n 个扇形区,度盘的角度分辨率为 $360°/2^n$。

如图5.1所示为一个4码道的纯二进制的编码度盘,度盘分成16个扇形区。图中黑色部分表示透光区,白色部分表示不透光区。透光表示二进制代码"1",不透光表示代码"0"。通过各区间的4个码道的透光和不透光,即可由里向外读出4位二进制数来。由4码道、16个扇形区组成的二进制代码及所代表的方向值,如表5.1所列。

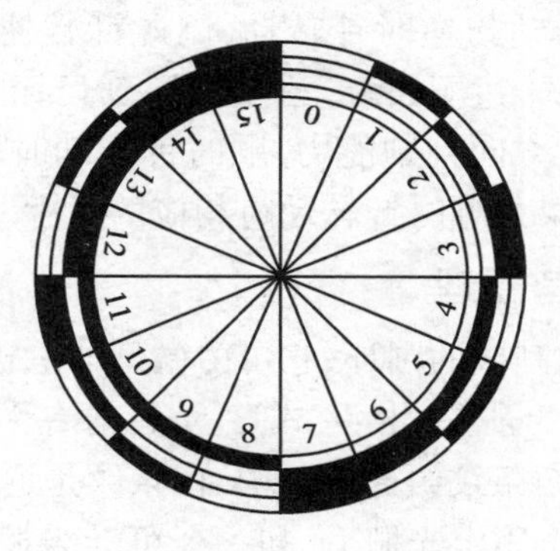

图5.1　编码度盘

利用这样一种度盘测量角度,关键在于识别瞄准方向所在的区间。例如,已知角度的起始方向在区间1,某一瞄准方向在区间8内,则中间所隔6个区间所对应的角度值即为该角值。

表5.1　4码道、16个扇形区的二进制编码与相应角值关系

区间	二进制编码	角值/(° ′)	区间	二进制编码	角值/(° ′)
0	0000	0 00	8	1000	180 00
1	0001	22 30	9	1001	202 30
2	0010	45 00	10	1010	225 00
3	0011	67 30	11	1011	247 30
4	0100	90 00	12	1100	270 00
5	0101	112 30	13	1101	292 30
6	0110	135 00	14	1110	315 00
7	0111	157 30	15	1111	337 30

2)光栅度盘的增量法电子测角原理

光栅度盘是在光学玻璃上全圆360°均匀而密集地刻划出许多径向刻线,构成等间隔的明暗条纹(光栅),如图5.2所示。通常光栅的刻线宽度与缝隙宽度相同,二者之和称为光栅的栅距,栅距所对的圆心角即为栅距的分划值。如果在光栅度盘上下对应位置安装照明器和光电接收管,光栅的刻线不透光,缝隙透光,即可把光信号转换为电信号。当照明器和接收管随照准部相对于光栅度盘转动,由计数器记录转动所累计的栅距数,就可得到转动的角度值。因为光栅度盘是累积计数的,所以称这种系统为增量式读数系统。

图5.2 光栅度盘

仪器在操作中会顺时针转动或逆时针转动,因此计数器在累计栅距数时也应有增有减。例如,在瞄准目标时,如果转过了目标,当反向回到目标时,计数器就会减去多转的栅距数。因此这种读数系统具有方向判别能力,顺时针转动时就进行加法计数,而逆时针转动时就进行减法计数,最后结果为顺时针转动时相应的角度。

3)格区式度盘动态测角原理

格区式度盘是由光学玻璃制成的圆环,它可由微型的电机带动,并以一定的速度旋转,因此称为动态测角。如图5.3所示,格区式度盘上刻有1 024个分划,分划值为φ_0 = 21°05′63″,每个分划由一对黑白条纹组成。其中,白条纹是透光的,黑条纹是不透光的。度盘上安装两对光栅,每对由一个固定光栅L_S和一个可动光栅L_R组成。其中,固定光栅L_S安装在度盘外缘,其位置固定;活动光栅L_R安装在度盘内缘,随照准部一起转动。同名光栅按对径位置安装,以消除照准部偏心差,图5.3中仅给出了其中的一对。

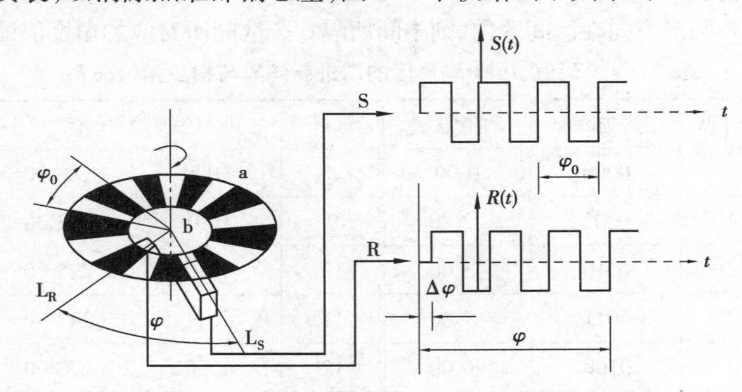

图5.3 格区式度盘动态测角原理

光栅上装有发光二极管和光电二极管,它们分别位于度盘上下两侧,发光二极管发射红外线,通过光栅空隙照到度盘上。当电机带动度盘转动时,因度盘具有黑白条纹而形成透光与不透光的不断变化,这些光信号被设置在度盘另一侧的光电二极管接收,并转换成正弦波电信号输出。图5.3所示是经过整形后的方波。

在测角时,固定光栅的作用相当于光学度盘的0刻线,而可动光栅则相当于照准部的读数标线。若用φ表示望远镜照准目标的度盘读数,则该值等于L_S与L_R之间的角度值,可由匀速旋转的度盘通过L_S与L_R之间的分划数求得。由图5.3可知:

$$\varphi = n\varphi_0 + \Delta\varphi \tag{5.1}$$

即φ等于n个整周期和不足整周期的余量之和,其中n和$\Delta\varphi$分别由粗测和精测求得。当电机带动度盘以特定的转速旋转时,粗测和精测同时进行。

(1)粗测

为进行粗测,在度盘同一半径线L_S与L_R扫描区内,各设一标记a和b。当度盘旋转时,从标记a通过L_S时起,计数器开始记取整周期φ_0的个数;当另一标记b通过L_R时,计数器停止记数。此时,计数器所得到的数值即为φ_0的个数n。

(2)精测

前已述及,当度盘旋转时,通过光栅L_S、L_R分别产生两个正弦波电信号S和R,φ_0可由S和R的相位差确定,如果L_S与L_R处于同一位置,或间隔的角度是分划间隔φ_0的整倍数,则S和R只是相同的,即两者相位差为零。如果L_R相对于L_S移动的间隔不是φ_0的整倍数,则分划通过L_R和分划通过L_S就存在一个时间差Δt,由此可求得S和R之间的相位差$\Delta\varphi$。

度盘旋转一周,两对光栅各自测得1 024个$\Delta\varphi$值,取其平均值作为最后结果。粗测、精测数据由微处理器衔接并转换成以角度单位表达的完整读数值。

5.2　全站仪外部结构及安置(以常州瑞德为例)

全站仪在现代工程中基本得到普及,世界上许多著名测绘仪器厂商生产了各种型号的全站仪。例如,日本索佳(SOKKIA),尼康(Nikon),托普康(TOPCON),宾得(PENTAX),瑞士徕卡(Leica);德国蔡司(Zeiss);美国天宝(Trimble);我国南方NTS系列,苏一光OTS系列、RTS系列等。现以瑞德RTS-820RM全站仪为例进行介绍。

5.2.1　全站仪外部结构

图5.4为瑞德RTS-820RM型全站仪的外部结构,它与经纬仪相似,区别主要是全站仪上有一个可供进行各项操作的键盘。下面对全站仪的键盘功能进行介绍,其余部分可参考经纬仪相关内容,在此不再赘述。

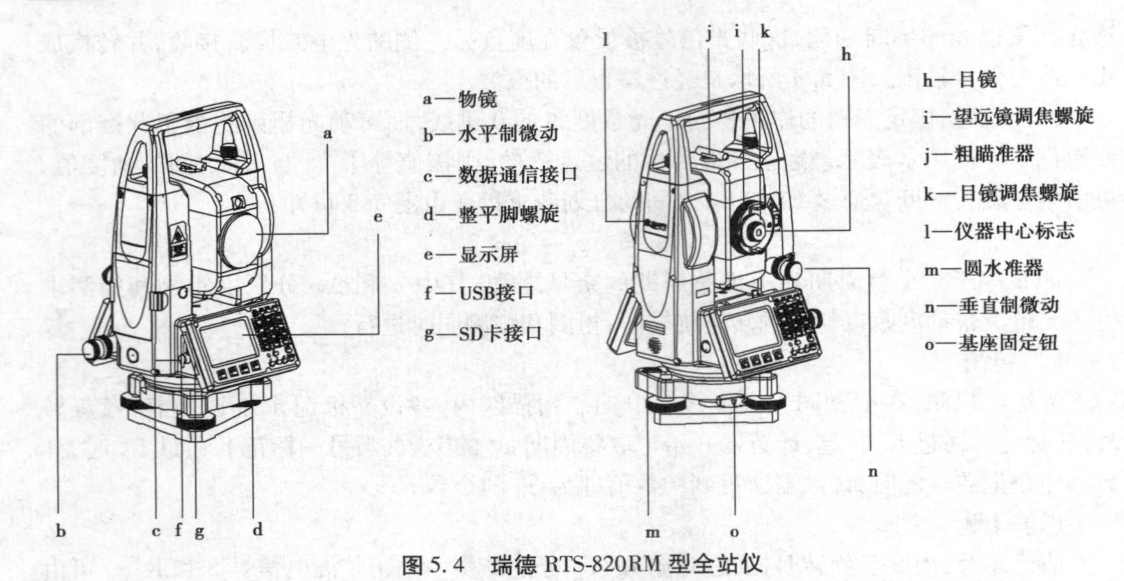

图 5.4　瑞德 RTS-820RM 型全站仪

5.2.2　全站仪屏幕及键盘

全站仪屏幕用于显示各种机载软件菜单和测量结果,键盘用于执行各种功能。图 5.5 为瑞德 RTS-820RM 型全站仪的操作键盘,各按键的功能见表 5.2,全站仪屏幕显示符号含义见表 5.3。

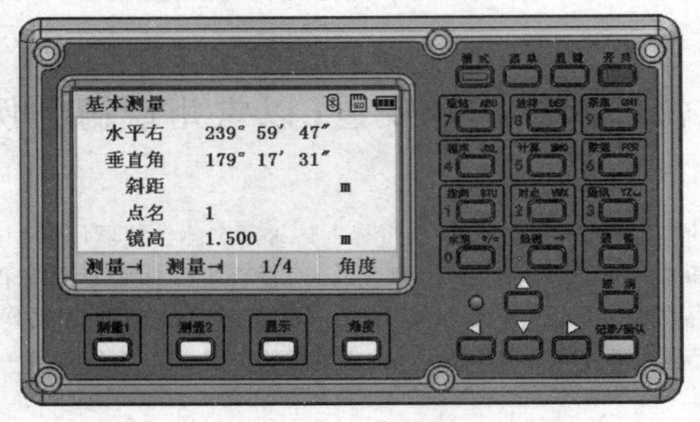

图 5.5　瑞德 RTS-820RM 型全站仪显示面板及功能键

表5.2　瑞德RTS-820RM型全站仪键盘功能

按键	功能说明
开关	电源开关
星键	提供一些快捷操作，包括激光指向、激光下对点、通信设置、PPM设置、背光设置、声音设置等
菜单	显示功能菜单 1. 项目　2. 设置　3. 校准　4. 程序　5. 计算 6. 数据　7. 建站　8. 放样　9. 采集　10. 道路
模式	改变输入键的模式：字母/数字
记录/确认	接受输入或记录数据；在基本测量屏中按此键1 s可选择数据是作为CP存储还是SS记录存储
取消	返回上一屏幕
测量1	根据该键测量模式的设置，进行测距。按此键1 s可查看和修改测量模式
测量2	根据该键测量模式的设置，进行测距。按此键1 s可查看和修改测量模式
显示	换屏显示键；如按下该键可切换显示屏幕，按住该键1 s可进行客户化项目设置
角度	显示测角菜单；水平角置零；锁定；置盘；F1/F2测角等
建站	显示建站菜单；以及输入数字7，字母A、B、C
放样	显示放样菜单，按此键1 s，显示与放样有关的设置；输入数字8，字母D、E、F
采集	显示采集测量菜单；输入数字9，字母G、H、I
程序	显示附加的测量程序菜单；输入数字4，字母J、K、L
计算	显示计算菜单；输入数字5，字母M、N、O
数据	根据设置，显示原始数据、坐标数据或站、碎部点等数据；输入数字6，字母P、Q、R
指向1	默认为激光指向，按此键1 s，可以设置功能；输入数字1，字母S、T、U
对点2	默认为打开下激光对点，按此键1 s，可以设置功能；输入数字2，字母V、W、X
通信	进入通信设置界面；用于输入数字3，字母Y、Z及空格
水泡	显示电子气泡指示；用于输入 *、/、=、0
热键	显示热键菜单；用于输入 -、+、·

表 5.3　瑞德 RTS-820RM 型全站仪屏幕显示符号含义

HA	水平角
VA	垂直角
SD	斜距
AZ	方位角
HD	水平距离
VD	垂直距离
HL	水平角(左角):360°-HA
V%	坡度
N	北坐标
E	东坐标
Z	高程
PT	点名
HT	目标高
CD	编码
PPM	大气改正值
P1	一号点
P2	二号点
HI	仪器高
BS	后视点
ST	测站

注:如果符号前有 d,表示为此符号的差值。

5.2.3　全站仪辅助设备

全站仪常用的辅助设备有:三脚架、反射棱镜(组)或反射片、垂球、管式罗盘、温度计和气压表、打印机连接电缆、数据通信电缆、阳光滤色镜、电池及充电器等。

①三脚架:用于测站上架设仪器,其操作与经纬仪相同。

②反射棱镜(组)或反射片(图 5.6):用于测量时立于测站点,供望远镜照准。在工程测量中,往往根据测程的不同,选用合适的三棱镜或棱镜组等。

③垂球:在无风天气下,垂球可用于仪器的对中,使用同经纬仪。

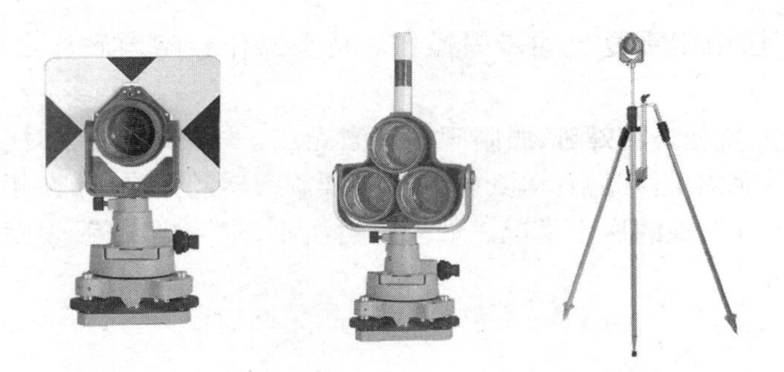

图5.6　反射棱镜(组)及对中杆

④管式罗盘:供望远镜照准磁北方向,使用时,将其插入仪器提柄上的管式罗盘插口即可,松开指针的制动螺旋,旋转全站仪照准部,使罗盘指针平分指标线,此时望远镜即指向磁北方向。

⑤打印机连接电缆:用于连接仪器和打印机,可直接打印输出仪器内数据。

⑥温度计和气压表:提供工作现场的温度和气压,用于仪器参数设置。

⑦数据通信电缆:用于连接仪器和计算机进行数据通信。

⑧阳光滤色镜:对着太阳进行观测时,为了避免阳光造成对观测者视力的伤害和仪器的损坏,可将翻转式阳光滤色镜安装在望远镜的物镜上。

⑨电池及充电器:为仪器提供电源。

5.2.4　全站仪的安置

全站仪的安置内容有对中和整平两项,目的是使仪器竖轴位于过测站点的铅垂线上,竖盘位于铅垂面内,水平盘和横轴处于水平位置。对中方式分激光对中和垂球对中,整平分粗平和精平。

全站仪安置的操作步骤是:调整好三脚架腿,使其长度和脚架高度适合观测者,张开三脚架腿,将其安置在测站上,使三脚架头平面大致水平。从仪器箱中取出全站仪放置在三脚架头上,使仪器基座中心基本对齐三脚架头的中心,旋紧连接螺旋后,即可进行对中和整平操作。RTS-820RM 全站仪标配激光对中器。取消了光学对中器。因此,本书仅介绍激光对中法安置全站仪。

①开机:常按开关键 1 s 开机。

②粗对中:双手握紧三脚架,眼睛观察地面的下激光点,移动三脚架使下激光点基本对准测站点的标志(应注意保持三脚架头平面基本水平),将三脚架的脚尖踩入土中。

③精对中:旋转脚螺旋使下激光点准确对准测站点标志,误差应小于 1 mm。

④粗平:伸缩脚架腿,使圆水准气泡居中。

⑤精平:松开水平制动手轮,转动照准部,使长水泡平行于脚螺旋 A、B 的连线,旋转脚螺旋 A、B,使气泡居中,气泡向顺时针旋转的脚螺旋方向移动,如图 5.7(a)所示。旋转 90°使气泡居中。将照准部旋转 90°使照准部水准器轴垂直于仪器脚螺旋 A、B 的连线,旋转脚螺旋 C 使气泡居中,如图 5.7(b)所示。再将照准部旋转 90°并检查气泡是否居中,如图

5.7(c)所示,若不居中则重复上述步骤操作。精平操作会略微破坏之前已完成的对中关系。

⑥再次精对中:旋松连接螺旋,眼睛观察下激光点,平移仪器基座(注意不要有旋转运动),使下激光点准确对准测站点标志,拧紧连接螺旋。转动照准部,在相互垂直的两个方向检查照准部管水准气泡的居中情况。如果仍然居中,则完成安置,否则应从上述精平开始重复操作。

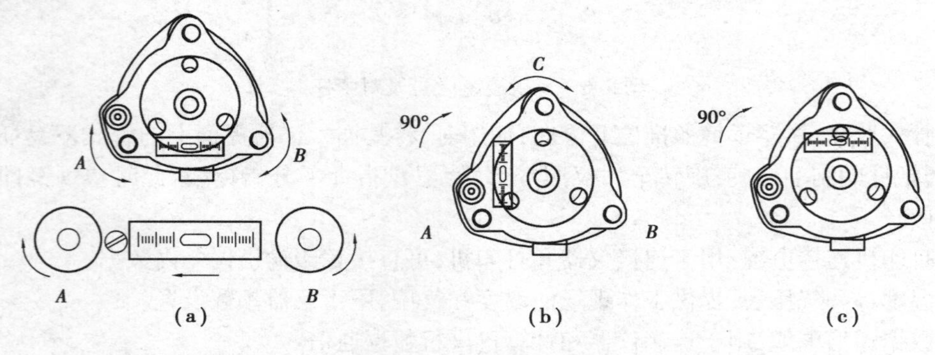

图5.7　全站仪的精平

5.3　全站仪角度测量

5.3.1　角度测量基本功能

开机后在基本测量屏中按“角度”进入角度观测功能,如图5.8所示,功能菜单从左到右依次为置零、锁定和置盘。

1)置零

在角度菜单中按“置零”选择置零功能,程序将当前的水平角设置为0,并返回基本测量屏,如图5.9所示。

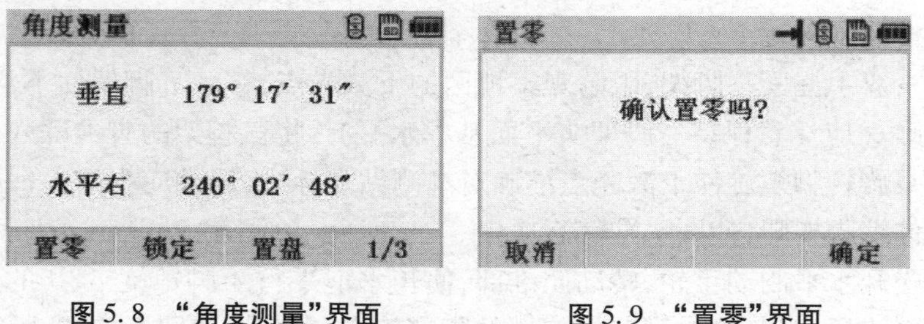

图5.8　“角度测量”界面　　图5.9　“置零”界面

2)锁定

“锁定”命令是模拟复测经纬仪的测角方式,与方向经纬仪不同,复测经纬仪没有水平盘配置旋钮。锁定水平盘读数为当前值,旋转仪器照准部时,水平盘读数不变,"锁定"命令是配置水平盘读数的一种方式。

例如,执行"锁定"命令配置某个觇点的水平盘读数为240°02′47″时,首先转动照准部,当水平盘读数接近240°02′47″时,旋紧水平制动螺旋,旋转水平微动螺旋,使水平盘读数为240°02′47″时,按"锁定"键,进入如图5.10所示的界面。松开水平制动螺旋,瞄准该觇点,此时水平盘读数不会变化,按"确定"键完成操作。

3)置盘

当瞄准好某个觇点后,在角度菜单中按"置盘",选择输入水平角功能,输入水平角,并按"确认"键返回基本测量屏,显示刚才输入的水平角度。如图5.11所示,如输入159°46′25″,应输入159.4625,此时觇点方向水平角被设置为159°46′25″。配置水平盘读数,常用"置盘"命令,"锁定"命令较少使用。

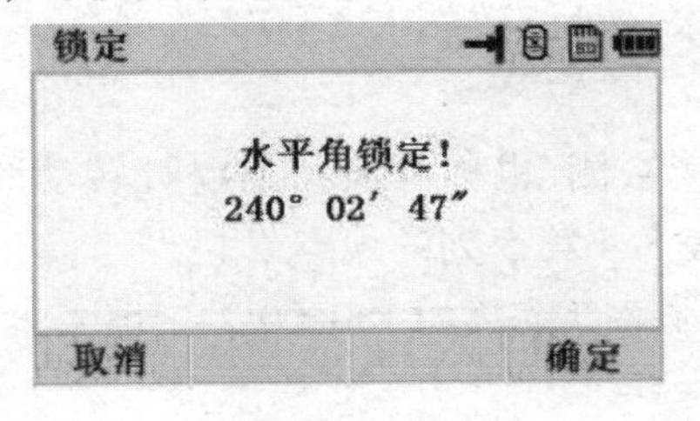

图5.10　"锁定"界面

图5.11　"置盘"界面

5.3.2　水平角测量

1)测回法

如图5.12所示,要测量∠ABC的水平角β,在B点安置好全站仪后,一测回观测的步骤如下:

①盘左(竖盘在望远镜左侧,也称正镜)瞄准A点觇标,在角度模式功能菜单下按"置盘"键,设置水平盘读数为00°00′23″,将该值填入表5.4第4列的觇点A栏。

称觇点A的方向为零方向。设水平盘顺时针注记,选取零方向时,一般应使另两个方向的水平盘读数大于零方向的水平盘读数,即C点应位于A点的右边。

图5.12　测回法测角图示

表 5.4　测回法水平角观测手簿

测点	测回数	觇点	盘左/(° ′ ″)	盘右/(° ′ ″)	2C/(″)	一测回平均方向值/(° ′ ″)	归零值/(° ′ ″)	各测回平均值/(° ′ ″)	水平角值/(° ′ ″)
(1)	(2)	(3)	(4)	(5)	(6)	(7)	(8)	(9)	(10)
B	1	A	00 00 23	180 00 24	-1	00 00 24	00 00 00	00 00 00	123 00 38
		C	123 00 55	303 00 59	-4	123 00 57	123 00 33	123 00 38	
	2	A	90 00 30	270 00 31	-1	90 00 30	00 00 00		
		C	213 01 09	33 01 15	-6	213 01 12	123 00 42		

②顺时针转动照准部，瞄准觇点 C，读取水平盘读数如 123°00′55″，填入表 5.4 第 4 列的觇点 C 栏。

③纵转望远镜为盘右位置（竖盘在望远镜右侧，也称倒镜），逆时针转动照准部，瞄准觇点 C，读取水平盘读数如 303°00′59″，填入表 5.4 第 5 列的觇点 C 栏。

④逆时针转动照准部，瞄准觇点 A，读取水平盘读数如 180°00′24″，填入表 5.4 第 5 列觇点 A 栏。

⑤计算 $2C$ 值（又称两倍瞄准差）。

理论上，相同方向的盘左观测值 L 与盘右观测值 R 应相差 180°，如果不是，其差值称为 $2C$，计算公式为：

$$2C = L - (R \pm 180) \tag{5.2}$$

式(5.2)中，$R \geqslant 180°$时，“±”取“-”；$R < 180°$时，“±”取“+”，下同。计算结果填入表 5.4 第 6 列。

⑥计算方向观测值的平均值。

$$\text{方向观测平均值} = -(L + R \pm 180°) \tag{5.3}$$

根据式(5.3)计算方向平均值填入表 5.4 第 7 列。两个盘位方向观测值的平均值计算结果取位到 1″。设平均值的尾数两位为 $p.5''$（$p = 0 \sim 9$，为平均值秒数的个位数字），一般遵循奇进偶不进的取整原则，也即 p 为奇数时，$p.5'' = p + 1''$；p 为偶数时，$p.5'' = p''$。

例如，第一测回觇点 A 两个盘位方向观测值的平均值计算结果的秒位数值为 23.5″，因个位数 3 为奇数，则小数位的 0.5″进位，结果为 24″；第二测回觇点 A 两个盘位方向观测值的平均值计算结果的秒位数值为 30.5″，因个位数 0 为偶数，则小数位的 0.5″不进位，结果为 30″。

⑦计算归零后的方向值（归零值）。

a. 觇点 A 归零后的方向值为 00°00′24″ - 00°00′24″ = 00°00′00″，填入表 5.4 第 8 列的觇点 A 栏。

b. 觇点 C 归零后的方向值为 123°00′57″ - 00°00′24″ = 123°00′33″，填入表 5.4 第 8 列的觇点 C 栏。

应用第一测回的观测数据，计算∠ABC 的水平角 β 的结果如下：

$$\angle ABC = \beta = 123°00'33'' - 00°00'00'' = 123°00'33''$$

多测回观测时，为了减小水平盘分划误差的影响，各测回间应根据测回数 n，以 180°/n 为增量配置各测回零方向的水平盘读数。表5.4为本例两测回观测结果，第一测回观测时，A 方向的水平盘读数应配置为0°左右；第二测回观测时，A 方向的水平盘读数应配置为180°/2 = 90°左右，取两测回归零后方向观测值的平均值（简称"归零值"）作为最后结果，填入表5.4第9列。因此，本例两测回∠ABC 的水平角 β 的最终结果为123°00′38″。

2）方向观测法

当方向观测数≥3时，一般采用方向观测法。与测回法比较，方向观测法的唯一区别是：每个盘位的零方向需要观测两次，简称半测回归零。以 O 点为测站点，观测四个觇点 A、B、C、D 为例，设 A 点为零方向，一测回观测操作步骤如下。

（1）上半测回

盘左瞄准觇点 A，配置水平盘读数为略大于0°，检查瞄准情况后读取水平盘读数并记录。松开制动螺旋，顺时针转动照准部，依次瞄准觇点 B、C、D 观测，其观测顺序是 $A \to B \to C \to D \to A$。最后返回到零方向觇点 A 的操作称为上半测回归零，两次观测零方向觇点 A 的读数之差称为上半测回归零差 Δ_L。

（2）下半测回

纵转望远镜，盘右睛准觇点 A，读数并记录。松开制动螺旋，逆时针转动照准部，依次瞄准 D、C、B、A 觇点观测，其观测顺序是 $A \to D \to C \to B \to A$，最后返回到零方向觇点 A 的操作称为下半测回归零，两次观测零方向觇点 A 的读数之差称为下半测回归零差 Δ_R。至此，完成一测回观测操作。如需观测 n 测回，各测回零方向应以180°/n 为增量配置水平盘读数。

（3）计算步骤

①计算 $2C$ 值。应用式（5.2）计算结果填入表5.5第5列的相应栏内。

②计算方向观测的平均值。应用式（5.3）计算，结果填入表5.5第7列的相应栏内。

③计算归零后的方向观测值。先计算零方向两次观测值的平均值（表5.5第7列括号内的数值），再将各方向值的平均值均减去括号内的零方向值的平均值，结果填入表5.5第8列的相应栏内。

④计算各测回归零后方向值的平均值。取各测回一方向归零后方向值的平均值，计算结果填入表5.5第9列的相应栏内。

⑤计算各觇点间的水平夹角。根据表5.5第9列各测回归零后方向值的平均值，可以计算出任意两个方向间的水平夹角，结果填入表5.5第10列。

（4）方向观测法的限差

《城市测量规范》（CJJ/T 8—2011）规定，各等级导线测量，方向观测法的各项限差应符合表5.6中的规定。

表 5.5　方向观测法测水平角手簿

测点	测回数	觇点	盘左/(° ′ ″)	盘右/(° ′ ″)	2C/(″)	一测回平均方向值/(° ′ ″)	归零值/(° ′ ″)	各测回平均值/(° ′ ″)	水平角值/(° ′ ″)
(1)	(2)	(3)	(4)	(5)	(6)	(7)	(8)	(9)	(10)
O	1		$\Delta_L = +3$	$\Delta_R = -4$		(00 00 34)			
		A	00 00 32	180 00 35	−3	00 00 34	00 00 00	00 00 00	
		B	45 38 50	225 38 52	−2	45 38 51	45 38 17	45 38 16	45 38 16
		C	123 19 55	303 19 58	−3	123 19 56	123 19 22	123 19 22	77 41 06
		D	266 37 49	86 37 50	−1	266 37 50	266 37 16	266 37 18	143 17 56
		A	00 00 35	180 00 31	+4	00 00 33			93 22 42
	2		$\Delta_L = +6$	$\Delta_R = +1$		(90 00 32)			
		A	90 00 30	270 00 31	−1	90 00 30	00 00 00		
		B	135 38 48	315 38 47	+1	135 38 48	45 38 16		
		C	213 19 54	33 19 56	−2	213 19 55	123 19 23		
		D	356 37 50	176 37 53	−3	356 37 52	266 37 20		
		A	90 00 36	270 00 32	+4	90 00 34			

表 5.6　方向观测法限差

仪器型号	半测回归零差	一测回内 2C 较差	同一方向值各测回较差
1″全站仪	6″	9″	6″
2″全站仪	8″	13″	9″
5″全站仪	18″	—	24″

5.3.3　竖直角测量

全站仪竖直角测量原理及计算方法同光学经纬仪，中丝法竖直角观测是采用十字丝分划板的中丝瞄准觇点的特殊位置（棱镜中心或标杆顶部）来读取竖盘读数。具体操作步骤如下：

①在测站点上安置全站仪，用小钢尺量出仪器高 i。仪器高是测站点标志顶部到全站仪横轴中心的垂直距离，其中仪器横轴中心位置见全站仪 U 形支架两侧设置的标志。

②盘左瞄准觇点，使十字丝中丝切于觇点的某一位置，读取竖盘读数 L。

③盘右瞄准觇点，使十字丝中丝切于觇点同一位置，读取竖盘读数 R。

因竖盘与望远镜连接在一起，因此，用户不能配置竖盘读数。根据竖直角的定义，竖直

角与仪器高 i、觇标高 v 有关,因此,竖直角观测时应量取仪器高与各觇点的觇标高并记入手簿。表5.7为 P、Q 点两个测回的竖直角观测记录计算手簿。竖盘指标差及竖直角的计算参见单元3。

表5.7　竖直角观测手簿

测点	测回数	觇点	盘左/(° ′ ″)	盘右/(° ′ ″)	竖盘指标差/(″)	竖直角/(° ′ ″)	各测回平均值/(° ′ ″)	觇标高/m	仪器高/m
(1)	(2)	(3)	(4)	(5)	(6)	(7)	(9)	(10)	(11)
O	1	P	72 12 36	287 47 00	−12	17 47 12	17 47 15	1.58	1.55
		Q	97 18 42	262 41 00	−9	−7 18 51	−7 18 50	1.61	
	2	P	72 12 33	287 47 06	−10	17 47 16			
		Q	97 18 45	262 41 05	−5	−7 18 50			

5.4　全站仪距离测量

5.4.1　EDM 设置

测量前首先进行功能设置,按住"测量1"或"测量2"1 s,出现如图5.13所示界面,按▲或▼键和[ ]或[ ]键改变选项。设置完毕,按回车键保存所作设置并返回到测量屏幕。测量设置中各项目的选项包括:

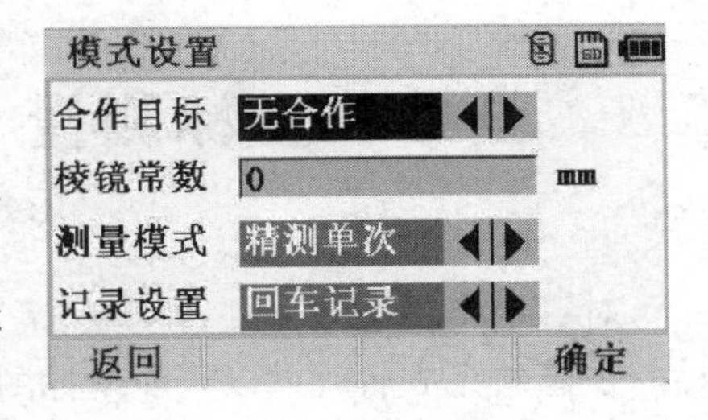

图5.13　模式设置

①合作目标:棱镜、反射板与无合作(仅对带激光测距的仪器)。

②棱镜常数:根据选用的棱镜直接输入相应棱镜常数值。

③测量模式:精测单次、精测2次(3次/4次/5次)、精测连续、跟踪测量。

④记录设置:回车记录、自动记录、仅测量。该模式在基本测量功能中控制"测量1""测量2"的操作。

5.4.2　设置 TP 改正

测距前应设置全站仪的气象改正参数。按"热键"开启相应菜单,如图5.14所示。按2键开启TP改正设置界面,如图5.15所示。

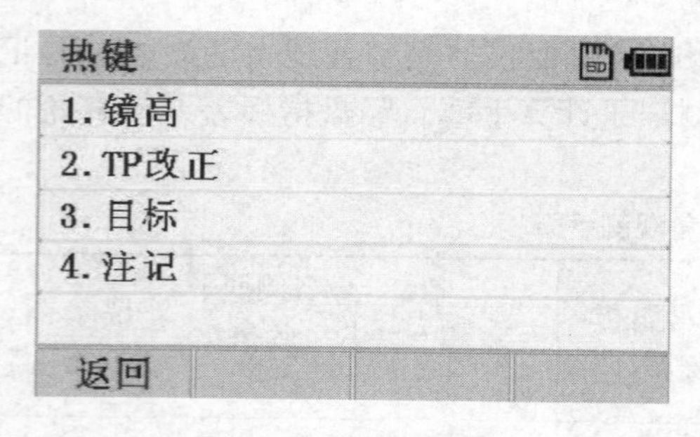

图 5.14 “热键”界面

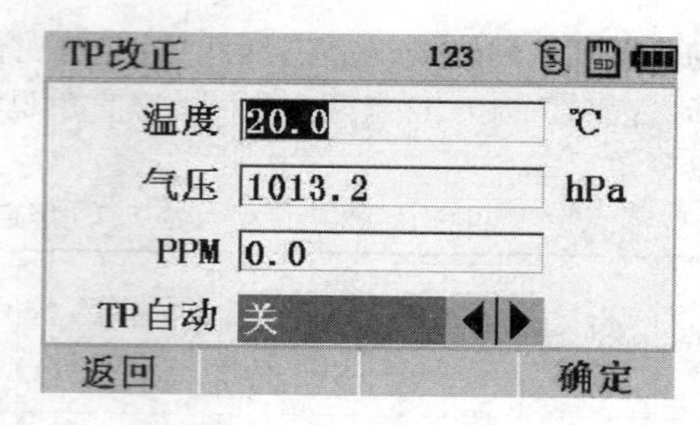

图 5.15 “TP 改正”界面

光在空气中传播的速度并非常数，而是随大气的温度和压力而改变。本仪器一旦设置了大气改正值即可自动对观测结果实施大气改正，即使仪器关机，大气改正值仍被保存。

RTS-820 系列全站仪标准气象条件（即仪器气象改正值为 0 时的气象条件）：气压为 1 013 hPa，温度为 20℃。其大气改正的计算方式如下：

$$PPM = 273.8 - \frac{0.290\,0 \times \text{气压值(hPa)}}{1 + 0.003\,66 \times \text{温度值(℃)}}$$

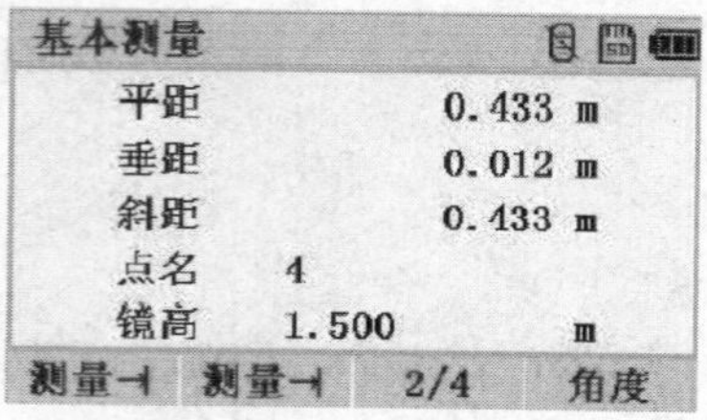

基本测量
平距 0.433 m
垂距 0.012 m
斜距 0.433 m
点名 4
镜高 1.500 m
测量 测量 2/4 角度

图 5.16 “基本测量”界面

气象改正值 PPM 的单位为 mm/km，即 1×10^{-6}，或称百万分之一。因为 1 km = 1×10^{-6} mm，使用式(5.3)计算的气象改正值是 1 km 距离的比例改正数，单位为 mm。

当所有设置完成后，便可以开始测量。测量结果分 4 页显示，包含了常规测量的所有数据，按“显示”键查看，如图 5.16 所示。

5.5 全站仪坐标测量

对目标点三维坐标进行测量，需先对测站数据、后视方位角等参数进行设置，简称建站。在建站完成后就可以开展坐标测量。

5.5.1 建站

建站的目的是建立三维坐标测量的坐标系统，如图 5.17 所示。具体操作步骤如下：

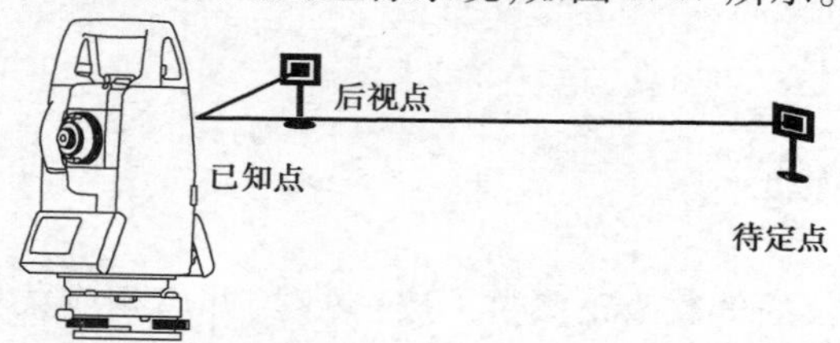

图 5.17 “建站”示意图

①在“建站”菜单中按“1. 已知点”进入已知点设置建站功能。

②输入测站点点名及坐标，按回车键。

③输入仪器高，按回车键。

④选择定义后视方法：“1. 坐标;2. 角度”。在这里以坐标为例，按“1. 坐标”进入后视坐标编辑界面。

⑤输入后视点及坐标，按回车键。

⑥输入后视点棱镜高，按回车键。

⑦盘左照准后视点按“测量”/回车键。

⑧测量结束后，显示结果，按“确定”完成设置。

以上操作步骤如图 5. 18 所示。

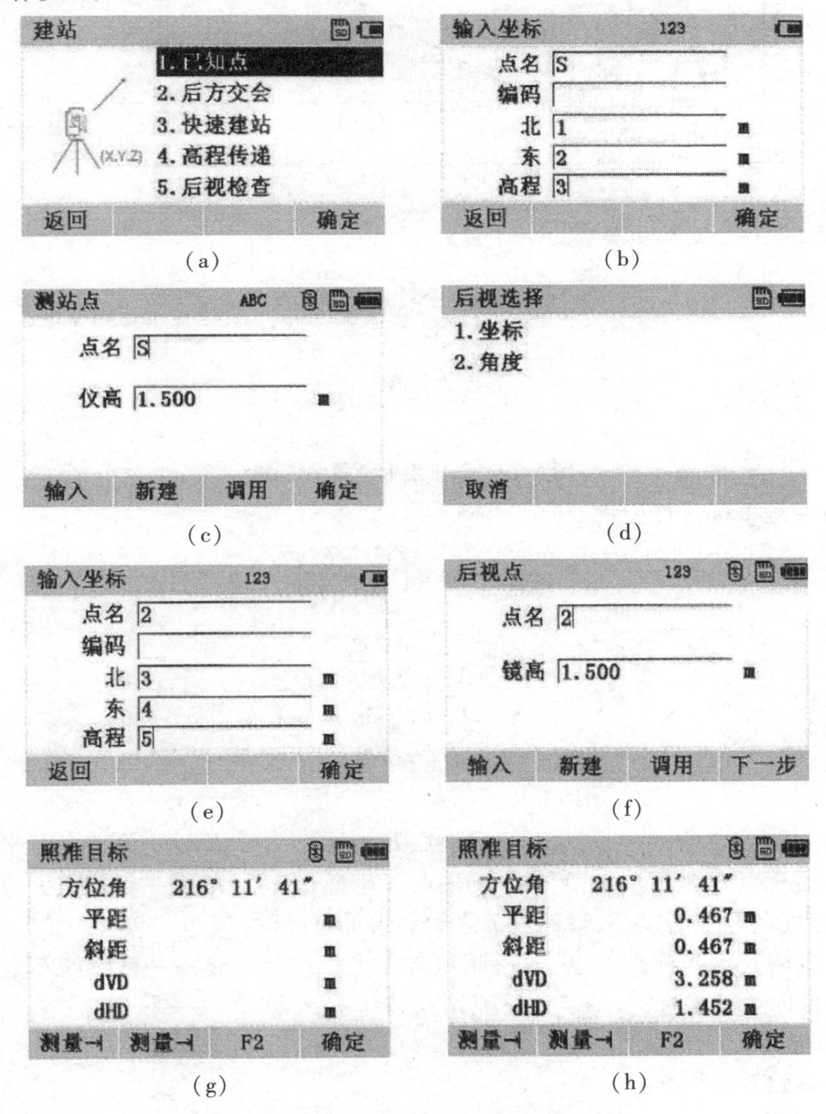

图 5. 18　“建站”操作步骤

5.5.2 坐标测量:加基本原理图

在测站及其后视方位角设置完成便可测定目标点的三维坐标,如图 5.19 所示。

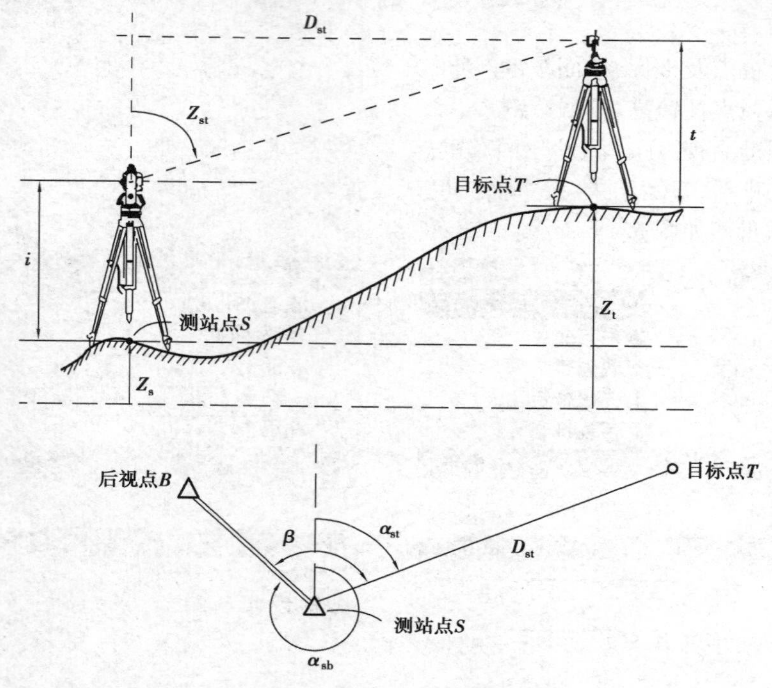

图 5.19 三维坐标测量示意图

目标点三维坐标计算公式:

$$\alpha_{sb} = \arctan\left(\frac{E_b - E_s}{N_b - N_s}\right)$$

$$\alpha_{st} = \alpha_{sb} + \beta$$

$$N_t = N_s + D_{st}\cos\alpha_{st}$$

$$E_t = E_s + D_{st}\sin\alpha_{st}$$

$$Z_t = Z_s + D_{st}/\tan Z_{st} + i - t$$

式中:

α_{sb}——后视方位角; E_b——后视点 E 坐标; E_s——测站点 E 坐标;
N_b——后视点 N 坐标; N_s——测站点 N 坐标; α_{st}——目标点方位角;
β——后视点 B,测站点 S,目标点 T 之间的水平角;
N_t——目标点 N 坐标; D_{st}——测站点 N 坐标; E_t——目标点 E 坐标;
Z_t——目标点 Z 坐标; Z_s——测站点 Z 坐标; i——仪器高;
t——目标高。

具体步骤如下:

①照准目标点上安置的棱镜。

②按“测量”按键开始坐标测量，在屏幕上显示出所测目标点的坐标值，如图5.20所示。

图5.20　显示目标点坐标值

③照准下一目标点后按“测量”键开始测量，用同样的方法对所有目标点进行测量。

④按ESC键结束坐标测量返回“坐标测量”界面。

技能训练5.1　全站仪角度、距离测量

1）目的和要求

①了解全站仪的基本构造、功能、键盘的基本功能。

②训练使用全站仪测量水平角、竖直角、水平距高、倾料距高、高差等基本测量工作。

2）仪器和工具

全站仪1台，棱镜1组，伞1把，记录簿1本。

3）方法与步骤

①在训练场地布设*A*、*O*、*B*三个点，构成适当角度。

②在*O*点安置全站仪，进行对中、整平后开机。

③对全站仪进行配零、设置水平角值读数、改变左（右）旋角模式、改变竖直/天顶距等设置的操作。

④按测绘法测量∠*AOC*的水平角β，测量全站仪中心相对*A*点和*B*点的 竖直角α_A、α_B。

⑤按距离测量方法设置温度、大气压和棱镜常数。

⑥在*A*点或*B*点安置棱镜，测量*OA*或*OB*间的水平距离、倾斜距离和高差。

4）注意事项

①在领取、使用和搬迁全站仪和棱镜时，必须小心谨慎、轻取轻放、仔细操作，确保仪器安全。

②规范安置全站仪。

③使用全站仪前要在指导教师的带领下，仔细学习其使用说明书。

5）实训成果

提交全站仪测角、测距实训记录，见表5.8。

表5.8 全站仪测角、测距实训记录

全站仪型号： 全站仪编号： 实训日期：

班级： 组别： 姓名：

测站	训练项目	操作步骤（或按键顺序）	数据（或结果）
O	全站仪安置		
	水平读盘置零		
	配置水平读盘读数		配置角值：
	左/右角模式切换		
	竖直角/天顶距切换		
	水平角测量		$\beta=$
	竖直角测量		$\alpha_A=$ $\alpha_B=$
	设置温度、大气压和棱镜常数		温度： 大气压： 棱镜常数：
	距离、高差测量		平距： 斜距： 高差：

技能训练5.2 全站仪坐标测量

1）目的和要求

初步掌握用全站仪进行坐标测量的方法。

2）仪器和工具

全站仪1台，棱镜1组，伞1把，记录簿1本。

3）方法与步骤

①根据已知测站点S坐标和后视方向点B坐标，选取开阔场地在适当位置安置全站仪。

②按距离测量内容，设置好温度、气压、棱镜常数。

③按本单元5.5节中描述的方法完成建站工作。

④输入目标点 T 棱镜高度，转动全站仪精确瞄准棱镜，按"测量"键完成目标点坐标测量。

4）注意事项

①在领取、使用和搬迁全站仪和棱镜时，必须小心谨慎、轻取轻放、仔细操作，确保仪器安全。

②实训前仔细学习单元5中坐标测量相关内容。

③使用全站仪前要在指导教师的带领下，仔细学习其使用说明书。

5）实训成果

提交全站仪坐标测量记录，见表5.9。

表5.9　全站仪坐标测量实训记录

全站仪型号：　　　　全站仪编号：　　　　实训日期：

班级：　　　　组别：　　　　姓名：

测站	训练项目	操作步骤（或按键顺序）	数据（或结果）
O	仪器设置	设置温度	温度：
		设置大气压	大气压：
		设置棱镜常数	棱镜常数：
		设置仪器高度	仪高：
		设置棱镜高	镜高：
		设置测站点坐标 S	$N_S =$　　$E_S =$　　$Z_S =$
	建站	后视点坐标 B	$N_B =$　　$E_B =$　　$Z_B =$
	坐标测量	目标点坐标 T	$N_T =$　　$E_T =$　　$Z_T =$

思考与练习

5.1　全站仪的基本组成部分有哪些？

5.2　全站仪有哪些主要功能？结合所使用的全站仪叙述如何进行仪器的功能设置。

5.3　简述全站仪坐标测量的原理。

5.4　结合所使用的全站仪，简述角度测量的操作步骤。

5.5　结合所使用的全站仪，简述距离测量的操作步骤。

5.6　结合所使用的全站仪，简述坐标测量的操作步骤。

单元 6 工程测量中 GNSS 的应用

6.1 GNSS 概述

全球卫星导航系统也称为全球导航卫星系统(GNSS),是能在地球表面或近地空间的任何地点为用户提供全天候的三维坐标和速度以及时间信息的空基无线电导航定位系统。它包括一个或多个卫星星座及其支持特定工作所需的增强系统。

全球卫星导航系统国际委员会公布的全球四大卫星导航系统供应商,包括美国的全球定位系统(GPS)、俄罗斯的格洛纳斯卫星导航系统(GLONASS)、欧盟的伽利略卫星导航系统(GALILEO)和中国的北斗卫星导航系统(BDS)。其中,GPS 是世界上第一个建立并用于导航定位的全球系统,GLONASS 经历快速复苏后已成为全球第二大卫星导航系统,二者正处于现代化的更新进程中;GALILEO 是第一个完全民用的卫星导航系统,正在试验阶段;BDS 是中国自主建设运行的全球卫星导航系统,为全球用户提供全天候、全天时、高精度的定位、导航和授时服务。

全球卫星导航系统在军事、资源环境、防灾减灾、测绘、电力电信、城市管理、工程建设、机械控制、交通运输、农业、林业、渔牧业、考古业、生活、物联网、位置服务中都有应用。

6.1.1 发展概况

1957 年 10 月 4 日,苏联成功发射世界上第一颗人造地球卫星,远在美国霍普金斯大学应用物理实验室 2 个年轻学者接收该卫星信号时,发现卫星与接收机之间形成的运动多普勒频移效应,并断言可以用来进行导航定位。在他们的建议下,美国在 1964 年建成了国际上第一个卫星导航系统,即“子午仪”,由 6 颗卫星构成星座,用于海上军用舰艇船舶的定位导航。1967 年,“子午仪”系统解密并提供给民用。

由此可见,从 20 世纪 70 年代后期全球定位系统建设开始,至 2020 年多星座构成的全球卫星导航系统均属于第 2 代导航卫星系统,包括美国的全球定位系统、俄罗斯的格洛纳斯卫星导航系统、中国的北斗卫星导航系统和欧洲的伽利略卫星导航系统等 4 个全球系统,以及日本准天顶卫星系统和印度区域卫星导航系统等2个区域系统,其中印度区域卫星导航系统也称为印度星座导航。以上除中国之外的5个国家作为GNSS服务提供商均持有相应的星基增强系统,分别是美国的广域增强系统、俄罗斯的差分改正监测系统、欧洲的地球静止导航重叠服务、印度的GPS辅助型静地轨道增强导航系统和日本的多功能卫星星基增强系统。

由于中国卫星导航系统发展之路与其他国家不同,所建设的北斗二号就是区域系统,而其建设的北斗三号还包括星基增强系统功能。

综上所述,所谓的第2代导航卫星系统,就是指GNSS,它是泛指的全球卫星导航系统,是涵盖全球系统、区域系统和星基增强系统在内的系统。那么会不会有第3代导航卫星系统出现呢?应该有,因为所有已经建设全球卫星导航系统的国家均在考虑或者推进卫星导航系统的下一步创新行动计划,也有考虑与通信一体融合的导航星座。

6.1.2　全球导航卫星系统

目前的四大全球卫星导航系统中,BDS和GPS已服务全球,性能相当;在功能方面,BDS较GPS多了区域短报文和全球短报文功能。GLONASS虽已服役全球,但性能相比BDS和GPS稍逊,且GLONASS轨道倾角较大,导致其在低纬度地区性能较差。GALILEO的观测量质量较好,但星载钟稳定性稍差,导致系统可靠性较差。

1)GPS系统

GPS是在美国海军导航卫星系统的基础上发展起来的无线电导航定位系统,其卫星星座如图6.1所示。GPS具有全能性、全球性、全天候、连续性和实时性的导航、定位和定时功能,能为用户提供精密的三维坐标、速度和时间。现今,GPS共有在轨工作卫星31颗,其中GPS-2A卫星10颗,GPS-2R卫星12颗,经现代化改进的带M码信号的GPS-2R-M和GPS-2F卫星共9颗。根据GPS现代化计划,2011年美国推进了GPS更新换代进程。GPS-2F卫星是第二代GPS向第三代GPS过渡的最后一种型号,将进一步使GPS提供更高的定位精度。

随着科技水平的进步,无线通信技术和全球卫星定位系统(GPS)技术越来越多地应用于日常生活的各个领域。无论是各方面的安全监控还是维护,无线通信(GSM)和DGPS技术发挥了重要作用。

2)北斗系统

北斗卫星导航系统(BDS)是中国着眼于国家安全和经济社会发展需要,自主建设运行的全球卫星导航系统,是为全球用户提供全天候、全天时、高精度的定位、导航和授时服务的国家重要时空基础设施。20世纪后期,中国开始探索适合国情的卫星导航系统发展道路,逐步形成了三步走发展战略:2000年底,建成北斗卫星导航试验系统即北斗一号,向中国提供服务;2012年底,建成北斗二号区域系统,向亚太地区提供服务;2020年,建成北斗三号全球系统,向全球提供服务。2035年前还将建设完善更加泛在、更加融合、更加智能的综合时空体系。

图 6.1　GPS 卫星星座

BDS 提供服务以来，已在交通运输、农林渔业、水文监测、气象测报、通信授时、电力调度、救灾减灾、公共安全等领域得到广泛应用，服务国家重要基础设施，产生了显著的经济效益和社会效益。基于 BDS 的导航服务已被电子商务、移动智能终端制造、位置服务等厂商采用，广泛进入中国大众消费、共享经济和民生领域，应用的新模式、新业态、新经济不断涌现，深刻改变着人们的生产生活方式。中国将持续推进北斗应用与产业化发展，服务国家现代化建设和百姓日常生活，为全球科技、经济和社会发展作出贡献。

BDS 秉承“中国的北斗、世界的北斗、一流的北斗”发展理念，愿与世界各国共享建设发展成果，促进全球卫星导航事业蓬勃发展，为服务全球、造福人类贡献中国智慧和力量。BDS 为经济社会发展提供重要时空信息保障，是中国实施改革开放 40 余年来取得的重要成就之一，是新中国成立 70 多年来重大科技成就之一，是中国贡献给世界的全球公共服务产品。中国将一如既往地积极推动国际交流与合作，实现与世界其他卫星导航系统的兼容与互操作，为全球用户提供更高性能、更加可靠和更加丰富的服务。

BDS 由空间段、地面段和用户段 3 部分组成：空间段由若干地球静止轨道卫星、倾斜地球同步轨道卫星和中圆地球轨道卫星 3 种轨道卫星组成混合导航星座；地面段包括主控站、时间同步/注入站和监测站等若干地面站；用户段包括 BDS 兼容其他卫星导航系统的芯片、模块、天线等基础产品，以及终端产品、应用与服务系统等。其卫星星座如图 6.2 所示。

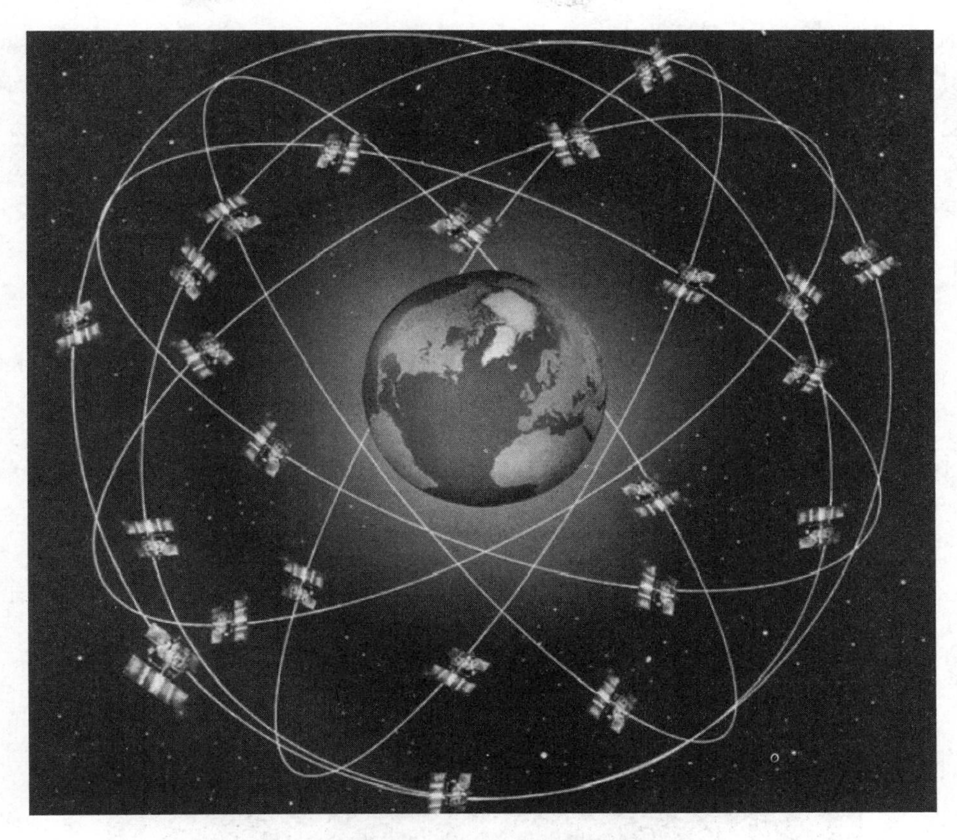

图6.2　BDS导航系统卫星星座

BDS具有以下特点：

①空间段采用3种轨道卫星组成的混合星座，与其他卫星导航系统相比，高轨卫星更多，抗遮挡能力强，尤其低纬度地区性能特点更为明显；

②提供多个频点的导航信号，能够通过多频信号组合使用等方式提高服务精度；

③创新融合了导航与通信能力，具有实时导航、快速定位、精确授时、位置报告和短报文通信服务5大功能。

3）GLONASS系统

GLONASS是由原苏联国防部独立研制和控制的第二代军用卫星导航系统，该系统是继GPS后的第二个全球卫星导航系统，其卫星星座如图6.3所示。GLONASS系统由卫星、地面测控站和用户设备三部分组成，系统由21颗工作星和3颗备份星组成，分布于3个轨道平面上，每个轨道面有8颗卫星，轨道高度19 000 km，运行周期11 h 15 min。GLONASS系统于20世纪70年代开始研制，1984年发射首颗卫星入轨。但由于航天拨款不足，该系统部分卫星一度老化，最严重时只剩6颗卫星运行。2003年12月，由俄国应用力学科研生产联合公司研制的新一代卫星交付联邦航天局和国防部试用，为2008年全面更新GLONASS系统作准备。在技术方面，GLONASS系统的抗干扰能力比GPS要好，但其单点定位精确度不及GPS系统。2004年，印度和俄罗斯签署了《关于和平利用俄全球导航卫星系统的长期合作协议》，正式加入了GLONASS系统，计划联合发射18颗导航卫星。

项目从1976年开始运作,1995年整个系统建成运行。随着苏联解体,GLONASS系统也无以为继,到2002年4月,该系统只剩下8颗卫星可以运行。2001年8月起,俄罗斯在经济复苏后开始计划恢复并进行GLONASS现代化建设工作,GLONASS导航星座历经10年瘫痪之后终于在2011年底恢复全系统运行。2006年12月25日,俄罗斯用质子-K运载火箭发射了3颗GLONASS-M卫星,使格洛纳斯系统的卫星数量达到17颗。

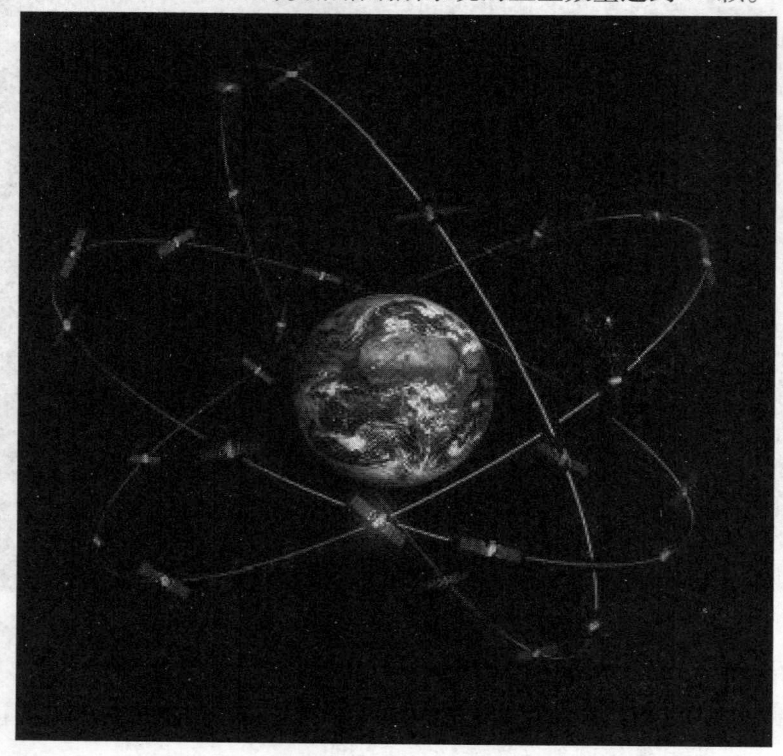

图6.3 GLONASS系统卫星星座

4)GALILEO系统

伽利略卫星导航系统是由欧盟研制和建立的全球卫星导航定位系统,该计划于1992年2月由欧洲委员会公布,并和欧空局共同负责。系统由30颗卫星组成,其中27颗工作星,3颗备份星,其卫星星座如图6.4所示。卫星轨道高度为23 616 km,位于3个倾角为56°的轨道平面内。2012年10月,GALILEO系统第二批两颗卫星成功发射升空,太空中已有的4颗正式的伽利略卫星,可以组成网络,初步实现地面精确定位的功能。GALILEO系统是世界上第一个基于民用的全球导航卫星定位系统,投入运行后,全球的用户将使用多制式的接收机,获得更多的导航定位卫星的信号,这将无形中极大地提高导航定位的精度。

除了上述四大全球系统外,GNSS还包括区域系统和增强系统。其中,区域系统有日本的QZSS和印度的IRNSS;增强系统有美国的WASS、日本的MSAS、欧盟的EGNOS、印度的GAGAN以及尼日利亚的NIG-COMSAT-1等。

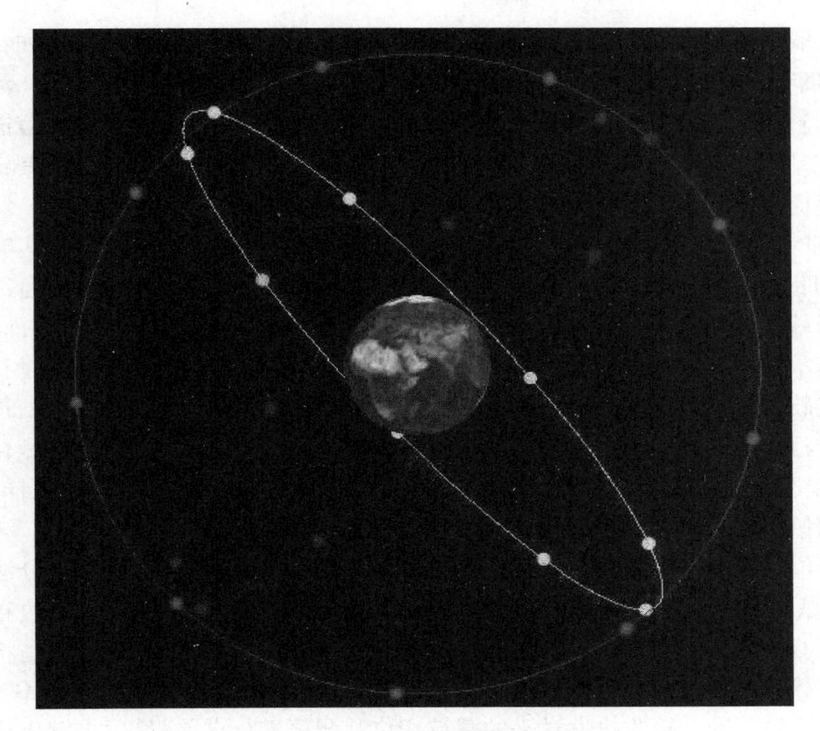

图 6.4　GALILEO 系统卫星星座

6.2　GNSS-RTK

GNSS 静态控制测量可以获得高精度的 GNSS 点坐标，但定位结果要经过处理后获得，对定位结果进行质量检核比较困难，如果结果出现不合格，就需要返工重测，从而导致 GNSS 测量工作效率降低。实时载波相位差分（Real Time Kinematic，RTK）技术可以实时向用户提供定位结果和定位精度，这样就大大地提高了作业效率。因此，RTK 技术在四等及以下控制测量中应用广泛。

6.2.1　GNSS-RTK 的作业流程

RTK 作业方便、精度高，在工程测量、控制测量、地籍测量、摄影测量等工作中普遍使用，想要了解 GNSS-RTK 如何进行控制测量，首先要了解 RTK 动态测量原理、系统组成、基本配置和 RTK 的作业流程。

1）RTK 测量原理

通过 GNSS 相对定位原理可知，对于距离不太远的相邻测站间，它们共有的 GNSS 测量误差，如卫星星历误差、大气延迟（电离层延迟和对流层延迟）误差和卫星钟钟差对两个测站的误差影响大体相同,测站间测量误差总体上具有很好的空间相关性。假如在一个已知点上安置 GNSS 接收机,称该接收机为基准站接收机,它与用户 GNSS 接收机(流动站接收机)一同进行观测,如果基准站接收机能将上述测量误差改正数通过数据通信链发送给附近工作的流动站接收机,则流动站接收机定位结果通过施加上述改正数后,其定位精度将得到大幅度提高。

RTK,即实时动态测量,它属于 GNSS 动态测量的范畴,测量结果能快速实时显示给测量用户。RTK 是一种差分 GNSS 测量技术,它通过载波相位原理进行测量,通过差分技术消除或减弱基准站和流动站间共有误差,有效提高了 GNSS 测量结果的精度,同时将测量结果实时显示给用户,极大地提高了测量工作的效率。RTK 技术是 GNSS 测量技术发展中的一个新突破,它突破了静态、快速静态、准动态和动态相对定位模式的事后处理观测数据方式,通过与数据传输系统相结合,实时显示流动站定位结果,自 20 世纪 90 年代初问世以来,备受测绘工作者的推崇,在小区域控制点加密、数字地形测量、工程施工放样、地籍测量以及变形测量等领域得到了推广应用。

载波相位差分方法可以分为修正法和差分法两类,修正法为准 RTK,差分法为真正的 RTK。修正法是将基准站接收机的载波相位修正值发送给用户接收机,进而改正用户接收机直接接收 GNSS 卫星的载波相位观测值,再求解用户接收机坐标。差分法是将基准站接收机采集的载波相位观测值直接发送给用户接收机,用户接收机将接收到的 GNSS 卫星载波相位观测值与基准站接收机发送来的载波相位观测值进行求差,最后求解出用户接收机的坐标。

综上所述,RTK 定位的基本原理为:在基准站上安置一台 GNSS 接收机,另一台或几台接收机置于载体(称为流动站)上,基准站和流动站同时接收同一组 GNSS 卫星发射的信号。基准站所获得的观测值与已知位置信息进行比较,得到 GNSS 差分改正值,将这个改正值及时通过电台以无线电数据链的形式传递给流动站接收机;流动站接收机通过无线电接收基准站发射的信息,将载波相位观测值实时进行差分处理,得到基准站和流动站坐标差 Δx、Δy、Δz;此坐标差加上基准站坐标得到流动站每个点的 GNSS 坐标基准下的坐标;通过坐标转换参数转换得出流动站每个点的平面坐标 x、y 和高程 h 及相应的精度(图 6.5)。

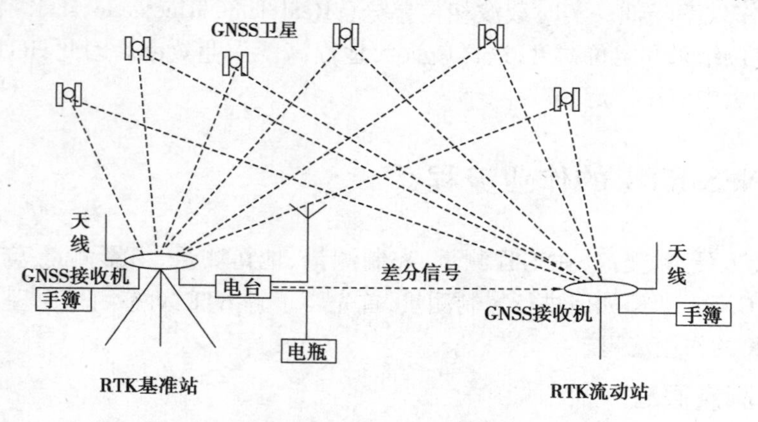

图 6.5　GNSS-RTK 测量示意图

GNSS-RTK 数据处理是基准站和流动站之间的单基线解算过程,利用基准站和流动站的载波相位观测值的差分组合载波相位，将动态的流动站未知坐标作为随机的未知参数，载波相位的整周模糊度作为非随机的未知参数进行解算，通过实时解算出的定位结果的收敛情况判断解算结果是否成功。

RTK 技术受到基准站和用户间距离的限制，关键技术是基准站接收机在数据传输时如何保证高可靠性和抗干扰性。为解决作业距离的问题，根据作业范围，可以采用单站差分技术、局域差分技术和广域差分技术。采用单站差分技术的 RTK 测量系统称为常规 RTK，采用局域或广域差分技术的 RTK 测量系统称为网络 RTK。常规 RTK 测量系统结构和算法简单，成本低，技术也非常成熟，主要适用于小范围的差分定位工作。网络 RTK 测量系统结构和算法非常复杂，建设成本高，主要适用于较大区域的测量定位，如一个城市、一个省或一个国家甚至全球范围。

网络 RTK 也称基准站 RTK，是近年来在常规 RTK 和差分 GPS 的基础上建立起来的一种新技术，尚处于试验、发展阶段。通常把在一个区域内建立多个（一般为 3 个或 3 个以上）GPS 参考站，对该区域构成网状覆盖，并以这些基准站中的一个或多个为基准计算和播发 GPS 改正信息，从而对该地区内的 GPS 用户进行实时改正的定位方式称为 GPS 网络 RTK，又称为多基准站 RTK。它的基本原理是在一个较大的区域内稀疏地、较均匀地布设多个基准站，构成一个基准站网，那么就能借鉴广域差分 GPS 和具有多个基准站的局域差分 GPS 中的基本原理和方法来设法消除或削弱各种系统误差的影响，获得高精度的定位结果。网络 RTK 是由基准站网、数据处理中心和数据通信线路组成的。基准站上应配备双频全波长 GPS 接收机，该接收机最好能同时提供精确的双频伪距观测值。基准站的站坐标应精确已知，其坐标可采用长时间 GPS 静态相对定位等方法来确定。此外，这些站还应配备数据通信设备及气象仪器等。基准站应按规定的采样率进行连续观测，并通过数据通信链实时将观测资料传送给数据处理中心。数据处理中心根据流动站送来的近似坐标（可据伪距法单点定位求得）判断出该站位于由哪三个基准站所组成的三角形内，然后根据这三个基准站的观测资料求出流动站处所受到的系统误差，并播发给流动用户来进行修正以获得精确的结果。有必要时可将上述过程迭代一次。基准站与数据处理中心间的数据通信可采用数字数据网 DDN 或无线通信等方法进行。流动站和数据处理中心间的双向数据通信则可通过移动电话 GSM 等方式进行。

2）常规 RTK 测量系统

常规 RTK 测量系统作业时需要两台或以上的 GNSS 接收机实施动态测量，其中一台接收机被指定为基准站，另外一台或多台为流动站。构成较为简单，见表 6.1。

（1）基准站

在一定的观测时间内，一台或者几台接收机分别在一个或几个测站上，一直保持跟踪卫星，其余接收机在这些测站周围流动作业，这些固定的测站称为基准站，基准站通过数据链将其观测值和测站坐标信息一起传送给流动站。

（2）流动站

在基准站周围一定范围内作业，不仅通过数据链接收来自基准站的数据，还要采集 GNSS 观测数据，并在系统内组成差分观测值进行实时处理，实时提供三维坐标。这些测站称为流动站。流动站可处于静止状态，也可处于运动状态。

(3)数据链

RTK系统中基准站和流动站的GNSS接收机通过数据链进行通信联系,因此基准站和流动站系统都包括数据链。数据链由调制解调器和电台组成。

表6.1　常规RTK系统组成

内容	配置要求
基准站	(1)双频GNSS-RTK接收机; (2)双频GNSS天线和天线电缆; (3)基准站数据链电台套件; (4)基准站控制件(计算机控制、显示和参数设置等); (5)脚架、基座和连接器; (6)仪器运输箱
流动站	(1)GNSS-RTK接收机; (2)双频GNSS天线和天线电缆; (3)流动站数据链电台套件; (4)手持计算机控制或数据采集器; (5)手簿托架; (6)2 m流动杆、流动站背包; (7)仪器运输箱
数据链	(1)电台; (2)发射天线

3)GNSS-RTK使用一般流程

RTK技术的关键在于数据处理技术和数据传输技术,目前国内外RTK测量系统较多,国外RTK系统如美国天宝、瑞士徕卡等,国内RTK系统如南方、中海达、华测等。RTK系统可应用于两项主要测量任务,即测点定位和测设放样。

RTK作业包括架设和配置参考站、架设和配置流动站、流动站初始化、点校正、RTK定位测量、RTK精度分析等流程。

(1)基准站设置

在进行野外工作之前,要检查基准站系统的设备是否齐全、电源电量是否充足。基准站的接收机发生断电或者信号失锁将影响网络内的所有流动站的正常工作,因此基准站的点位选择也必须严格。基准站的站点选择应考虑以下几点:

①视野开阔。基准站的GNSS接收机天线与卫星之间应没有或者少有遮挡物,即高度截止角应超过10°;设定高度截止角是为了削弱多路径效应,对流层延迟和电离层延迟等卫星定位测量误差影响所设定的高度角,低于此角度视野的卫星不予跟踪。

②基准站GNSS接收机周围应无信号反射物,例如大面积水域、大型建筑物等,以减少多路径干扰;尽量避开交通要道,减少过往行人和车辆的干扰。

③尽量选择地势较高的位置，方便电台播发差分信号，延长电台的作用距离。

④基准站要远离微波塔、电视发射塔、雷达电视、手机信号发射天线等大型电磁辐射源 200 m 外，要远离高压输电线路、通信线路 50 m 外。

⑤地面稳固，易于点的保存。

此外，RTK 在作业期间，基准站不允许下列操作：

①关机又重新启动；

②进行自测；

③改变卫星高度截止角或仪器高度值、测站名等；

④改变天线位置；

⑤关闭文件或删除文件。

(2)RTK 流动站初始化

流动站在进行任何工作之前，必须先进行初始化工作。初始化是接收机在定位前确定整周未知数的过程。这一初始化过程也被称作 RTK 初始化、整周模糊度解算、OTF(On the fly)初始化等。

在初始化之前，流动站只能进行单点定位，精度为 0.15 ~2 m，在条件比较好的情况下(卫星有 5 颗以上，信号无遮挡)，初始化时间一般在 5 s 左右。

测量点的类型有单点解、差分解、浮点解和固定解。浮点解是指整周未知数已被解算，测量还未被初始化；固定解是指整周未知数已被解出，测量已被初始化。只有当流动站获取到了固定解之后才完成了初始化的工作。

(3)点校正

CNSS RTK 接收机直接得到的数据是在 WGS-84 坐标系中的数据，我国目前使用的是北京 54 坐标系、1980 年西安坐标系和独立地方坐标系，因此需要将测出的 WGS-84 坐标系转换到项目使用的坐标系，这个过程称为点校正。

如果基准站置于已知点上且收集到准确的坐标转换参数，可直接输入。如果没有坐标转换参数，点校正根据测区情况可以使用七参数校正、四参数校正或者三参数校正(单点校正)。

七参数校正至少已知 3 个控制点的三维地方坐标和相对独立的 WGS-84 坐标，已知点最好均匀分布在整个测区的边缘，能控制整个区域。一定要避免已知点线性分布。例如，如果用 3 个已知点进行点校正，这 3 个点组成的三角形要尽量接近正三角形，如果是 4 个点，就要接近正方形。一定要避免所有已知点分布接近一条直线，否则会严重影响测量的精度，特别是高程精度。

如果测量任务只需要水平坐标，不需要高程，可以使用两个点进行校正，即四参数校正，但如果要检核已知点的水平残差，还需要额外 1 个点，至少需要 3 个点。需要高程时，也可以进行四参数校正，另加高程拟合进行测量。

如果既需要水平坐标，又需要高程，建议最好用 3 个点进行点校正，但如果要检核点的水平残差和高程残差，那么至少需要 4 个点进行校正。

如果测区范围很小，地势平坦，测区中间有已知点，可以使用三参数校正(单点校正)，但必须检核测量残差，因此至少需要 2 个已知点。

点校正后，进行检核，方法如下：

①检查水平残差和垂直残差的数值。一般残差应该在 2 cm 以内，如果超过 2 cm 则说明存在粗差，或者参与校正的点不在一个系统下，最大可能就是残差最大的那个点，应检查输入的已知点，或者更换使用的已知点。

②查看转换参数值。一般 3 个坐标轴的旋转参数值小于 30°，坐标转换的尺度变化量应接近数值 1。

③测量检核已知当地坐标。求取坐标转换参数后，测量检核已知当地坐标。若进行坐标转换后这个差值在 2 cm 内，则说明坐标转换正确。

(4) RTK 进行点测量

上述的工作全部完成后，就可以使用 RTK 进行测量工作了。进行点测量的方法可以使用"测量"→"点测量"，也可以使用"图形测量"功能。

流动站离开基准站进行作业，距离基准站的最大距离取决于基准站电台信号的传输距离，而且对 RTK 的测量精度和速度有直接的影响。如果作业范围内有较多的建筑物或者树木，流动站接收的电台信号会比较弱，而且容易失锁。当基准站与流动站的距离超过 5 km 时，测量精度会逐渐下降，因此，一般控制 RTK 的作业范围在 5 km 以内，当信号受到影响时，还应缩短作业半径，以提高 RTK 的作业精度。

(5) RTK 定位的精度与可靠性

RTK 测量的实际精度为 RTK 标称精度、转换参数精度及人为误差之和。

不同类型、不同厂家的 GNSS 接收机 RTK 定位有各自的出厂精度，可据此估算 RTK 的精度。一般 RTK 的标称精度为：水平为 1 cm + 1 ppm · D，高程为 2 cm + 1 ppm · D，其中，D 为基站与流动站的距离，单位为 km。随着距离的增大精度会不断下降。转换参数的精度主要取决于校正点本身的精度、点的分布情况，以及采用的拟合方式。直接关系到成果的可靠性，而点的分布又是重中之重，特别是对于高程的影响。人为误差主要是人为扶杆误差、对中误差等。

6.2.2 GNSS-RTK 点放样

建筑物、构筑物的形状和大小是通过其特征点在实地上表示出来的，如建筑物的四个角点、中心、转折点等。因此点放样是建筑物和构筑物放样的基础。传统的方法是通过距离或方向来放点，而 RTK 是在电磁波通视的条件下进行点位的放样。根据《工程测量规范》(GB 50026—2020)规定，平面点位放样中误差不得大于 5 cm，RTK 测量结果的点位精度完全可以满足。需要指出的是，各点位之间相互独立，克服了传统测量技术误差累积的弊端。

1) RTK 放样原理

在 RTK 作业模式下，只要正常连接和配置基准站和流动站，GNSS 接收机可以实时获取差分解，得到所处位置的坐标。现假设待放样点的坐标为(X_m, Y_m, H_m)，而 GNSS 接收机在某时刻 t 的位置为(X_t, Y_t, H_t)，则接收机与待放样点之间的关系如下：

$$\Delta X = X_m - X_t$$
$$\Delta Y = Y_m - Y_t$$
$$\Delta H = H_m - H_t$$
$$D = \sqrt{(X_m - X_t)^2 + (Y_m - Y_t)^2}$$

式中,D 为接收机距待放样点的距离,根据 ΔX、ΔY、ΔH、D 这 4 个值,即可由接收机当前位置移动到待放样点位置,完成放样。

(1)以北方向为作业指示方向

由于测量坐标系 X 轴正方向指向北方向,Y 轴正方向指向东方向。当 $\Delta X > 0$ 时,说明 $X_m > X_t$,也即接收机要在 X 轴方向向北移动,移动的数量就是 $|\Delta X|$;当 $\Delta X < 0$ 时,说明 $X_m < X_t$,也即接收机要在 X 轴方向向南移动,移动的数量就是 $|\Delta X|$。具体情况见表 6.2。

表 6.2 RTK 放样分析

坐标差值	情况	移动方向	移动量
ΔX	>0	北	$\lvert\Delta X\rvert$
	<0	南	$\lvert\Delta X\rvert$
	=0	不移动	0
ΔY	>0	东	$\lvert\Delta Y\rvert$
	<0	西	$\lvert\Delta Y\rvert$
	=0	不移动	0
ΔH	>0	上	$\lvert\Delta H\rvert$
	<0	下	$\lvert\Delta H\rvert$
	=0	不移动	0
D	放样点到接收机当前位置的直线距离		

(2)以箭头方向为作业指示方向

假设 GNSS 接收机在时间 t_1时刻的位置记为 $P_1(X_1, Y_1, H_1)$,如果测量员向前移动了一个位置,在时间 t_2时刻,GNSS 接收机位置记为 $P_2(X_2, Y_2, H_2)$,则 P_1 至 P_2的矢量就可作为前进方向,而与该方向垂直的方向为左右方向。这样就如同建立了一个独立坐标系。有些软件会直接表示为前后或左右。

2)RTK 放样具体过程

(1)点放样数据获取

RTK 放样实时提供导航数据,不仅可以快速地找到点位,而且还能提供定位精度,并可进行采点。

在放样之前,如果放样点的数量比较少,可以将放样点的坐标值直接手工输入测量控制器中。如果放样点数量比较大,可以采用台式电脑制作数据文件,然后将文件导入测量控制器中。需要注意的是,尽量完成点校正之后再导入放样数据。

(2)点放样野外操作

完成初始化后,在测量控制器里选择"测量"→"点放样"→"常规点放样",选择"添加",选择放样点。输入正确的天线高度和测量到的位置开始放样。

执行测量,正确输入天线高度,选择测量点后,测量得出所放样点的坐标和设计坐标的差值,如果差值在要求范围以内,则继续放样其他各点,否则重新放样,标定该点。

3)放样误差分析

点放样的误差,包括RTK系统自身的误差,测量环境对RTK的影响产生的误差,比如"多路径误差"或"信号干扰误差",以及人为操作不正确造成的误差。在放样过程中,如果点位误差超限,可采取措施来消除或减小误差。比如,改变基准站的位置,选择视野开阔的地点,远离无线电发射源、雷达装置、高压电线等,采用有削弱多路径效应技术的天线等。对于误差较大,RTK又难以削弱其误差的点,可以采用其他的测设方法,工作中应根据现场情况灵活选用适当的放样方法。

4)RTK放样的优缺点

(1)RTK放样的优点

①使用RTK进行放样,减少人力费用;

②定位精度高,测站间无须通视,只要对空通视即可;

③操作简便、直观、容易使用;

④能全天候、全天时地作业。

(2)RTK放样的缺点

RTK也存在一些不利因素,GNSS RTK并不能完全替代全站仪等常规仪器,在影响GNSS卫星信号接收的遮蔽地带,可在附近用流动站及时做出两个控制点,再用全站仪、测距仪等测量工具弥补GNSS-RTK的不足。

技能训练6.1 GNSS接收机的认识及操作

1)目的

实验目的:巩固卫星定位测量原理;认识GNSS接收机构造及各部件功能,练习GNSS接收机使用方法。

内容及要求:①GNSS认识实验,熟悉操作步骤。

②了解仪器构造,认识各部件名称及使用方法。

③练习安置、整平与参数设置。

结果和数据:观测一组数据并记录。

2)仪器及用具

中海达RTK 1套,三脚架1个,钢卷尺1把,记录手簿1本。

3)实验步骤

①实验前:熟悉中海达 RTK 的各项技术指标,熟悉接收机的构造及各部件的名称、功能和作用。

②实验中:掌握电源(电池)的安装,安装电池时先松开固连螺旋,按电源盒上的提示安装上电池;掌握 GPS 接收机安装,将 GPS 接收机固定安装在三脚架基座上,对中整平。

③实验时:GPS 接收机操作,掌握开机,参数输入(静态模式),数据接收 30 min 以上,观察状态面板,关机等操作。

④实验后:对数据进行下载、传输、保存与分析,完成记录表(表 6.3)。

4)实验感想和体会

①注意小心使用仪器,防潮防湿。

②对中整平气泡必须严格对中,选点应在开阔处,避免建筑物遮挡信号。

③操作过程中,注意各指示灯的情况,避免因电池电量不足带来的实验问题。

④实验之前必须熟悉实验内容与步骤。

表 6.3　GNSS 外业观测记录表

接收机型号及编号		测点号	
班级及组号		天气	
小组成员			

观测日期		年　月　日		观测者	小组成员
时段号	1	开始时间	时　分	结束时间	时　分
时段号	2	开始时间	时　分	结束时间	时　分
时段号	3	开始时间	时　分	结束时间	时　分
时段号	4	开始时间	时　分	结束时间	时　分

斜量/m	测前	测后	平均	测点实拍图
天线高(第 1 时段)				
天线高(第 2 时段)				
天线高(第 3 时段)				
天线高(第 4 时段)				

时间(UTC)	第 1 时段	第 2 时段	第 3 时段	第 4 时段
接收卫星号及 PDOP 值(15 min)	卫星: PDOP 值:	卫星: PDOP 值:	卫星: PDOP 值:	卫星: PDOP 值:

续表

时间(UTC)	第1时段	第2时段	第3时段	第4时段
接收卫星号及 PDOP 值(30 min)	卫星: PDOP 值:	卫星: PDOP 值:	卫星: PDOP 值:	卫星: PDOP 值:
接收卫星号及 PDOP 值(45 min)	卫星: PDOP 值:	卫星: PDOP 值:	卫星: PDOP 值:	卫星: PDOP 值:
接收卫星号及 PDOP 值(60 min)	卫星: PDOP 值:	卫星: PDOP 值:	卫星: PDOP 值:	卫星: PDOP 值:
备注				

技能训练 6.2 RTK 测量及放样

1)目的

实验目的:掌握 RTK 的操作方法;了解 RTK 测量作业模式及实施过程。

内容及要求:基准站通过数据链将其观测值和测站坐标信息一起传送给流动站。流动站不仅通过数据链接收来自基准站的数据,还要采集 GNSS 观测数据,并在系统内组成差分观测值进行实时处理,同时给出厘米级定位结果。架设基准站,到达测区,选取特征点,逐点观测。

结果和数据:外业观测记录及观测手簿每组一份。

2)仪器及用具

中海达 RTK 1 套,三脚架 1 个,钢卷尺 1 把,记录手簿 1 本。

3)实验步骤

(1)安置仪器

RTK 设备分为基准站和流动站两部分。基准站包括三脚架、主机、转换器(放大器)、电源(蓄电池)、天线、连接电缆。流动站包括碳素对中杆、主机、手簿。手簿和主机之间使用蓝牙传输。RIK 设备同时具备电台传输和通信网络传输(GPRS)两种功能,在测区较小时使用电台传输,测区较大时使用通信传输。

RTK 基准站的设置可以分为基准站架设在已知点和未知点两种情况。常用的方法是将基准站架设在一个地势较高、视野开阔的未知点上,使用流动站在测区内的两个或两个以上的已知点上进行点校正，并求解转换参数。

基准站和流动站安置完毕后，打开主机及电源，建立工程或文件，选择坐标系，输入中央子午线经度和 y 坐标加常数。通常建立一个工程，以后每天工作时新建文件即可。

(2)求解参数

GPS 接收机输出的数据是 WGS-84 经纬度坐标，需要转化到施工测量坐标，这就需要软件进行坐标转换参数的计算和设置。四参数是同一个椭球内不同坐标系之间进行转换的参数。四参数指的是在投影设置下选定的椭球内 GPS 坐标系和施工测量坐标系之间的转换参数。四参数的四个基本项分别是 X 平移、Y 平移、旋转角和比例。需要特别注意的是，参与计算的控制点原则上要用两个或两个以上的点，控制点等级的高低和分布直接决定了四参数的控制范围。一般四参数理想的控制范围为 5 ~7 km。利用"控制点坐标库"求解参数，人工输入两控制点的 GPS 经纬度坐标和已知坐标，从而解算四参数。

(3)碎部测量

碎部点采集的过程同全站仪类似，在各碎部点上采点，存入仪器内存中，同时按照存储的点号绘制草图。采点时一定要在固定解(FIXD)状态下采点，PDPP 值也有要求。数据采集时 RTK 跟踪杆气泡尽量保持水平，否则天线几何相位中心偏离碎部点距离过大，精度降低。

(4)点放样

事先上传需要放样的坐标数据文件，或现场编辑放样数据。选择 RTK 手簿中的点位放样功能，现场输入或从预先上传的文件中选择待放样点的坐标，仪器会计算 RTK 流动站当前位置和目标位置内坐标差值(OX,OY)，并提示方向，按提示方向前进，即将达到目标点处时，屏幕会有一个圆圈出现，指示放样点和目标点的接近程度，如图 6.6 所示。精确移动流动站，使得 OX 和 OY 小于放样精度要求时，钉木桩，然后精确投测小钉。将棱镜立于桩顶上同时测距，仪器会显示出棱镜当前高度和目标高度的高差，将该高差用记号笔标于木桩侧面，即为该点填挖高度。按同样方法放样其他各待定点。

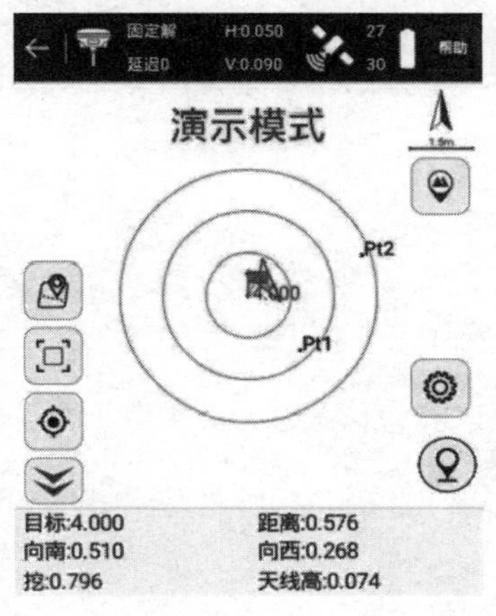

图 6.6　RTK 放样数据

4)实验感想和体会

①操作者的身体各部位不得接触脚架。

②使用时仪器注意防潮、防晒。

③实验之前必须熟悉实验内容、方法与步骤，在实验中做到心中有数，按步进行。

思考与练习

6.1　简述 RTK 的工作流程

6.2　RTK 的作业准备包括哪些?

6.3　RTK 在工作过程中无法获取差分解，应如何解决?

6.4　什么叫放样?

6.5　RTK 放样较传统放样方法有何优点?

6.6　RTK 放样能取代传统放样方法吗？为什么?

第2篇

具体测量场景应用

单元7 全站仪小地区控制测量

7.1 控制测量概述

在绪论中已讲过,测量工作的组织原则是“从整体到局部”“先控制后碎部”,就是在测区内先建立测量控制网来控制全局,然后根据控制网测定控制点周围的地形或进行建筑施工放样。这样不仅可以保证整个测区有一个统一的、均匀的测量精度,而且可以加快测量进度。

所谓控制网,就是在测区内选择一些有控制意义的点(称为控制点)构成的几何图形。按控制网的功能可分为平面控制网和高程控制网;按控制网的规模可分为国家控制网、城市控制网、小区域控制网和图根控制网。测定控制网平面坐标的工作称为平面控制测量,测定控制网高程的工作称为高程控制测量。

7.1.1 国家控制网

国家控制网又称基本控制网,即在全国范围内按统一的方案建立的控制网,是全国各种比例尺测图的基本控制。它用精密仪器、精密方法测定,并进行严格的数据处理,最后求得控制点的平面位置和高程。

国家控制网按其精度可分为一、二、三、四等4个级别,而且是由高级向低级逐级加以控制。就平面控制网而言,先在全国范围内沿经纬线方向布设一等网,作为平面控制骨干。在一等网内再布设二等网,作为全面控制的基础。再在二等网的基础上加密三、四等控制网,适应其他工程建设的需要,如图7.1所示。国家平面控制测量主要是采用三角测量、精密导线测量和GPS测量的方法。对国家高程控制网,首先是在全国范围内布设沿纵、横方向的一等水准路线,在一等水准路线上布设二等水准闭合或附合路线,再在二等水准路线上加密三、四等闭合或附合水准路线,如图7.2所示。国家高程控制测量主要采用精密水准测量的方法。

国家一、二级控制网,除了作为三、四级控制网的依据外,还为研究地球形状和大小以及其他科学提供依据。

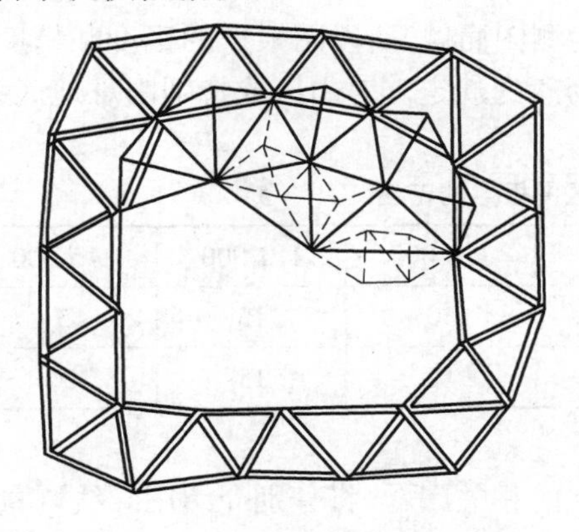

图7.1　国家平面控制网

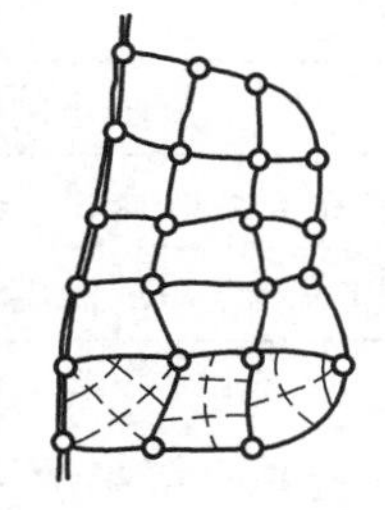

图7.2　国家高程控制网

7.1.2　城市控制网

城市控制网是在国家控制网的基础上建立起来的，目的在于为城市规划、市政建设、工业民用建筑设计和施工放样服务。城市控制网建立的方法与国家控制网相同，只是控制网的精度有所不同。为了满足不同目的及要求，城市控制网也要分级建立。

国家控制网和城市控制网均由专门的测绘单位承担测量。控制点的平面坐标和高程，由测绘部门统一管理，为社会各部门服务。

7.1.3　小地区控制网

所谓小地区控制网，是指在面积小于15 km^2 的范围内建立的控制网。小地区控制网原则上应与国家或城市控制网相连，形成统一的坐标系和高程系。但当连接有困难时，为了满足建设的需要，也可以建立独立控制网。小地区控制网也要根据面积大小分级建立，主要采用一、二、三级导线测量，一、二级小三角网测量或一、二级小三边网测量，其面积和等级的关系见表7.1。

表7.1　小区域控制网的建立

测区面积/km^2	首级控制	图根控制
2～15	一级小三角或一级导线	二级图根控制
0.5～2	二级小三角或二级导线	二级图根控制
0.5以下	图根控制	

7.1.4　图根控制网

直接为测图目的建立的控制网称为图根控制网。图根控制网的控制点又称图根点。

图根控制网也应尽可能与上述各种控制网连接,形成统一系统。个别地区连接有困难时,也可建立独立图根控制网。由于图根控制专为测图而做,所以图根点的密度和精度要满足测图要求。表7.2是对平坦开阔地区图根点密度的规定。对山区或特别困难地区,图根点的密度可适当增大。

表7.2 开阔地区图根点的密度

测图比例尺	1:500	1:1 000	1:2 000	1:5 000
图根点个数/km^2	150	50	15	5
50 cm×50 cm 图幅图根点个数	9~10	12	15	20

本章主要介绍小地区(10 km^2)控制网建立的相关问题,将分别介绍用导线测量建立小地区平面控制网的方法、用三四等水准测量和三角高程测量建立小地区高程控制网的方法。

7.2 平面控制测量

根据控制点的布设形式不同,小地区平面控制测量可以采用导线测量和小三角测量来实现。本节将介绍导线控制测量的相关内容。

7.2.1 导线测量概述

导线测量是进行平面控制测量的主要方法之一,它适用于平坦地区、城镇建筑密集区及隐蔽地区。由于光电测距仪及全站仪的普及,导线测量的应用日益广泛。

导线就是在地面上按一定要求选择一系列控制点,将相邻点用直线连接起来所构成的折线。折线的顶点称为导线点,相邻点间的连线称为导线边。导线分精密导线和普通导线,前者用于国家或城市平面控制测量,后者多用于小区域和图根平面控制测量。

导线测量就是测量导线各边长和各转折角,然后根据已知数据和观测值计算各导线点的平面坐标。用经纬仪测角和钢尺量边的导线称为经纬仪导线。用光电测距仪测边的导线称为光电测距导线。用于测图控制的导线称图根导线,此时的导线点又称图根点。

根据测区的地形以及已知高级控制点的情况,导线可布设成以下几种形式。

1)附合导线

起始于一个高级控制点,最后附合到另一高级控制点的导线称为附合导线,如图7.3所示。由于附合导线附合在两个已知点和两个已知方向上,所以具有检核条件,图形强度好,是小区域控制测量的首选方案。缺点是横向误差较大,导线中点误差较大。

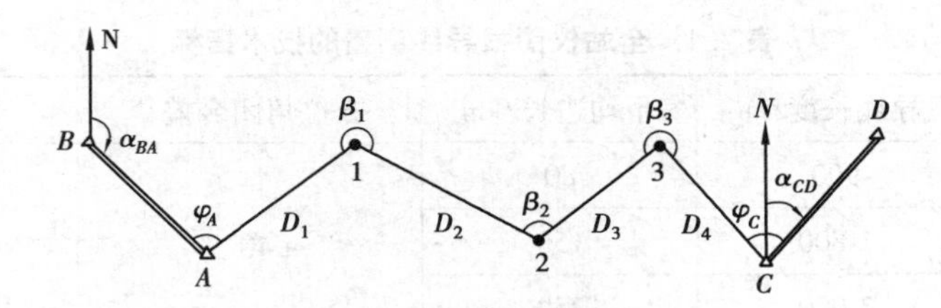

图 7.3　附合导线

2) 闭合导线

起、止于同一已知高级控制点,中间经过一系列的导线点,形成一闭合多边形,这种导线称闭合导线,如图 7.4 所示。闭合导线也有图形检核条件,是小区域控制测量的常用布设形式。但由于它起、止于同一点,产生图形整体偏转不易发现,因而图形强度不及附合导线好。另外,这种形式可能产生边长系统误差,使整个闭合环放大或缩小,而且无法消除此项误差。

3) 支导线

导线从一已知控制点开始,既不附合到另一已知点,又不回到原来起始点的称支导线,如图 7.5 所示。支导线没有图形检核条件,因此发生错误时不易被发现,一般只能用在无法布设附合导线或闭合导线的少数特殊情况,并且要对导线边长和边数进行限制。

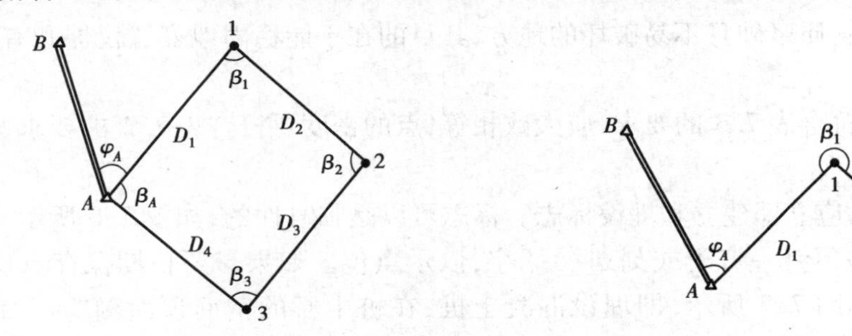

图 7.4　闭合导线　　　　图 7.5　支导线

用导线测量方法建立小地区平面控制网,通常分为一级导线、二级导线、三级导线和图根导线等几个等级。《城市测量规范》(CJJ/T 8—2011)规定了全站仪导线测量方法,布设平面控制网相应导线的技术指标见表 7.3 和表 7.4。

表 7.3　全站仪导线测量方法布设平面控制网的技术指标

等级	长度/km	平均边长/km	测距中误差/mm	测角中误差/(″)	方位角闭合差/(″)	全长相对闭合差
一级	≤3.6	300	≤15	≤5	$\pm 10\sqrt{n}$	≤1/14 000
二级	≤2.4	200	≤15	≤8	$\pm 16\sqrt{n}$	≤1/10 000
三级	≤1.3	120	≤15	≤12	$\pm 24\sqrt{n}$	≤1/6 000

表 7.4 全站仪图根导线测量的技术指标

比例尺	导线长度/m	平均边长/km	方位角闭合差/″	全长相对闭合差
1:500	900	80	$\pm 40\sqrt{n}$	≤1/4 000
1:1 000	1 800	150		
1:2 000	3 000	250		

7.2.2 导线测量的外业工作

导线测量的外业工作包括:踏勘选点、测边、测角、导线连接测量等工作。

1)选点

导线点的选择一般是利用测区内已有地形图,先在图上选点,拟订导线布设方案,然后到实地踏勘,落实点位。当测区不大或无现成的地形图可利用时,可直接到现场,边踏勘,边选点。无论采用哪种方法,选点时应注意以下问题:

①相邻点要通视良好,地势平坦,视野开阔,其目的在于方便测边、测角和有较大的控制范围。

②点位应放在土质坚硬且不易破坏的地方,其目的在于能稳固地安置仪器和有利于点位的保存。

③导线边长应符合表 7.3 的要求,应大致相等,点的密度要符合表 7.2 的要求,且均匀地分布在整个测区。

当选定点位后,应立即建立和埋设标志。标志可以是临时性的,如图 7.6 所示,即在点位上打入木桩,在桩顶钉一钉子或刻划"+"字,以示点位。如果需要长期保存点位,可以制成永久性标志,如图 7.7 所示,即埋设混凝土桩,在桩中心的钢筋顶面刻"+"字,以示点位。

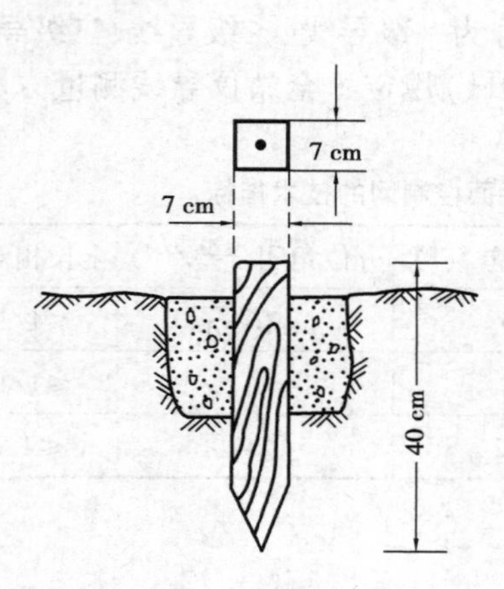

图 7.6 导线桩

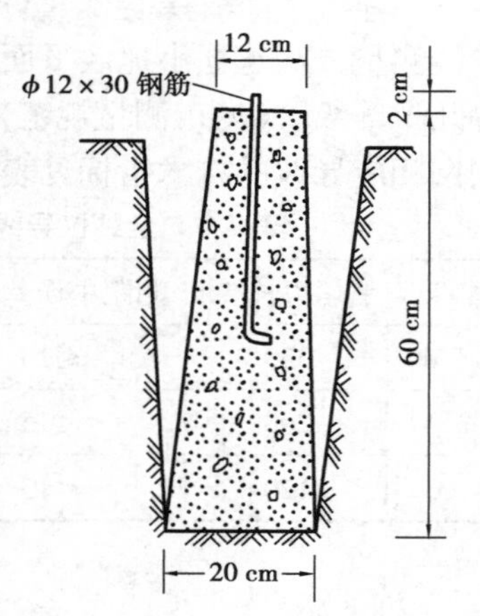

图 7.7 永久性控制桩

标志埋设好后,对作为导线点的标志要进行统一编号,并绘制导线点与周围固定地物的相关位置图,称为“点之记”(图7.8),作为今后找点的依据。

2)量边和测角

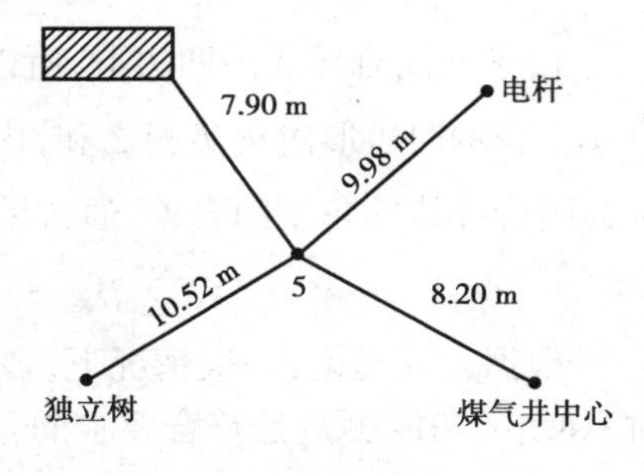

图7.8　“5”号点的点之记

导线边长使用全站仪测量,并对所测边长施加气象改正。

导线转折角(Traverse angle)是指在导线点上由相邻导线边构成的水平角。导线转折角分为左角和右角,在导线前进方向左侧的水平角称为左角,右侧的水平角称为右角。若观测无误差,在同一个导线点测得的左角与右角之和应等于360°。导线转折角测量的要求应符合表7.3或表7.4的规定。

3)连测

导线连测的目的在于把已知点的坐标系传递到导线上来,使导线点的坐标与已知点的坐标形成统一系统。由于导线与已知点和已知方向连接的形式不同,连测的内容也不相同。

7.2.3　导线测量的内业计算

导线测量的内业工作就是内业计算,又称导线平差计算,即用科学的方法处理测量数据,合理地分配测量误差,最后求出各导线点的坐标值。

为了保证计算的正确性和满足一定的精度要求,计算之前应注意两点:一是对外业测量成果进行复查,确认没有问题,方可在专用计算表格上进行计算;二是对各项测量数据和计算数据取到足够位数。对小区域和图根控制测量的所有角度观测值及其改正数取到秒(″);距离、坐标增量及其改正数和坐标值均取到厘米。取舍原则为“四舍六入,五前单进双舍”,即保留位后的数大于五就进,小于五就舍,等于五时则看保留位上的数,是单数就进,是双数就舍。

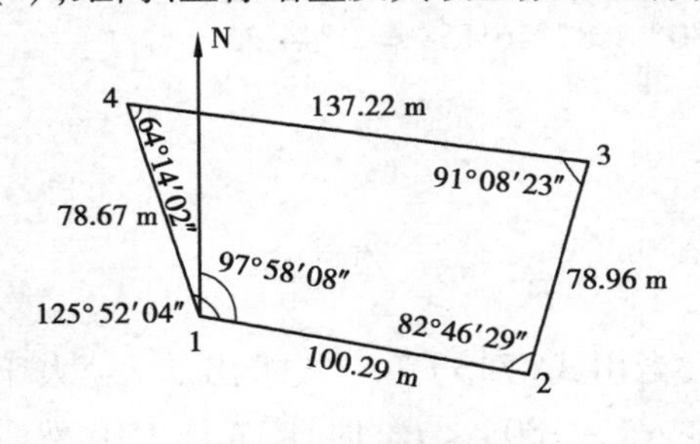

图7.9　闭合导线

1)闭合导线计算

图7.9是实测图根闭合导线,图中各项数据是从外业观测手簿中获得的。已知12边的坐标方位角为97°58′08″,现结合本例介绍闭合导线的计算步骤。

(1)表中填入已知数据和观测数据

将已知边12的坐标方位角填入表7.5中第5列,已知点1的坐标值填入表7.5中第11,12列,并在已知数据下边用红线或双线示明。将角度和边长观测值分别填入表7.5中第2,6列。

(2)角度闭合差的计算与调整

对于任意多边形,其内角和理论值的通式可写成:

$$\sum \beta_{理} = (n-2) \times 180° \tag{7.1}$$

由于此闭合导线为四边形,所以其内角和的理论值为$(4-2) \times 180° = 360°$。如果用$\sum \beta_{测}$表示四边形内角实测之和,由于存在测量误差,使得$\sum \beta_{测}$不等于$\sum \beta_{理}$,二者之差称为闭合导线的角度闭合差,通常用f_β表示,即

$$f_\beta = \sum \beta_{测} - \sum \beta_{理} = \sum \beta_{测} - (n-2) \times 180° \tag{7.2}$$

根据误差理论,一般情况下,该值不应超过容许闭合差或闭合差限差$f_{\beta容}$。当$f_\beta < f_{\beta容}$时,导线的角度测量是符合要求的,否则要对计算进行全面检查,若计算没有问题,就要对角度进行重测。本例$f_\beta = +58''$。根据表7.4可知,$f_{\beta容} = \pm 40\sqrt{4} = \pm 80''$,则有$f_\beta < f_{\beta容}$,所以观测成果合格。

虽然$f_\beta < f_{\beta容}$,但f_β的存在导致整个导线存在矛盾。因此,要根据误差理论,消除f_β的影响,这项工作称为角度闭合差的调整。调整前提是假定所有角的观测误差是相等的,调整的方法是将f_β反符号平均分配到每个观测角上,即每个观测角改正$-\dfrac{f_\beta}{n}$(n为观测角的个数)值,这项计算在表7.5中第3列,并以改正数总和等于$-f_\beta$作为检核。再将角度观测值与改正数相加,求得改正后的角度值,填入表7.5中第4列,并以改正后角度总和等于理论值作为计算检核。

(3)推算导线各边的坐标方位角

根据已知边坐标方位角和改正后的角值,按式(7.3)推算导线各边坐标方位角:

$$\left.\begin{aligned} \alpha_{前} &= \alpha_{后} + 180° + \beta_{左} \\ \alpha_{前} &= \alpha_{后} + 180° - \beta_{右} \end{aligned}\right\} \tag{7.3}$$

式中,$\alpha_{前}$,$\alpha_{后}$表示导线前进方向的前一条边的坐标方位角和与之相连的后一条边的坐标方位角。$\beta_{左(右)}$为前后两条边所夹的左(右)角。由式(7.3)求得:

$$\alpha_{23} = \alpha_{12} + 180° + \beta_2 = 97°58'08'' + 180° + 82°46'15'' = 0°44'23''$$

$$\alpha_{34} = \alpha_{23} + 180° + \beta_3 = 271°52'31''$$

$$\alpha_{41} = \alpha_{34} + 180° + \beta_4 = 152°06'19''$$

$$\alpha'_{12} = \alpha_{41} + 180° + \beta_1 = 97°58'08'' = \alpha_{12}$$

在运用式(7.3)计算时,应注意两点:

①由于边的坐标方位角只能为0°~360°,因此,当用式(7.3)第一式求出的$\alpha_{前}$大于360°时,应减去360°;当用式(7.3)第二式计算时,在$\alpha_{后} + 180° < \beta_{右}$时,应先加360°然后再减$\beta_{右}$。

②最后推算出的已知边坐标方位角,应与已知值相比,以此作为计算检核。此项工作填入表7.5第5列。

(4)坐标增量计算

在图7.10中,设D_{12},α_{12}为已知,则12边的坐标增量为:

$$\left.\begin{aligned} \Delta x_{12} &= D_{12} \cos \alpha_{12} \\ \Delta y_{12} &= D_{12} \sin \alpha_{12} \end{aligned}\right\} \tag{7.4}$$

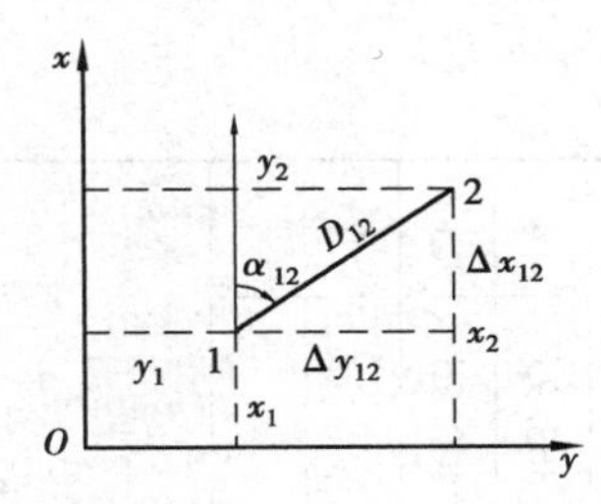

图7.10　坐标增量计算示意图

式(7.4)说明一条边的坐标增量是该边边长和该边坐标方位角的函数。此项计算填在表7.5中第7,8列。

(5)坐标增量闭合差计算及其调整

对于闭合导线,由于起、止于同一点,所以闭合导线的坐标增量总和理论上应该等于零,即

$$\left.\begin{aligned}\sum \Delta x_{理} &= 0\\ \sum \Delta y_{理} &= 0\end{aligned}\right\} \tag{7.5}$$

由于存在测量误差,计算出的坐标增量总和 $\sum \Delta x_{测}$, $\sum \Delta y_{测}$ 与理论值不相等,二者之差称为闭合导线坐标增量闭合差,分别用 f_x ,f_y 表示,即有

$$\left.\begin{aligned}f_x &= \sum \Delta x_{测} - \sum \Delta x_{理}\\ f_y &= \sum \Delta y_{测} - \sum \Delta y_{理}\end{aligned}\right\} \tag{7.6}$$

坐标增量闭合差是坐标增量的函数,或者说是导线边长和坐标方位角的函数,而坐标方位角是通过已知边方位角和改正后的角值求得的,二者可以视为是没有误差的。这样,坐标增量闭合差可以认为是由导线边长误差引起的,也就是说,导线从1点出发,经过2,3,4点后,因各边丈量的误差,使导线没有回到1点,而是落在1′。如图7.11所示,11′为导线全长闭合差,用 f_D 表示。

$$f_D = \sqrt{f_x^2 + f_y^2} \tag{7.7}$$

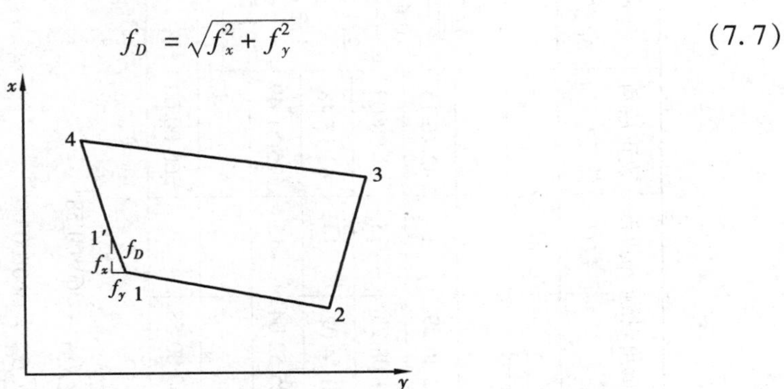

图7.11　闭合导线坐标增量闭合差

表 7.5　闭合导线坐标计算表

点号	转折角观测值/(° ′ ″)	角度改正数/(″)	改正后角值/(° ′ ″)	坐标方位角/(° ′ ″)	距离 /m	坐标增量值 Δx/m	坐标增量值 Δy/m	改正后坐标增量值 Δx′/m	改正后坐标增量值 Δy′/m	坐标 x/m	坐标 y/m	点号
1	2	3	4	5	6	7	8	9	10	11	12	13
1										500.45	400.76	1
				97 58 08	100.29	−13.90	99.32	−13.90	99.32			
2	82 46 29	−14	82 46 15							486.55	500.08	2
				0 44 23	78.96	78.95	1.02	78.95	1.02			
3	91 08 23	−15	91 08 08							565.50	501.10	3
				271 52 31	137.22	−1 4.49	−137.15	4.48	−137.15			
4	60 14 02	−14	62 13 48							569.98	363.95	4
				152 06 19	78.67	−69.53	36.81	−69.53	36.81			
1	125 52 04	−15	125 51 49							500.45	400.76	1
				97 58 08								
2												2
$\sum$	360 00 58	−58	360 00 00		395.14	0.01	0.00	0	0			

辅助计算

$\sum \beta_{测} = 360°00'58''$

$\sum \beta_{理} = 360°00'00''$

$f_\beta = 58''$

$f_{\beta容} = \pm 60''\sqrt{n} = \pm 120''$

$f_\beta < f_{\beta容}$

$f_x = \sum \Delta x_{测} = 0.01 \text{ m}$

$f_y = \sum \Delta y_{测} = 0.00 \text{ m}$

$f_D = \sqrt{f_x + f_y} = 0.01 \text{ m}$

$K = \dfrac{f_D}{\sum D} = \dfrac{0.01}{395.14} = \dfrac{1}{39\ 000} < K_{容} = \dfrac{1}{2\ 000}$

附图：

N
4
137.22 m
3
64°14′02″
91°08′23″
78.67 m
97°58′08″
78.96 m
125°52′04″
1
82°46′29″
100.29 m
2

既然所有边长误差总和为f_D，那么，用$\sum D$表示导线总长，则导线全长相对闭合差为

$$K = \frac{f_D}{\sum D} \tag{7.8}$$

根据误差理论，导线全长的闭合差不能超过容许相对误差$K_{容}$。

当$K < K_{容}$时，导线边长丈量是符合要求的。在这个前提下，本着边长测量误差与边的长度成正比的原则，将坐标增量闭合差f_x，f_y反符号按边长成正比进行调整。

令v_{xi}，v_{yi}为第i条边的坐标增量改正数，则有

$$\left.\begin{aligned} v_{xi} &= -\frac{f_x}{\sum D}D_i \\ v_{yi} &= -\frac{f_y}{\sum D}D_i \end{aligned}\right\} \tag{7.9}$$

此项计算填在表7.5中第7，8列坐标增量中，并以$\sum v_{xi} = -f_x$，$\sum v_{yi} = -f_y$作检核。再将坐标增量加坐标增量改正数后填入表7.5中第9，10列，作为改正后的坐标增量，此时表7.5中第9，10列的总和为零，以此作为计算检核。

$$\left.\begin{aligned} \Delta x'_{ij改} &= \Delta x_{ij测} + v_{xi} \\ \Delta y'_{ij改} &= \Delta y_{ij测} + v_{yi} \end{aligned}\right\} \tag{7.10}$$

（6）导线点坐标计算

根据起始点的已知坐标和改正后的坐标增量$\Delta x_{ij改}$和$\Delta y_{ij改}$，即可按式（7.11）依次计算各导线点的坐标：

$$\left.\begin{aligned} x_j &= x_i + \Delta x'_{ij改} \\ y_j &= y_i + \Delta y'_{ij改} \end{aligned}\right\} \tag{7.11}$$

同理类推，即可分别求出3，4点的坐标。要注意，由4点推算1点的坐标值应与已知值相等，以此作计算检核。此项计算填入表7.5中第11，12列。

2）附合导线计算

附合导线的计算方法和计算步骤与闭合导线计算相同，只是由于已知条件不同，致使角度闭合差和坐标增量闭合差的计算略有不同。

（1）角度闭合差的计算及其调整

如图7.12所示，附合导线是附合在两条已知坐标方位角的边上，也就是说α_{BA}，α_{CD}是已知的。由于我们已测出各转折角，所以从α_{BA}出发，经各转折角也可以求得CD边的坐标方位角α'_{CD}，则有：

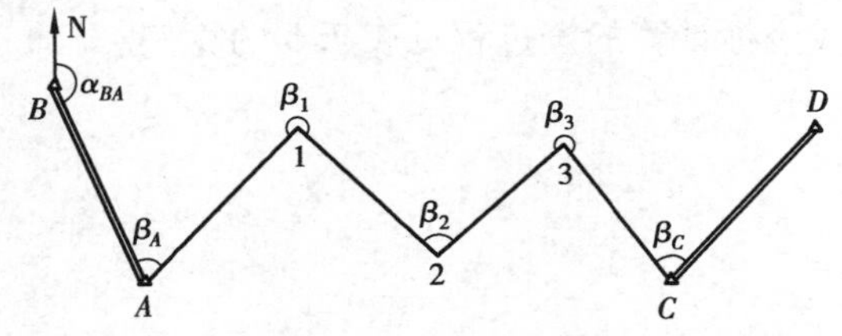

图7.12　附合导线

$$\alpha_{A1} = \alpha_{BA} + 180° + \beta_A$$
$$\alpha_{12} = \alpha_{A1} + 180° + \beta_1$$
$$\alpha_{23} = \alpha_{12} + 180° + \beta_2$$
$$\alpha_{3C} = \alpha_{23} + 180° + \beta_3$$
$$\alpha'_{CD} = \alpha_{3C} + 180° + \beta_C = \alpha_{BA} + 5 \times 180° + \sum \beta$$

如果写成通项公式，即为

$$\left.\begin{aligned} \alpha'_{终} &= \alpha_{起} + n \times 180° + \sum \beta_{左} \\ \alpha'_{终} &= \alpha_{起} + n \times 180° - \sum \beta_{右} \end{aligned}\right\} \tag{7.12}$$

式中，n 为测角个数。

由于存在测量误差，致使 $\alpha'_{CD} \neq \alpha_{CD}$，二者之差称为附合导线角度闭合差，用 f_β 表示，则

$$f_\beta = \alpha'_{CD} - \alpha_{CD} = \alpha_{BA} + 5 \times 180° + \sum \beta - \alpha_{CD} \tag{7.13}$$

和闭合导线一样，当 $f_\beta < f_{\beta容}$ 时，说明附合导线角度测量是符合要求的。这时为了消除 f_β 的影响，要对角度闭合差进行调整，其方法是：当附合导线测的是左角时，则将闭合差反符号平均分配，即每个角改正 $-\dfrac{f_\beta}{n}$；当测的是右角时，则将闭合差同符号平均分配，即每个角改正 $\dfrac{f_\beta}{n}$。

(2)坐标增量闭合差的计算

在图 7.12 中，由于 A，C 的坐标为已知，所以从 A 到 C 的坐标增量也就已知，即

$$\left.\begin{aligned} \sum \Delta x_{理} &= \Delta x_{AC} = x_C - x_A \\ \sum \Delta y_{理} &= \Delta y_{AC} = y_C - y_A \end{aligned}\right\} \tag{7.14}$$

然而通过附合导线测量也可以求得 A，C 间的坐标增量。由于测量误差的缘故，致使

$$\sum \Delta x_{理} \neq \sum \Delta x_{测}$$
$$\sum \Delta y_{理} \neq \sum \Delta y_{测}$$

二者之差称为附合导线坐标增量闭合差，即

$$\left.\begin{aligned} f_x &= \sum \Delta x_{测} - (x_C - x_A) \\ f_y &= \sum \Delta y_{测} - (y_C - y_A) \end{aligned}\right\} \tag{7.15}$$

附合导线的导线全长闭合差、全长相对闭合差的计算，以及坐标增量闭合差的调整与闭合导线相同。附合导线坐标计算的全过程见表 7.6 的算例。

表 7.6　附合导线坐标计算表

点号	转折角观测值/(° ′ ″)	角度改正数/(″)	改正后角值/(° ′ ″)	坐标方位角/(° ′ ″)	距离/m	坐标增量值		改正后坐标增量值		坐标		点号
						Δx/m	Δy/m	Δx′/m	Δy′/m	x/m	y/m	
1	2	3	4	5	6	7	8	9	10	11	12	13
B												B
				215 36 45								
A	95 27 23	−20	95 27 03							513.26	258.17	A
				131 03 48	171.29	+5 −112.52	−4 +129.15	−112.47	+129.11			
1	121 17 58	−20	121 17 38							400.79	387.28	1
				72 21 26	212.38	+6 +64.37	−4 +202.39	+64.43	+202.35			
2	209 57 16	−21	209 56 55							465.22	589.63	2
				102 18 21	167.92	+5 −35.79	−4 +164.06	−35.74	+164.02			
3	142 03 19	−21	142 02 58							429.48	753.65	3
				64 21 19	188.21	+5 +81.46	−4 +169.67	+81.51	+169.63			
C	157 08 22	−21	157 08 01							510.99	923.28	C
				41 29 20								
D												D
∑	725 54 18	−103	725 52 35		739.80	−2.48	+665.27	−2.27	+665.11			

辅助计算：

$\alpha'_{CD} = \alpha_{BA} + 5 \times 180° + \sum \beta_{测} = 41°31'03''$

$f_\beta = \alpha'_{CD} - \alpha_{CD} = 103''$

$f_{\beta容} = \pm 60''\sqrt{n} = \pm 134''$

$f_\beta < f_{\beta容}$

$f_x = \sum \Delta x_{测} - (x_C - x_A) = -0.21\ \text{m}$

$f_y = \sum \Delta y_{测} - (y_C - y_A) = +0.16\ \text{m}$

$f_D = \sqrt{f_x + f_y} = 0.26\ \text{m}$

$K = \dfrac{f_D}{\sum D} \approx \dfrac{1}{2\,800} < K_{容} = \dfrac{1}{2\,000}$

附图：

N
B
α_{BA}=215°36′45″
x_A=513.26 m
y_A=258.17 m
A
95°27′23″
171.29 m
1
121°17′58″
212.38 m
2
209°57′16″
167.92 m
3
142°03′19″
188.21 m
C
157°08′22″
N
D
α_{CD}=41°29′20″
x_C=510.99 m
y_C=923.28 m

7.3 高程控制测量

根据测量方法的不同,小地区高程控制测量可以采用三、四等水准测量和三角高程测量来实现,本节将介绍这两种方法的相关内容。

7.3.1 三、四等水准测量

1)三、四等水准测量的技术要求

三、四等水准测量除用于国家高程控制网的加密外,还用于建立小地区首级高程控制网,以及建筑施工区内工程测量及变形观测的基本控制。三、四等水准测量的精度要求较普通水准测量的精度高,表7.7为DS_3水准仪三、四等水准测量的技术指标。三、四等水准测量的水准尺,通常采用木质的两面有分划的红、黑面双面标尺,表7.7中的黑红面读数差是指一根标尺的两面读数去掉常数之后所容许的差数。

表7.7 DS_3水准测量的技术指标

等级	仪器类型	标准视线长度/m	后前视距差/m	后前视距差累计/mm	黑红面读数差/mm	黑红面所测高差之差/mm	检测间歇点高差之差/mm
三等	DS_3	75	2.0	5.0	2.0	3.0	3.0
四等	DS_3	100	3.0	10.0	3.0	5.0	5.0

2)三、四等水准测量的施测方法

下面以双面尺法一个测站为例介绍观测的程序,其记录与计算参见表7.8。

(1)一个测站的观测顺序

①照准后视标尺黑面,分别读取上、下、中三丝读数,并记为(1),(2),(3)。

②照准前视标尺黑面,分别读取上、下、中三丝读数,并记为(4),(5),(6)。

③照准前视标尺红面,按中丝读数,并记为(7)。

④照准后视标尺红面,按中丝读数,并记为(8)。

这样的顺序简称为"后前前后"(黑、黑、红、红)。四等水准测量每站观测顺序也可为"后后前前"(黑、红、黑、红)。无论何种顺序,视距丝和中丝的读数均应在水准管气泡居中时读取。

表7.8　三、四等水准测量记录簿

自：＿＿＿＿测至：＿＿＿＿天气：＿＿＿＿观测者：＿＿＿＿

时间：＿＿＿＿成像：＿＿＿＿记录者：＿＿＿＿

测站编号	点　号	后尺 上丝 下丝 后视距 视距差 d/m	前尺 上丝 下丝 前视距 累积差 $\sum d$/m	方向及尺号	水准尺读数 黑面	水准尺读数 红面	(K+黑−红)/mm	平均高差/m	备　注
		(1) (2) (9) (11)	(4) (5) (10) (12)	后尺 前尺 后−前	(3) (6) (15)	(8) (7) (16)	(14) (13) (17)	(18)	
1	BM2 | TP1	1426 0995 43.1 +0.1	0801 0371 43.0 +0.1	后106 前107 后−前	1211 0586 +0.625	5998 5273 +0.725	0 0 0	+0.6250	K为尺常数， K_{106}=4.787 K_{107}=4.678
2	TP1 | TP2	1812 1296 51.6 −0.2	0570 0052 51.8 −0.1	后107 前106 后−前	1554 0311 +1.243	6241 5097 +1.144	0 +1 −1	+1.2435	
3	TP2 | TP3	0889 0507 38.2 +0.2	1713 1333 38.0 +0.1	后106 前107 后−前	0698 1523 −0.825	5486 6210 −0.724	−1 0 −1	−0.8245	
4	TP3 | BM1	1891 1525 36.6 −0.2	0758 0390 36.8 −0.1	后107 前106 后−前	1708 0574 +1.134	6395 5361 +1.034	0 0 0	+1.1340	
检核计算	$\sum(9)=169.5$ $\sum(10)=169.6$ $\sum(9)-\sum(10)=-0.1$ $\sum(9)+\sum(10)=339.1$			$\sum(3)=5.171$ $\sum(6)=2.994$ $\sum(15)=+2.177$ $\sum(15)+\sum(16)=+4.356$			$\sum(8)=24.120$ $\sum(7)=21.941$ $\sum(16)=+2.179$ $2\sum(18)=+4.356$		

(2)测站上的计算与校核

①视距的计算与检验：

后视距(9)＝[(1)－(2)]×100 m

前视距(10)＝[(4)－(5)]×100 m　　三等≤75 m，四等≤100 m

前、后视距差(11)＝(9)－(10)　　三等≤3 m，四等≤5 m

前、后视距差累积(12)＝本站(11)＋上站(12)　　三等≤6 m，四等≤10 m

②水准尺读数的检验。同一根水准尺黑面与红面中丝读数之差：

前尺黑面与红面中丝读数之差(13) = (6) + K - (7)

后尺黑面与红面中丝读数之差(14) = (3) + K - (8)　　　三等≤2 mm，四等≤3 mm

(上式中的 K 为红面尺的起点数，一般为4.687 m或4.787 m)

③高差计算与检验：

黑面测得的高差(15) = (3) - (6)

红面测得的高差(16) = (8) - (7)

校核：黑、红面高差之差(17) = (15) - [(16) ±0.100]　　　三等≤3 mm，四等≤5 mm

或(17) = (14) - (13)

高差的平均值(18) = [(15) + (16) ±0.100]/2

在测站上，当后尺红面起点为4.687 m，前尺红面起点为4.787 m时，取 +0.100，反之，取 -0.100。

(3)每页计算校核

①高差部分：在每页上，后视红、黑面读数总和与前视红、黑面读数总和之差，应等于红、黑面高差之和。

对于测站数为偶数的页：

$$\sum[(3)+(8)] - \sum[(6)+(7)] = \sum[(15)+(16)] = 2\sum(18)$$

对于测站数为奇数的页：

$$\sum[(3)+(8)] - \sum[(6)+(7)] = \sum[(15)+(16)] = 2\sum(18) \pm 0.100$$

②视距部分：在每页上，后视距总和与前视距总和之差应等于本页末站视距差累积值与上页末站视距差累积值之差。校核无误后，可计算水准路线的总长度。

$$\sum(9) - \sum(10) = \text{本页末站之}(12) - \text{上页末站之}(12)$$

$$\text{水准路线总长度} = \sum(9) + \sum(10)$$

3)成果计算

三、四等水准测量的闭合路线或附合路线的成果整理，首先在于其高差闭合差满足精度要求；然后，对高差闭合差进行调整，调整方法可参见第2章水准测量部分；最后按调整后的高差计算各水准点的高程。

7.3.2 三角高程测量

对于丘陵或山地等地面高低起伏较大地区，用水准测量作高程控制时进程缓慢，有些甚至非常困难。因此在上述地区或一般地区，如果对高程精度要求不很高时，常采用三角高程测量的方法传递高程。

1)三角高程测量的原理

采用三角高程测量的方法确定地面上 A，B 两点间的高差 h_{AB}。首先要在 A 点安置经纬仪，在 B 点竖立觇标，量得仪器高 i 和觇标高 v，用经纬仪望远镜的中丝照准觇标顶部，观测垂直角，若已知 A,B 两点间的水平距离为 D，则从图7.13中可以看出有如下关系：

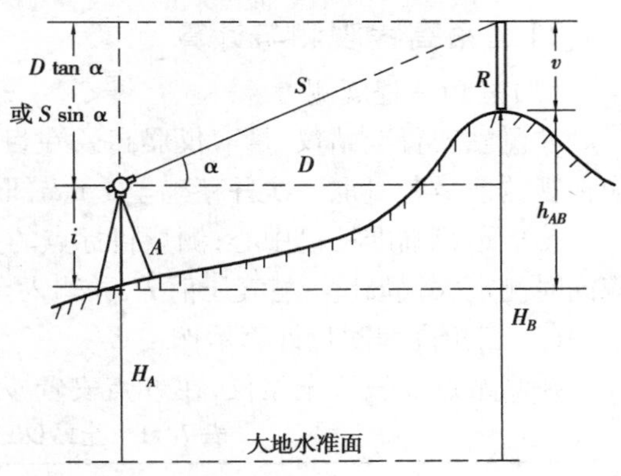

图7.13　三角高程测量原理

$$H_B + v = H_A + i + D\tan\alpha$$

移项

$$H_B - H_A = D\tan\alpha + i - v$$

由高差的定义，得 $H_B - H_A = h_{AB}$，即

$$h_{AB} = D\tan\alpha + i - v = i + S\sin\alpha - v \tag{7.16}$$

若已知 A 点高程为 H_A，则待定点 B 的高程为

$$H_B = H_A + D\tan\alpha + i - v \tag{7.17}$$

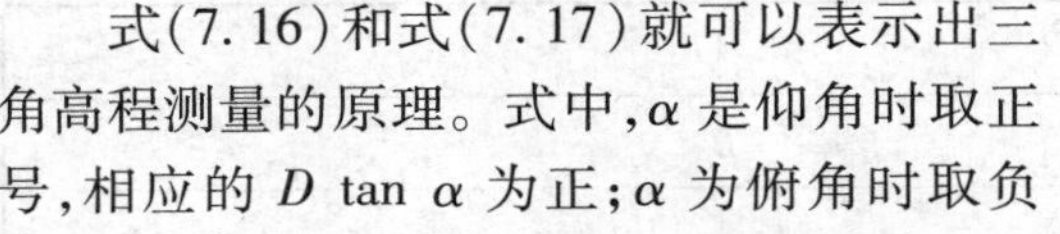

式(7.16)和式(7.17)就可以表示出三角高程测量的原理。式中，α 是仰角时取正号，相应的 $D\tan\alpha$ 为正；α 为俯角时取负

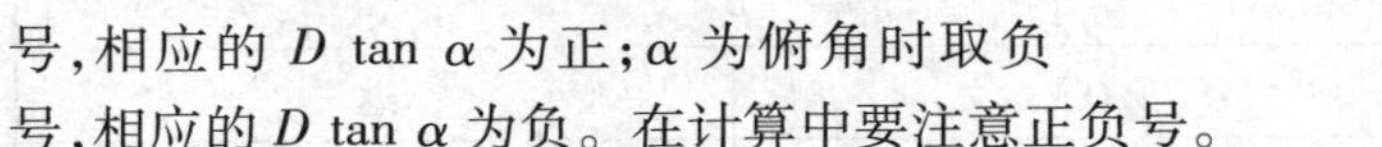

号，相应的 $D\tan\alpha$ 为负。在计算中要注意正负号。

当 $D>300$ m 时，公式(7.16)需加上球气差改正数 f：

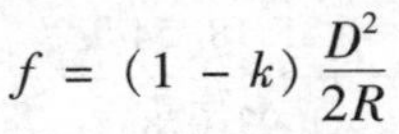

$$f = (1-k)\frac{D^2}{2R}$$

式中：k 为大气垂直折光系数；D 为水平距离；R 为地球平均曲率半径。大气垂直折光系数 k 随地区、气候、季节、地面覆盖物和视线超出地面高度等条件的不同而变化，目前还不能精确地测定它的数值，通常取 $k=0.14$ 计算球气差改正 f。表7.9列出了水平距离 $D=100\sim3\ 500$ m 时球气差改正 f 的值。

表7.9　三角高程测量球气差改正与距离的关系($k=0.14$)

D/m	100	500	1 000	1 500	2 000	2 500	3 000	3 500
f/mm	1	17	67	152	270	422	607	827

顾及球气差改正 f，使用平距 D 或斜距 S 计算三角高差的公式为：

$$h_{AB} = D\tan\alpha + i - v + f$$

$$h_{AB} = S\sin\alpha + i - v + f$$

全站仪三角高程测量的主要技术要求见表7.10的规定。

表7.10　全站仪三角高程测量的技术指标

等级	竖直角观测				边长测量	
	仪器精度	测回数	竖盘指标差较差	测回较差	仪器精度	观测次数
四等	2″级	4	≤5″	≤5″	≤10 mm级	往返各1次
图根	5″级	1	≤25″	≤25″	≤10 mm级	单向测2次

在已知高程点 A 上设站，观测该点至待定点 B 间的高程差称直觇；反之，仪器安置在未知高程的 B 点上，确定 B 点至 A 点间的高程差称为反觇。同时进行直觇和反觇观测称为对

向观测，或称双向观测。对向观测可以消除地球曲率和大气折光的影响。

2）三角高程观测与计算

（1）三角高程观测

在测站安置全站仪，量取仪器高 i，在目标点安置棱镜，量取棱镜高。仪器高与棱镜高应在观测前后各量取一次并精确至 1 mm，取其平均值作为最终高度。

使望远镜瞄准棱镜中心，测量目标点的竖直角，用全站仪测量两点间的平距。测距时，应同时测定大气温度 t 与气压值 P，并输入全站仪，对所测距离进行气象改正。

（2）三角高程测量计算示例

在测站点 A 安置全站仪，在 B 点安置棱镜，进行三角高程测量的结果列于表 7.11。

表 7.11 全站仪三角高程测量高差计算

起算点	A	
待测点	B	
往返测量	往	返
平距 D/m	238.547	238.547
竖直角 α	21°18′54″	-21°18′26″
$D\tan\alpha$	93.078	-92.990
仪器高/m	1.454	1.504
觇标高/m	1.578	1.455
球气差改正数 f/m	0	0
单向高差/m	92.954	-92.941
往返平均高差/m	92.948	

技能训练 7.1 全站仪图根导线测量

1）目的和要求

①掌握导线点的选取原则。

②掌握导线测量外业作业的流程。

③掌握导线内业计算的流程，能够独立进行内业计算。

④掌握图根导线的各项精度要求。

2）仪器与工具

实训以小组为单位，每组领取全站仪 1 台、脚架 3 个、棱镜 2 个（带基座）。

3) 方法与步骤

各小组施测一条四边闭合导线,按本单元7.2中的要求布设导线点。导线点位置选定后,在每个点位上打一个木桩,在桩顶钉一小钉,作为点的标志。若是水泥地面,用红色油漆画一个圆,圆内点一小点作为标志,并统一编号。

测角精度、测边精度、方位角闭合差、导线全长相对闭合差等应符合表7.3和表7.4的要求。

(1) 测边、测角、连测

导线边长用全站仪直接测定,角度测量采用测回法,要求对导线的所有内角进行观测。观测数据填写到表7.12中。有高级控制点时,必须进行连接测量。如无高级已知点,可以假设起算点坐标和起始边坐标方位角。

表7.12　全站仪导线测量外业记录表

全站仪型号:　　　　　　全站仪编号:　　　　　　实训日期:

班级:　　　　　　　　　组别:　　　　　　　　　姓名:

测站点	目标	水平读盘读数/(°　′　″)		2C	一测回角度值/(°　′　″)	水平距离/m		平均距离/m
		盘左	盘右			盘左	盘右	

(2) 内业计算与精度评定

在表7.13中完成闭合图根导线坐标计算,如精度不合格须重新测量。

表 7.13　闭合图根导线坐标计算

点号	观测角/(° ′ ″)	改正数/(″)	改正角/(° ′ ″)	坐标方位角/(° ′ ″)	距离/m	坐标增量/m		改正后增量/m		坐标/m	
						Δx	Δy	Δx	Δy	x	y
1											
2											
3											
4											
1											
2											
∑											
辅助计算											

技能训练 7.2　四等水准测量实训

1)实训目的

①掌握四等水准测量的观测、记录和计算方法。

②熟悉四等水准测量的主要技术指标,掌握测站点及水准路线的检核方法。

③培养规范操作和爱护仪器的习惯,培养团结协作精神。

2)实训要求

①四等水准测量外业观测要求和主要技术要求参照表 7.7。

②实训需分组进行,每组 4 ~5 人,选择附合水准路线或闭合水准路线,起算高程可以假设。

3)仪器和工具

DS_3 微倾水准仪 1 台,配套的双面水准尺 2 根,尺垫 2 个,测伞 1 把。

4)方法与步骤

(1)选点

根据实训场地条件,选 4 ~6 个四等水准点组成一个闭合水准路线,给每个水准点做上标志并编号。

(2)观测

四等水准采用“后—后—前—前”的观测程序,具体的观测过程如下:

①在测站点上安置水准仪,用圆水准器粗平。

②后视黑面尺,精平,读下、上丝读数和中丝读数。

③后视红面尺,精平,读中丝读数。

④前视黑面尺,精平,读下、上丝读数和中丝读数。

⑤前视红面尺, 精平,读中丝读数。

(3)测站的记录与计算

对测站点观测的数据进行计算,只有各项限差满足表7.7的要求后,方能进行迁站,记录计算按表7.8的格式进行。

(4)控制点成果的计算

测站记录计算合格后,进行四等水准点的高程计算,计算表格按单元2水准测量成果计算表进行。

5)注意事项

①在每次读数之前,必须使水准管气泡严格居中,并消除视差。

②施测中每一站均需现场进行测站计算和校核,确认测站各项指标均合格后才能迁站。水准路线测量完成后,应计算高差闭合差,高差闭合差小于允许值方可收工;否则,应查明原因,返工重测。

③在已知高程点和待定高程点上不能放置尺垫。转点用尺垫时,应将水准尺置于尺垫半圆球的顶点上。

④尺垫应踩入土中或置于坚固地面上,在观测过程中不得碰动仪器或尺垫, 迁站时应保护前视尺垫,不得移动。

⑤测站数一般应设置为偶数,为确保前、后视距离大致相等,可采用步测法,同时在施测过程中,应注意调整前后视距,以保证前后视距累积差不超限。

6)提交成果

①每组提交四等水准测量观测手簿(格式见表7.8)和水准测量略图1份。

②提交四等水准测量控制点成果计算表1份(格式见单元2水准测量成果计算表),内附精度评定计算。

思考与练习

7.1　名词解释:控制点、控制测量、控制测量工作规则。

7.2　控制测量的基本工作内容是什么?

7.3　导线有哪几种布置形式?它们各在什么条件下采用?

7.4　选定导线点应注意哪些问题?导线测量的外业工作有哪些?

7.5　附合导线计算 $f_\beta = -62.3''$，$f_x = 0.287$ m，$f_y = 0.166$ m，$\sum D = 633.285$ m。规范要求 $f_{\beta容} = (\pm 60\sqrt{n}, n = 6)$，$K_{容} = 1/2\,000$。问 f_β, f_x, f_y 是否满足要求？

7.6　精密闭合导线，观测数据及已知数据见图 7.14，其中起始点 1 点坐标为 $x_1 = 350.48$ m，$y_1 = 413.55$ m，试用表格解算各导线点的坐标。

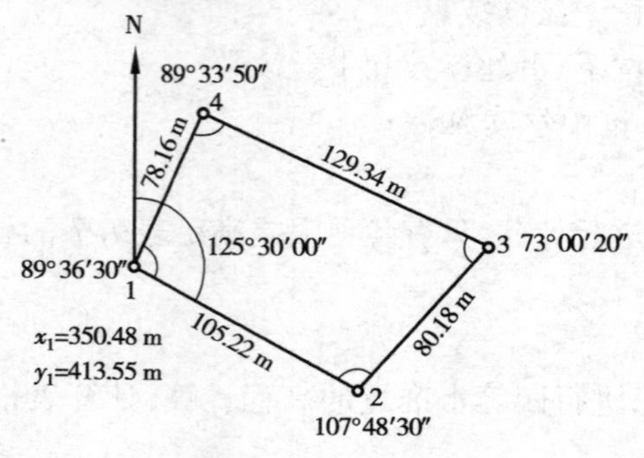

图 7.14　题 7.6 图

7.7　精密附合导线，观测数据及已知数据如图 7.15 所示，试用表格计算各导线点的坐标。

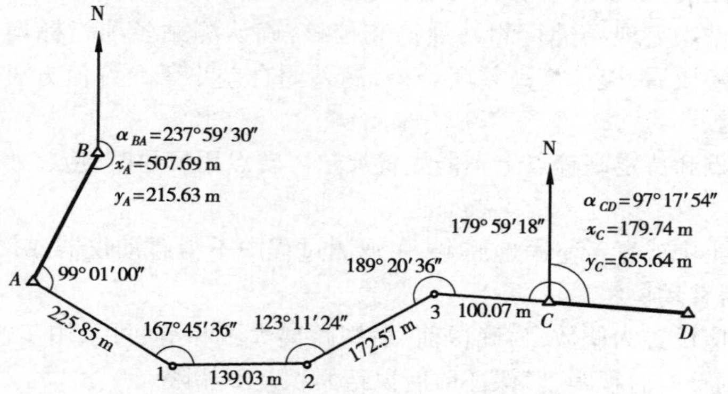

图 7.15　题 7.7 图

单元 8 大比例尺地形图基本知识及应用

地形是地物和地貌的总称。地物是指地面上天然或人工形成的物体,如湖泊、河流、海洋、房屋、道路、桥梁等;地貌是指地表高低起伏的形态,如山地、丘陵和平原等。地形图是按一定的比例尺,用规定符号表示的地物、地貌平面位置和高程的正射投影图。地形图详细如实地反映了地面上各种地物分布、地形起伏及地貌特征等情况,因此,它是国家各个部门和各项工程建设中必需的资料。一幅内容丰富完善的地形图,可以解决各种工程问题,并获得必要的资料,如果善于阅读地形图,就可以了解到图内地区的地形变化、交通路线、河流方向、水源分布、居民点的位置、人口密度及自然资源种类分布等情况。

8.1 地形图的基本知识

8.1.1 地形图的比例尺

地形图上任意一线段的长度与地面上相应线段的实际水平长度之比,称为地形图的比例尺。

1)比例尺的种类

(1)数字比例尺

数字比例尺一般用分子为 1 的分数形式表示。在地形图上,数字比例尺通常书写于图幅下方正中处。设图上某直线的长度为 d,地面上相应的水平长度为 D,则图的比例尺为

$$\frac{d}{D} = \frac{1}{\frac{D}{d}} = \frac{1}{M} \tag{8.1}$$

式中 M——比例尺分母。

当图上 1 cm 代表地面上水平长度 10 m 时,该图的比例尺为 1/1 000,一般写成

1∶1 000，$M=1\ 000$；当图上 1 cm 代表地面上水平长度 100 m 时，则该图的比例尺就是 1/10 000，写成 1∶10 000，$M=10\ 000$。

比例尺的大小是以比例尺的比值来衡量的，比例尺的分母越大，比例尺越小；反之，分母越小，则比例尺越大。通常称 1∶500，1∶1 000，1∶2 000，1∶10 000 比例尺的地形图为大比例尺地形图；1∶25 000，1∶50 000，1∶100 000 为中比例尺地形图；1∶250 000，1∶500 000，1∶1 000 000 为小比例尺地形图。

土木工程类各专业常使用大比例尺地形图。图 8.1 为 1∶1 000 比例尺的局部地形图。

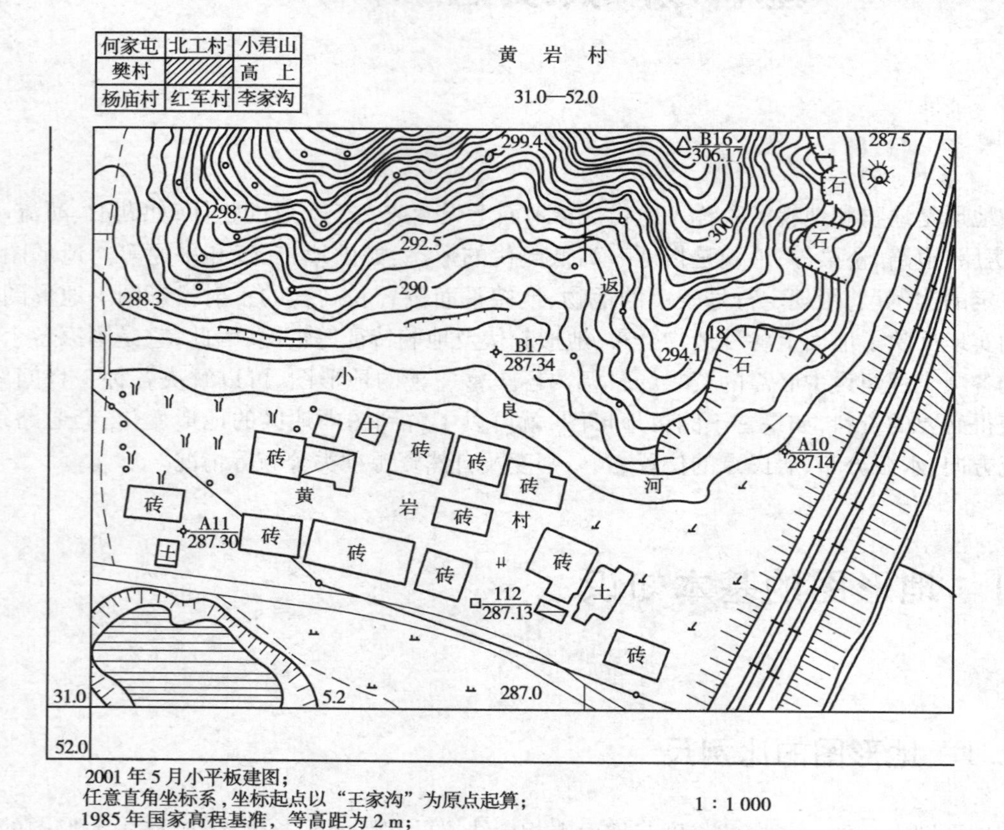

图 8.1　1∶1 000 地形图

（2）图示比例尺

为了用图方便，避免或减小由图纸伸缩而引起的误差，在绘制地形图时，通常在地图上同时绘制图示比例尺，即在一直线上截取若干相等的线段（一般为 2 cm 或 1 cm），称为比例尺的基本单位，再把最左端的一个基本单位分成 10 等分（或 20 等分），如图 8.2 所示，它是 1∶2 000 的图示比例尺，其基本单位为 2 cm，所表示的实地长度应为 40 m，分成 10 等分后，每等分 2 mm 所表示的实地长度即为 4 m。

2）比例尺的精度

由于人眼最小视角的限制，正常眼睛的分辨能力通常认为是 0.1 mm，因此，地形图上

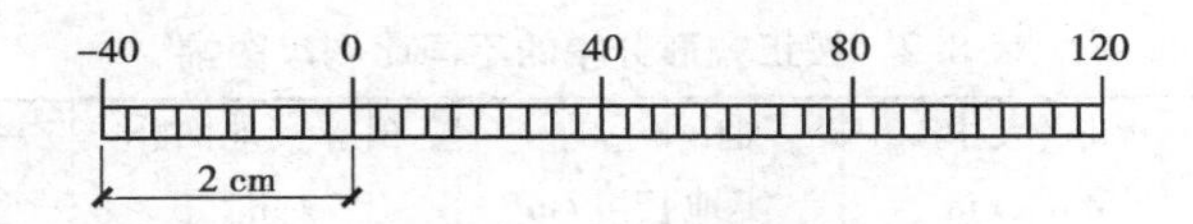

图 8.2　图示比例尺

0.1 mm 所代表的实地长度，称为比例尺的精度。

根据比例尺精度可以确定测图时丈量地物应准确到什么程度。例如，测绘 1∶1 000 比例尺地形图时，其比例尺精度为 0.1 mm×1 000＝0.1 m，因此，丈量地物的精度只需 0.1 m（小于 0.1 mm 在图上表示不出来）。另外，当规定了要表示于图上的地物最短长度时，根据比例尺精度，可以确定测图比例尺。例如，欲表示图上的地物最短线段的长度为 0.2 m，则应采用的测图比例尺不得小于 1/2 000。

表 8.1 为各种不同比例尺的精度。可见比例尺越大，表示地物和地貌的情况越详细，精度就越高；反之，比例尺越小，表示地面情况就越简略，精度就越低。同时必须指出，同一测区面积，采用较大的比例尺测图往往比用较小比例尺测图的工作量和投资增加数倍，因此，采用多大的比例尺测图，应从实际需要的精度出发。

表 8.1　不同比例尺的精度

比例尺	1∶500	1∶1 000	1∶2 000	1∶5 000	1∶10 000
比例尺精度/m	0.05	0.10	0.20	0.50	1.00

通常在工程建设的初步规划设计阶段使用 1∶2 000，1∶5 000，1∶10 000 的地形图，在详细规划设计和施工阶段应使用 1∶2 000，1∶1 000，1∶500 的地形图。选用地形图比例尺的一般原则为：

①图面所显示地物、地貌的详尽程度能否满足设计要求。

②图上平面点位和高程的精度是否能满足设计要求。

③图幅的大小应便于总图设计布局。

④在满足以上要求的前提下，尽可能选用较小的比例尺。

8.1.2　地形图的分幅编号与图外注记

1）地形图分幅及编号

为了便于测绘、使用和保管地形图，需要按统一的规定和方法，将大面积的地形图进行分幅和有系统的编号。地形图的分幅编号可分为两类：一种是按经纬线划分的梯形分幅法；另一种是按坐标格网划分的正方形或矩形分幅法。前者用于中小比例尺的国家基本图的分幅，后者用于工程建设上大比例尺地形图的分幅。现仅介绍按坐标网格划分的矩形分幅。

1∶5 00，1∶1 000，1∶2 000 地形图一般采用 50 cm×50 cm 正方形分幅或 40 cm×50 cm矩形分幅。1∶5 000 地形图也可采用 40 cm×40 cm 正方形分幅。表 8.2 为 1∶5 000～1∶500 比例尺的图幅大小、实地面积等。

表 8.2 按正方形分幅的不同比例尺图幅

比例尺	图幅大小 /cm×cm	图廓边的实地长度/m	图廓实地面积 /km²	一幅 1∶5 000 图中包含该比例尺图幅数
1∶5 000	40×40	2 000	4	1
1∶2 000	50×50	1 000	1	4
1∶1 000	50×50	500	0.25	16
1∶500	50×50	250	0.062 5	64

上述大比例地形图的编号一般采用图廓西南角坐标公里数编号法。如图 8.1 所示，该图廓西南角的坐标 $x=31.0$ km，$y=52.0$ km，故其编号为“31.0—52.0”（x 坐标在前，y 坐标在后）。1∶500 地形图取至 0.01 km，而 1∶1 000，1∶2 000 地形图取至 0.1 km。

大比例尺地形图往往是小地区或带状地区的工程设计和施工用图，也可用各种代号进行编号，例如可以用测区与阿拉伯数字相结合的方法。如图 8.3(a)所示，将测区按统一顺序进行编号，一般从左到右，从上到下用阿拉伯数字 1，2，3，4，…，n 编写，如图阴影部分编号为××-3(××为测区名称)。

还可用行列编号法。如图 8.3(b)所示，一般以字母为代码(如 A，B，C，D，…)标示行号，由上到下排列；以数字为代码(如 1，2，3，…，n)标示列号，从左到右排列，并以先行后列的顺序编号，如图阴影部分编号为 $B1$。

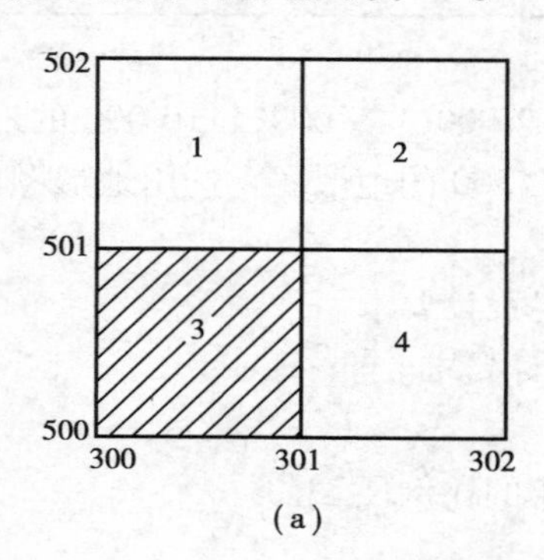

(a)

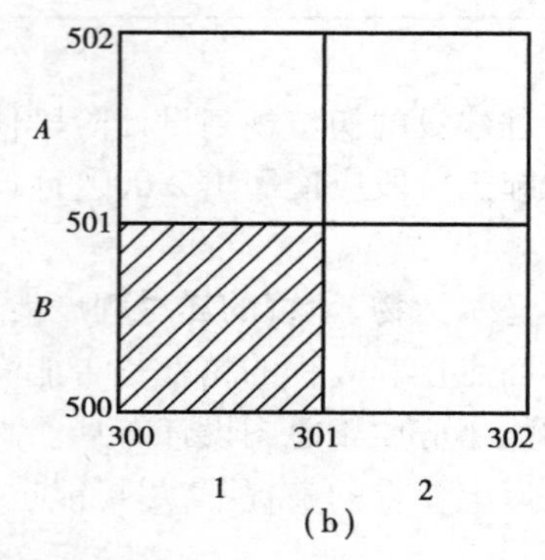

(b)

图 8.3 矩形分幅及编号

2)图外注记

(1)图名、图号

图名即本幅图的名称，一般以所在图幅内的主要地名来命名，如图 8.1 图名为黄岩村。图名选取有困难时，也可不注图名，仅注图号。图名和图号应注写在图幅上部中央，图名在上，图号在下。

(2)图幅接合表(接图表)

图幅接合表绘在图幅左上角(如图 8.1 所示)，说明本图幅与相邻图幅的关系，供索取相邻图幅时用。图幅接合表可采用图名注出，也可采用图号(仅注有图号时)注出。

(3)内、外图廓和坐标网线

图廓是地形图的边界，采用矩形分幅的大比例尺地形图只有内图廓和外图廓。内图廓就是地形图的边界线，也是坐标格网线。在内图廓外四角处注有坐标值，在内图廓的内侧，每隔 10 cm 绘有 5 mm 长的坐标短线，并在图幅内绘制为每隔 10 cm 的坐标格网交叉点。

外图廓是图幅最外边的粗线，一般起装饰作用。

(4)其他图外注记

在外图廓的左下方应注记测图日期、测图方法、平面和高程坐标系统、等高距及地形图图式的版别。在外图廓下方中央应注写比例尺。在外图廓的左侧偏下位置应注明测绘单位的全称，如图 8.1 所示。

8.2　地物和地貌在地形图上的表示方法

8.2.1　地物的表示方法

地形图作为地理空间数据的一种形式，基础地理信息的载体，之所以能够被人们广泛地认识和接受，是由它的规范性决定的。人们能够通过地形图去了解地形信息，那么地面上的不同地物、地貌就必须按统一规范的符号表示在地形图上，这个规范就是国家测绘主管部门颁发的《地形图图式》。其中地物符号根据地物的大小、测图比例尺和描绘方法的不同，可分为以下几类(见表 8.3)：

表 8.3　地物符号

编号	符号名称	图例	编号	符号名称	图例
1	坚固房屋 4 即房屋层数	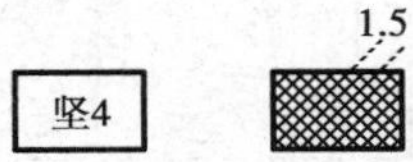 坚4　1.5	6	草　地	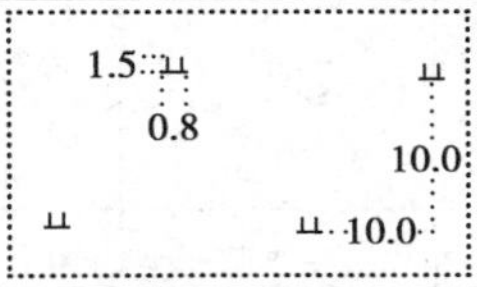 1.5　0.8　10.0　10.0
2	普通房屋 2 即房屋层数	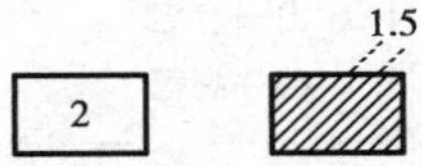 2　1.5	7	经济作物地	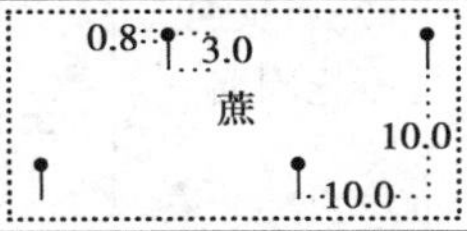 0.8　3.0　蔗　10.0　10.0
3	窑　洞 1. 住人的 2. 不住人的 3. 地面下的	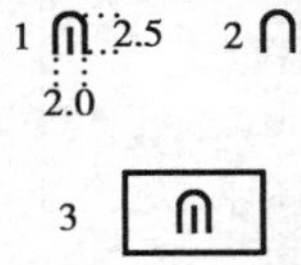 1　2.5　2　2.0　3	8	水生经济作物地	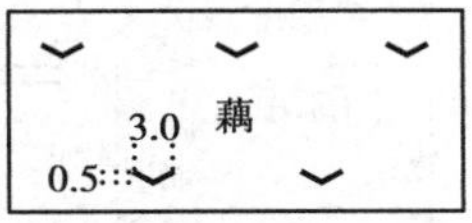 3.0　藕　0.5
4	台　阶	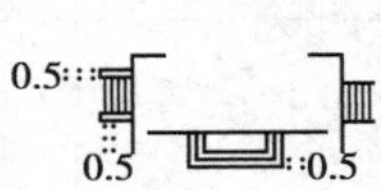 0.5　0.5　0.5	9	水稻田	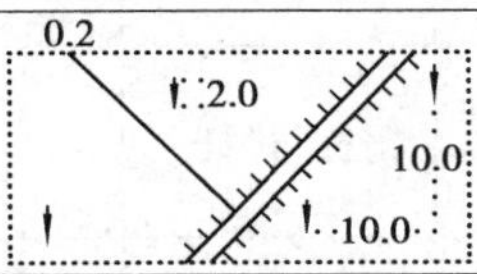 0.2　2.0　10.0　10.0
5	花　圃	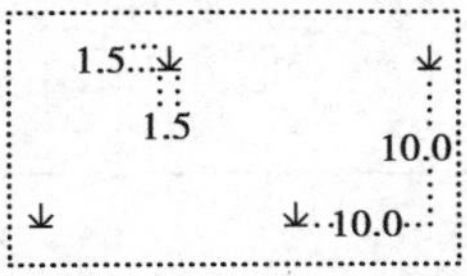 1.5　1.5　10.0　10.0	10	旱　地	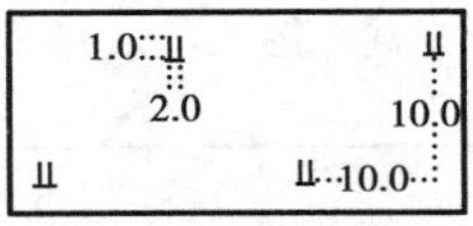 1.0　2.0　10.0　10.0

续表

编号	符号名称	图例	编号	符号名称	图例
11	灌木林	0.5 1.0	21	活树篱笆	3.5 0.5 10.0 1.0 0.8
12	菜　地	2.0 2.0 10.0 10.0	22	沟　渠 1. 有堤岸的 2. 一般的 3. 有沟堑的	1 2 0.3 3
13	高压线	4.0	23	公　路	0.3 0.3 沥 砾
14	低压线	4.0	24	简易公路	8.0 2.0
15	电　杆	1.0	25	大车路	0.15 0.3 碎石
16	电线架		26	小　路	0.3 4.0 1.0
17	砖、石及混凝土围墙	10.0 0.5 0.3 10.0	27	三角点 凤凰山—点名 394.468—高程	凤凰山 394.468 3.0
18	土围墙	10.0 0.5	28	图根点 1. 埋石的 2. 不埋石的	1 2.0 N16/84.46 2 1.5 25/62.74 1.5
19	栅栏、栏杆	1.0 10.0	29	水准点	2.0 Ⅱ京石5/32.804
20	篱　笆	1.0 10.0	30	旗　杆	1.5 4.0 1.0 1.0

续表

编号	符号名称	图例	编号	符号名称	图例
31	水　塔	2.0 3.0 1.0 1.2	37	钻　孔	3.0 1.0
32	烟　囱	3.5 1.0	38	路　灯	1.5 1.0
33	气象站(台)	3.0 4.0 1.2	39	独立树 1. 阔叶 2. 针叶	1.5 1 3.0 0.7 2 3.0 0.7
34	消火栓	1.5 1.5 2.0	40	岗亭、岗楼	90° 3.0 1.5
35	阀　门	1.5 1.5 2.0	41	等高线 1. 首曲线 2. 计曲线 3. 间曲线	0.15 87 1 0.3 85 2 0.15 6.0 3 1.0
36	水龙头	3.5 2.0 1.2			

1) 比例符号

有些地物的轮廓较大，如房屋、运动场、湖泊、森林等，它们的形状和大小可依比例尺缩绘在图上，其符号称为比例符号。在用图时，可以从图上量得它们的大小和面积。

2) 半比例符号(线形符号)

对于一些带状延伸地物(如道路、通信线路、管道、垣栅等)，其长度可依测图比例尺缩绘，而宽度无法依比例表示的符号，称为半比例符号。因此，可以从图上量取它们的长度，而不能确定它们的宽度。其符号的中心线，一般表示其实地地物的中心位置。但城墙和垣栅等，其准确位置在其符号的底线上。

3) 非比例符号

有些地物，如三角点、水准点、独立树、里程碑和钻孔等，轮廓较小，无法将其形状、大小依比例画到图上，绘图则不考虑其实际大小，而采用规定的符号表示之，这种符号称非比例符号。

非比例符号不仅其形状、大小不依比例绘出，而且符号的中心位置与该地物实地的中心位置关系，也随各种不同的地物而异，所以，在测图或用图时应注意以下几点：

①规则的几何图形符号（圆形、正方形、三角形、星形等），以图形的几何中心点为实地地物的中心位置。

②宽底符号（烟囱、水塔等），以符号的底部中心为实地地物的中心位置。

③底端为直角的符号（独立树、路标等），以符号的直角顶点为实地地物的中心位置。

④几何图形组合符号（路灯、消火栓等），以符号下方的图形几何中心为地物的实际中心位置。

⑤不规则的几何图形，又没有宽底或直角顶点的符号（山洞、窑洞等），以符号下方两端的中心为实地地物的中心位置。

4）地物注记

用文字、数字或特有符号对地物加以说明，称为地物注记。诸如城镇、工厂、河流、道路的名称，桥梁的长宽及载重量，江河的流向、流速及水深，道路的去向，森林、果树等的类别等，都用文字、数字或配以特定符号加以注记说明。

这里应指出：在地形图上，对于某些地物（如房屋、运动场等），究竟采用比例符号还是非比例符号，主要取决于测图比例尺的大小。测图比例尺越小，不依比例描绘的地物就越多。在测绘地形图时，必须按照各种不同比例尺的《地形图图式》中的规定绘图。

8.2.2　地貌的表示方法

在地形图上表示地貌的方法主要是用等高线法。因为用等高线表示地貌，不仅能表示地面的起伏形态，而且还能表示地面的坡度和地面点的高程。

1）等高线概念

等高线是由地面上高程相等的相邻点连续形成的闭合曲线。如图8.4(a)所示，有一位于平静湖水中的小山头，山顶被湖水恰好淹没时的水面高程为100 m，假设水位下降了5 m，此时水面与山坡就有一条交线，而且是闭合曲线，曲线上各点的高程是相等的，这就是高程为95 m的等高线。当水位每下降5 m时，山坡周围就分别留下一条交线，这就是高程为90，85，80，75 m的等高线，再将它们投影到水平面H上，并按规定的比例尺缩绘到图纸上，就可得到用等高线表示这一山头的地貌图。

因小范围的水面相当于一个水平面，那么等高线又可认为是用高程不同但高差h相等的若干水平面H_i截取山头或地面，其截线分别沿铅垂方向投影到同一个水平面H上，所得到的一组闭合曲线，如图8.4(b)所示。

2）等高距和等高线平距

相邻等高线之间的高差称为等高距，常以h表示。图8.4中的等高距为5 m。在同一幅地形图上，等高距是相同的。

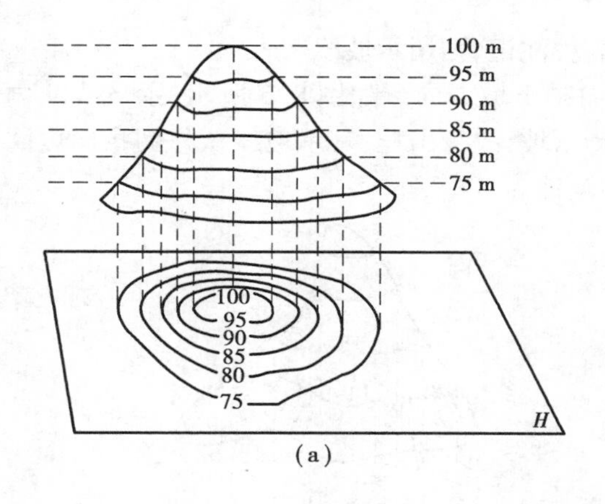

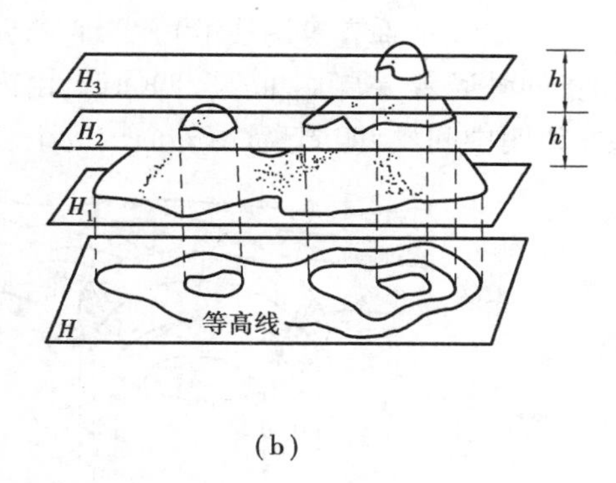

图8.4　等高线

相邻等高线之间的水平距离称为等高线平距,常以 d 表示。因为同一地形图上的等高距是相同的,所以等高线平距 d 的大小将反映地面坡度的变化。如图8.5所示,地面上 CD 段的坡度大于 BC 段,其等高线平距 cd 就小于 bc;相反,地面上 CD 段的坡度小于 AB 段,从图上明显看出 CD 段的平距大于 AB 段的平距。

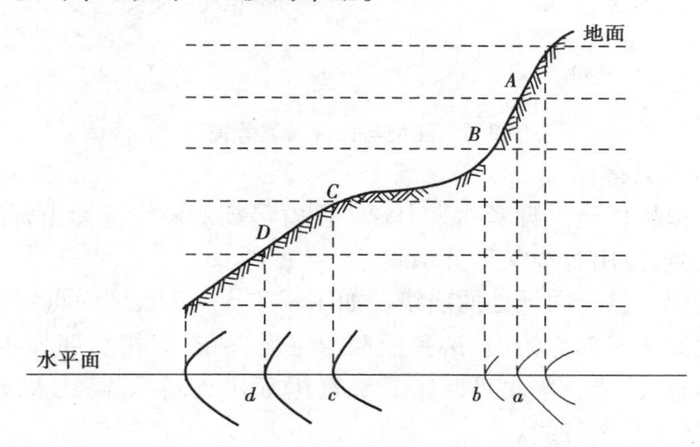

图8.5　等高距和等高平距

由此可见,等高线平距越小,地面坡度就越大;平距越大,则坡度越小;平距相等,则坡度相同。因此,我们可以根据地形图上等高线的疏、密来判定地面坡度的缓、陡。

显然,地形图上等高距越小,显示地貌就越详细,越大越简略。但等高距过小时,图上的等高线就过于密集,从而影响图面的清晰度。因此,在测绘地形图时,应根据测图比例尺和测区地面起伏的程度来合理选择等高距。

3)典型地貌的等高线

地面上地貌的形态是多样的,但不外乎是山岳、洼地、山脊、山谷、鞍部等几种典型地貌的综合形态。了解和熟悉用等高线表示典型地貌的特征,将有助于识读、应用和测绘地形图。

(1)山丘、洼地及其等高线

图8.6(a)为洼地及其等高线,图8.6(b)为山丘及其等高线。山丘和洼地的等高线都是一组闭合曲线。在地形图上区别山丘或洼地的方法是:凡是内圈等高线的高程注记大于

外圈者为山丘,小于外圈者为洼地。如果没有高程注记,则用示坡线来表示。

示坡线是垂直等高线的短线,它指示的方向是下坡方向。如图 8.6 所示,示坡线从内圈指向外圈者,说明中间高,四周低,由内向外为下坡,故为山丘;其示坡线从外圈指向内圈者,说明中间低,四周高,由外向内为下坡,故为洼地。

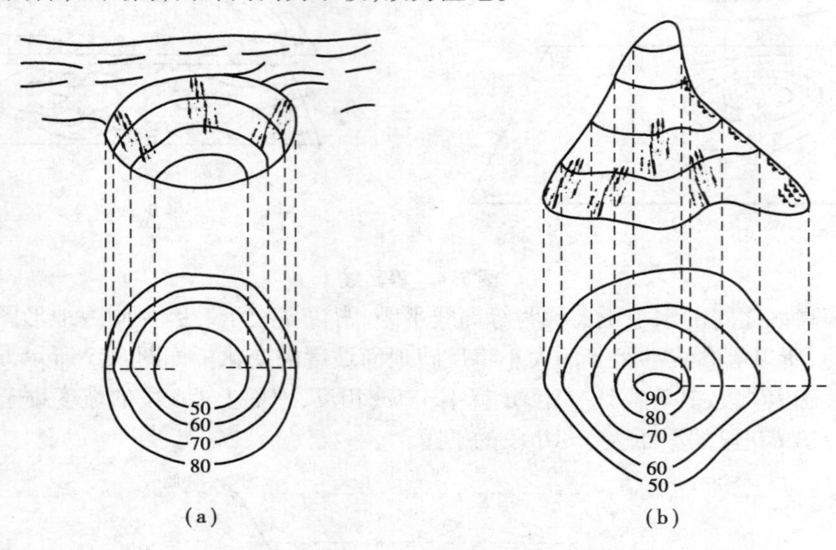

图 8.6 洼地与山头及其等高线

(2)山脊、山谷及其等高线

山的凸棱由山顶延伸至山脚者称为山脊。山脊最高的棱线称为山脊线,因雨水以山脊线为界流向山体两侧,故山脊线又称分水线。

山脊等高线表现一组凸向低处的曲线。如图 8.7(a)所示,图中点划线为山脊线。

相邻两山脊之间的凹部称为山谷,其两侧叫谷坡,两谷坡相交部分叫谷底。而谷底最低点的连线称为山谷线,或称集水线。如图 8.7(b)所示,山谷等高线表现为一组凸向高处的曲线,图中的点划线是山谷线。

(3)鞍部

相邻两山头之间呈马鞍形的低凹部位称为鞍部,如图 8.8 所示。

鞍部(K 点处)又称垭口,往往是山区道路必经之地。因是两个山脊与两个山谷的会合点,所以,鞍部等高线是两组相对的山脊等高线和山谷等高线的对称组合。

(4)陡崖

陡崖是坡度在 70°以上的陡峭崖壁,它有石质和土质之分。陡崖采用特定符号表示,符号的画法可参见《地形图图式》。

还有某些变形地貌,如滑坡、冲沟、悬崖、崩崖等,其表示方法亦可参见《地形图图式》。掌握了典型地貌的等高线,就不难了解地面复杂的综合地貌。图 8.9 是某地区的综合地貌和等高线图,读者可对照阅读。

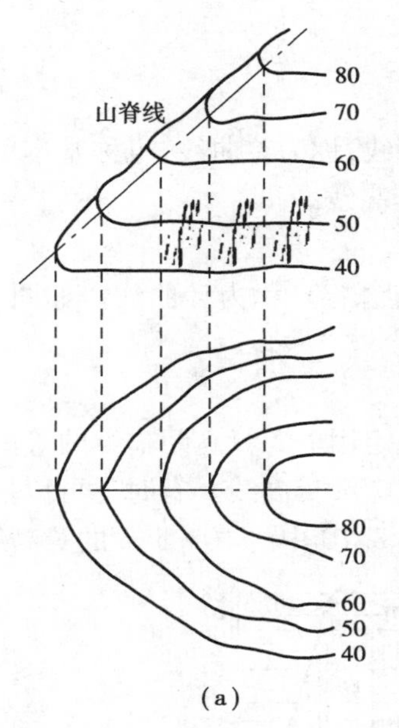

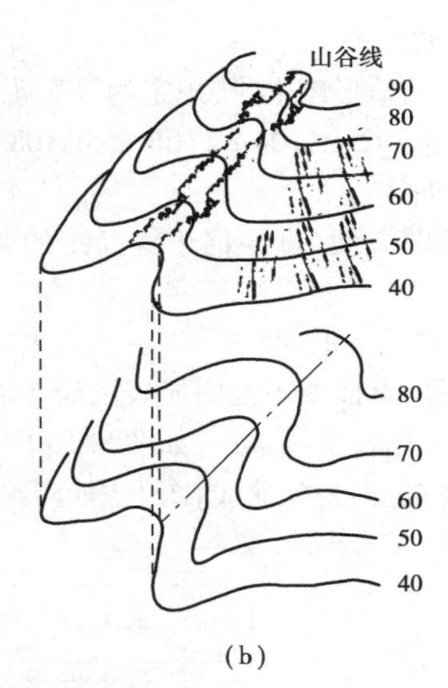

图8.7　山脊线与山谷线及其等高线

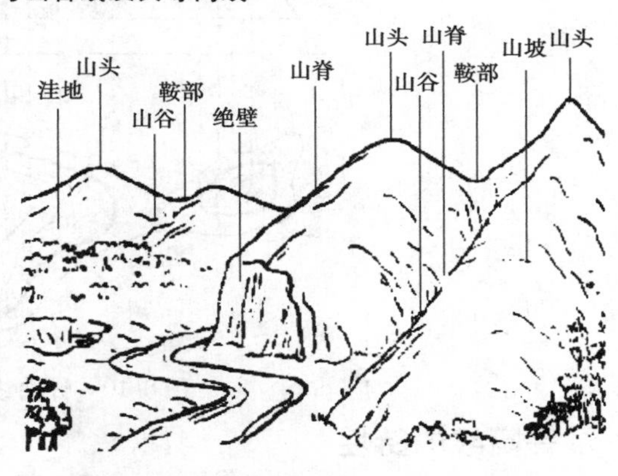

图8.8　鞍部等高线

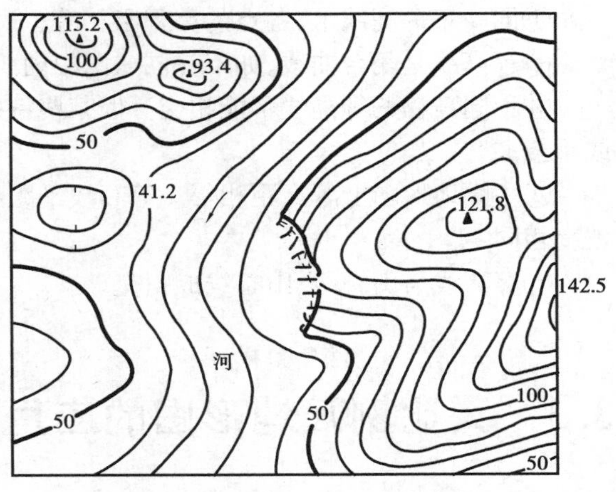

图8.9　综合地貌和等高线

4)等高线的分类

(1)首曲线

在同一幅地形图上,按规定的等高距绘制的等高线,称为首曲线,也称基本等高线。如图8.10中的102 m,104 m,106 m和108 m等各条等高线。

(2)计曲线

为了读图方便,每5倍于等高距的等高线均加粗描绘,称为计曲线。如图8.10中的100 m等高线。

(3)间曲线和助曲线

有时只用首曲线不能明显表示局部地貌,图式规定用1/2等高距描绘的等高线称为间曲线,在图上用长虚线描绘,如图8.10中的101 m,107 m等高线。有时还可以描绘1/4等高距的等高线,称为助曲线,图上用短虚线表示,如图8.10中的107.5 m的等高线。

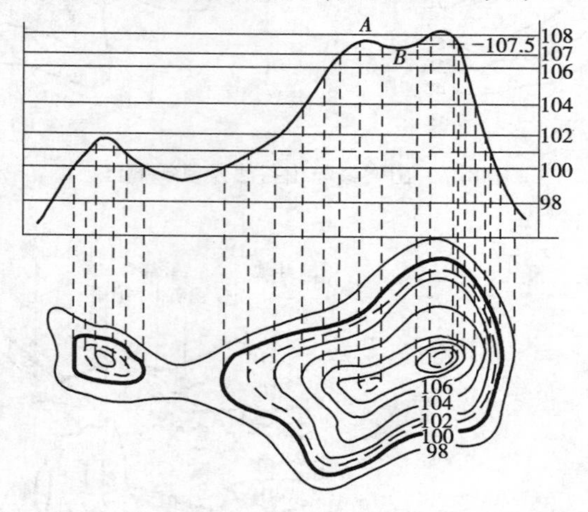

图8.10　计曲线和间曲线

5)等高线的特性

①同一条等高线上,各点的高程必相等。

②等高线是闭合曲线,如不在同一图幅内闭合,则必在图外或其他图幅中闭合。

③不同高程的等高线不能相交。但某些特殊地貌,如陡崖等是用特定符号表示其相交或重叠。

④一幅地形图上等高距相等。等高线平距小,则坡度陡,平距大则坡度缓,平距相等则坡度相同。

⑤等高线与山脊线、山谷线成正交。

8.3　大比例尺地形图的应用

一幅内容丰富完善的地形图,可以解决各种工程问题,并获得必要的资料,如果善于阅读地形图,就可以了解到图内地区的地形变化、交通路线、河流方向、水源分布、居民点的位置、人口密度及自然资源种类分布等情况。地形图都注有比例尺,并具有一定的精度,因此利用地形图可以求取许多重要数据,如求取地面点的坐标、高程,量取线段的距离,直线的方位角以及面积等。

8.3.1　地形图应用的基本内容

1)确定图上任一点的坐标

求图上任一点的坐标可根据图上的坐标格网的坐标值来进行。如图8.11所示,若要求A点的坐标,即根据坐标格网的注记,可知A点的x坐标在2 100与2 200之间,y坐标在1 100与1 200之间。通过A点作坐标格网的平行线fe和gh,用比例尺量取eA和gA的长度:

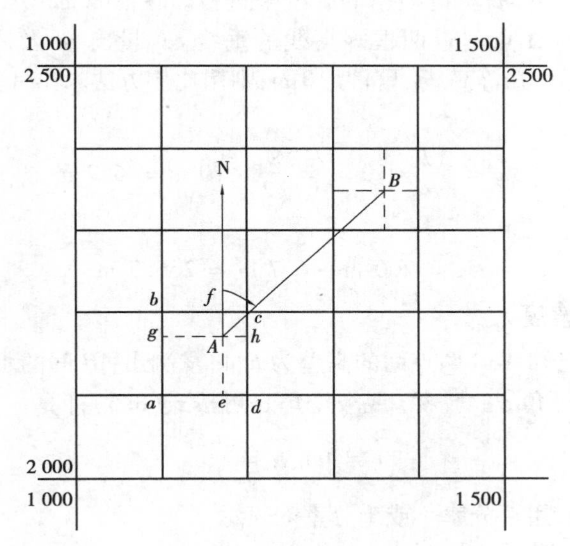

图8.11　确定点的坐标

$$eA = 75.2\ \text{m} \quad gA = 60.4\ \text{m}$$

则

$$x_A = 2\,100\ \text{m} + 75.2\ \text{m} = 2\,175.2\ \text{m}$$

$$y_A = 1\,100\ \text{m} + 60.4\ \text{m} = 1\,160.4\ \text{m}$$

由于图纸可能有伸缩,因此还应量出fe和gh的长度,如果fe及gh的长度等于方格网的理论长度(一般为10 cm),则说明图纸无伸缩,反之则必须考虑图纸伸缩的影响,可按下式计算A点的坐标。

$$\begin{aligned} x_A &= 2\,100 + \frac{10}{ab}eA \\ y_A &= 1\,100 + \frac{10}{ad}gA \end{aligned} \tag{8.2}$$

2）确定图上两点间的水平距离及方向

如图 8.11 所示，要确定 AB 间的直线长度，一般可用比例尺来直接量取，并可以用量角器来量出 AB 的方位角。

当精度要求较高时，需要考虑图纸伸缩的影响，可先从图上量测出 A 点和 B 点的坐标 x_A, y_A 和 x_B, y_B，然后用式(8.3)计算直线的长度 D_{AB}。

$$D_{AB} = \sqrt{(x_B - x_A)^2 + (y_B - y_A)^2} \tag{8.3}$$

直线 AB 的方位角可用式(8.4)计算

$$\alpha_{AB} = \arctan \frac{y_B - y_A}{x_B - x_A} \tag{8.4}$$

根据两坐标增量的符号具体判断 α_{AB} 所处的象限。

3）确定地面点的高程

在图上确定任一点的高程，可根据等高线来进行。在图 8.12 中，如要求 A 点的高程，即通过 A 点作大约垂直 A 点附近两根等高线的垂线 cd，量出 cd 及 Ad 之长度，设分别为 12 mm及 8 mm，由图上可知等高线间隔为 10 m，则用比例方法求出 A 点对 260 m 等高线的高差 Δh 为

$$\Delta h = \frac{Ad}{cd} \times 10\ \text{m} = \frac{8}{12} \times 10\ \text{m} = 6.7\ \text{m}$$

因此 A 点的高程为

$$H_A = 260\ \text{m} + 6.7\ \text{m} = 266.7\ \text{m}$$

4）测定地面的坡度

如图 8.13 所示，已知 A, B 两点间的高差为 h，再量测出 AB 间的水平距离 D，则可确定 AB 连线的坡度 i 或坡度角 α。坡度 i 或坡度角 α 可按式(8.5)计算

$$i = \tan \alpha = \frac{h}{D} \tag{8.5}$$

直线的坡度 i，一般用百分率%或千分率‰表示。

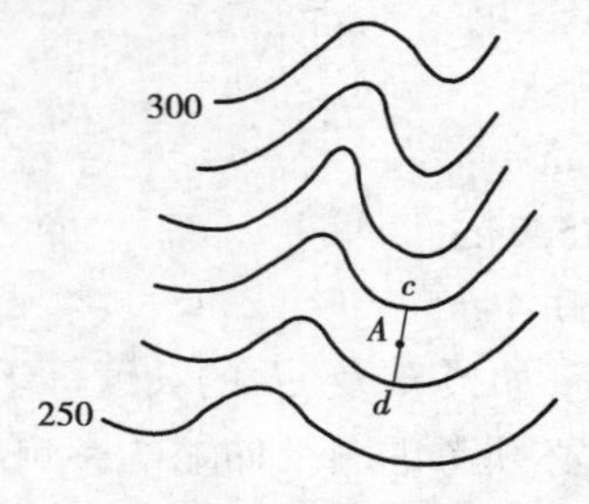

图 8.12　确定点的高程

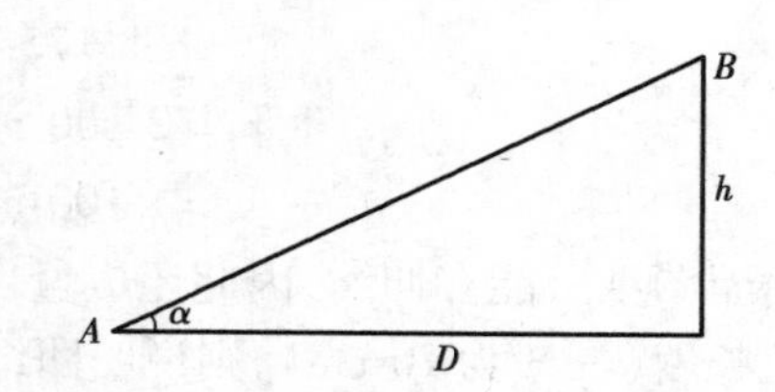

图 8.13　确定直线的坡度

5）图形面积的量算

在规划设计中，经常需要在地形图上测定一定轮廓范围内的面积，如汇水面积、填挖面积等。面积量算的方法主要有图解法、方格法和平行线法 3 种。

(1)图解法

这种方法是在图上量取图形的一些几何元素，用几何公式求出图形面积。图解法常用的

几何图形有梯形、三角形、矩形、扇形等,一般需要量测面积的图形都不是这些常用简单的几何图形,这时需将被量测的复杂图形分解成若干个简单的几何图形,然后分别进行量算。

(2)方格法

如图8.14所示,用透明毫米方格纸覆盖在被量测的图形上,先数图形内整方格数 n_1,再数图形边缘部分不足一整方格的残缺方格数 n_2,则被量测图形的实地面积

$$A = \left(n_1 + \frac{1}{2}n_2\right)aM^2 \tag{8.6}$$

式中 M——地形图比例尺分母;

a——一个整方格的图上面积。

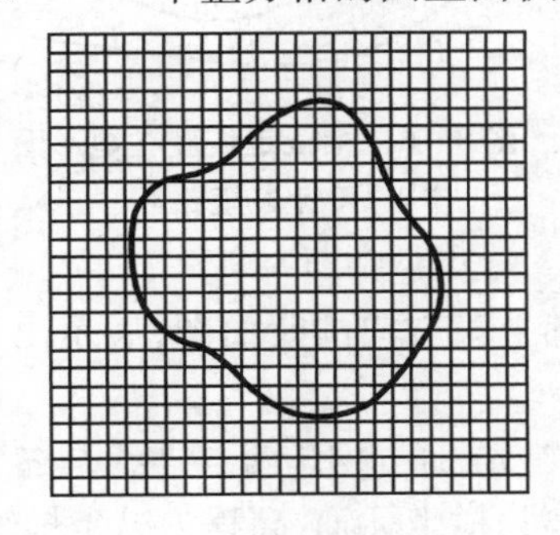

图8.14 透明方格法

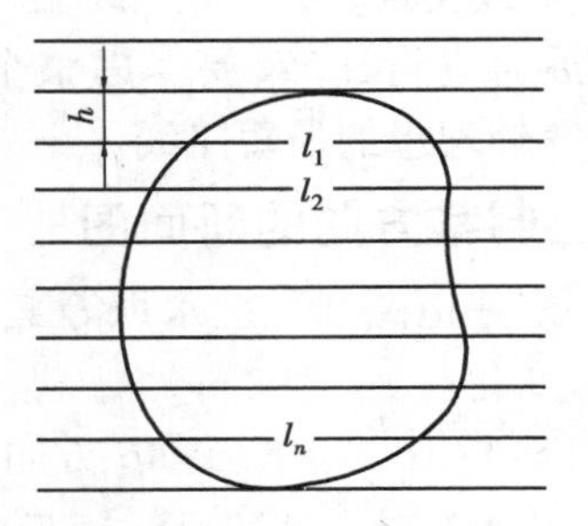

图8.15 平行线法

(3)平行线法

将刻有间距 $h=1$ mm或2 mm平行线的透明纸覆盖在被量测的图形上,如图8.15所示,转动和平移透明纸使上下平行线与图形相切,则整个图形被平行线分割成若干个等高的近似梯形,各梯形的高为 h,底分别为 $l_1, l_2, \cdots, l_n$,则各梯形的面积分别为

$$A_1 = \frac{1}{2}h(0 + l_1)$$

$$A_2 = \frac{1}{2}h(l_1 + l_2)$$

$$\vdots$$

$$A_n = \frac{1}{2}h(l_n + 0)$$

故被量测图形的面积

$$A = A_1 + A_2 + \cdots + A_n = h\sum_{i=1}^{n} l_i \tag{8.7}$$

8.3.2 地形图在工程规划设计工作中的应用

1)根据规定坡度在地形图上设计最短路线

公路、渠道、管线等设计,往往要求在不超过某一坡度 i 的条件下,选择最短的路线。这时应先根据地形图上的等高线间隔,求出相应于一定坡度 i 时的平距 D,并按地形图的比例尺计算出图上的平距 d,用两脚规在地形图上求得整个路线的位置。如图8.16所示,要

从 A 点开始，向山顶选一条公路线，使坡度为5%，从地形图上可以看出等高线间隔为5 m，限制坡度 $i=5\%$，则路线通过相邻等高线的最短距离应该是

$$D=\frac{h}{i}=\frac{5}{5\%}=100\ \text{m}$$

在1∶5 000的地形图中，实地 $D=100$ m，图上 d 应为2 cm。以 A 点为圆心、2 cm为半径，作圆弧与55 m等高线相交于1和1′两点；再分别以1和1′为圆心，仍用2 cm为半径作弧，交60 m等高线于2及2′两点。依此类推，可在图上画出规定坡度的两条路线，然后再进行比较，要考虑整个路线不要过分弯曲，选取较理想的最短路线。

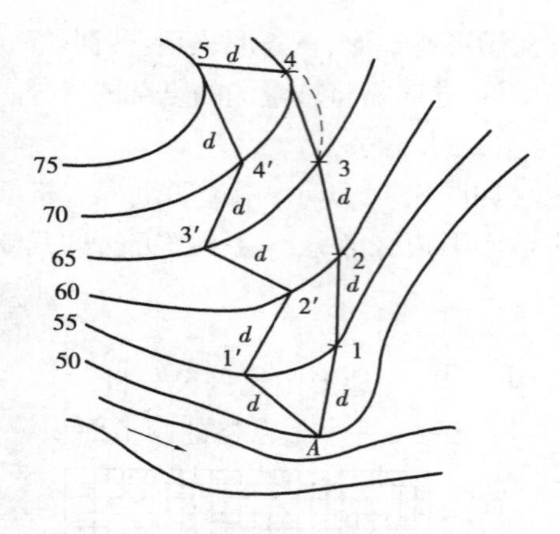

图8.16　按限定坡度在地形图上设计最短路线

2)绘制某方向的断面图

为了修建道路、管线、水坝等工程，需要做出地形图上某方向的断面图，表示出特定方向的地形变化。

如图8.17中要求绘出 AB 方向上的地形断面图。首先，通过 AB 两点连线与各等高线相交于 c,d,e 等点。其次，在另一方格纸上，以水平距离为横坐标轴，高程为纵坐标轴，以 A 作为起点，并把地形图上各交点 c,d,e 等之间的距离展绘在横坐标轴上，然后再自各点作垂直于横坐标轴的垂线，并分别将各点的高程按规定的比例展绘于各垂线上，则得各相应的地面点。最后将各地面点用平滑曲线连接起来，即得 AB 方向的断面图。为了较明显地表示地面起伏情况，断面图上的高程比例尺往往比水平距离比例尺放大5倍或10倍。

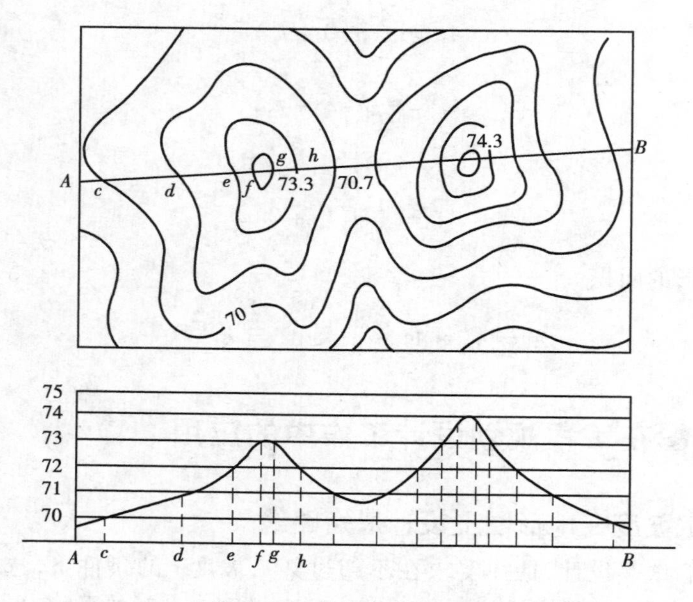

图8.17　某方向断面绘制

3）填挖边界线的确定

在工程建设中，常常需要把地面整理成水平或倾斜的平面。如图8.18所示，要把该地区整理成高程为21.7 m的水平场地，此时可在21 m和22 m两条等高线之间，以7∶3的比例内插求出一条高程为21.7 m的等高线（图8.18中的虚线）。此线即为填挖土的边界线，在该边界线高程之上的地段为挖土区，在该边界线之下的地段为填土区，如图上24 m等高线上要挖深2.3 m，在20 m等高线上要填高1.7 m。

假如要把地表面整理成具有一定坡度的倾斜平面，如图8.19所示，设计的倾斜平面要通过地面上a，b，c三点，此三点的高程分别为150.7，151.8，148.2 m。

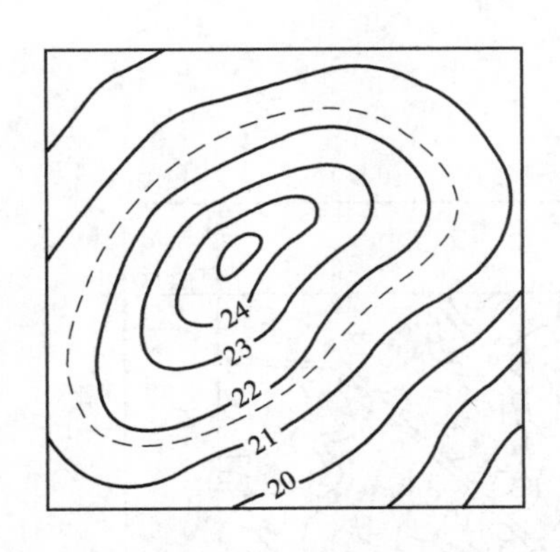

图8.18　填挖边界线的确定

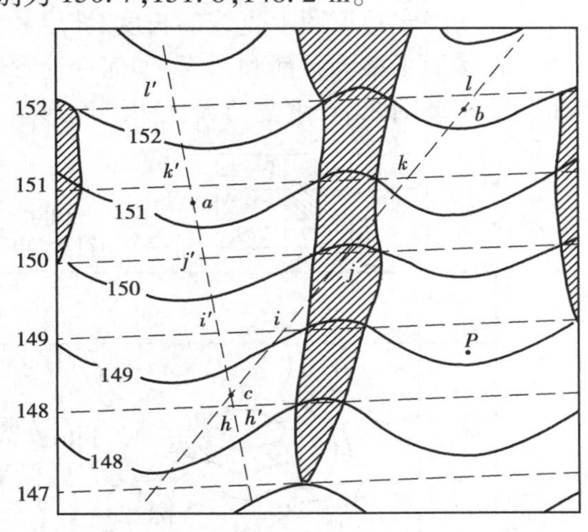

图8.19　倾斜平面填挖边界线的确定

为了确定填挖的界限，必须先在地形图上做出设计面的等高线。由于设计面是倾斜的平面，所以设计面上的等高线应该是等距的平行线，画这些等高线时首先用直线连接b，c两点，并将bc线延长到图的边缘，然后根据b，c两点的设计高程，用内插法在bc线上得到高程为148，149，150，151，152 m高程的点位，如图中的h，i，j，k，l点。再以同样方法求出ac线上内插的相应高程的点位h'，i'，j'，k'，l'，连接hh'，ii'，jj'，kk'及ll'，就得到设计平面上所要画的等高线（图中彼此平行的虚线）。最后需要定出设计平面上的等高线与原地上同高程等高线的交点，把这些交点用平滑的曲线连接起来，即得出填挖土的边界线。图8.19中画有斜线的部分表示应填土的地方，而其余部分表示应挖土的地方。

每处需要填土的高度或挖土的深度是根据实际地面高程与设计地面高程之差确定的。如在P点，实际地面高程为149.3 m，而该处设计地面的高程为148.7 m，因此P点必须挖深0.6 m。

思考与练习

8.1　何为比例尺的精度？它在测绘工作中有何用途？

8.2　比例符号、半比例符号和非比例符号各在什么情况下应用？

8.3　何为等高线？等高线有哪些特性？

8.4　如何确定地形图上直线的长度、坡度和坐标方位角？

8.5　将场地平整为平面和斜面，如何在地形图上绘制填挖边界线？

8.6　请识读图 8.20 水集镇大比例尺地形图。

孙爱	西岭	李家疃
店埠		大杨家
夏格庄	下村	杨庄

水集镇
121.0-110.0

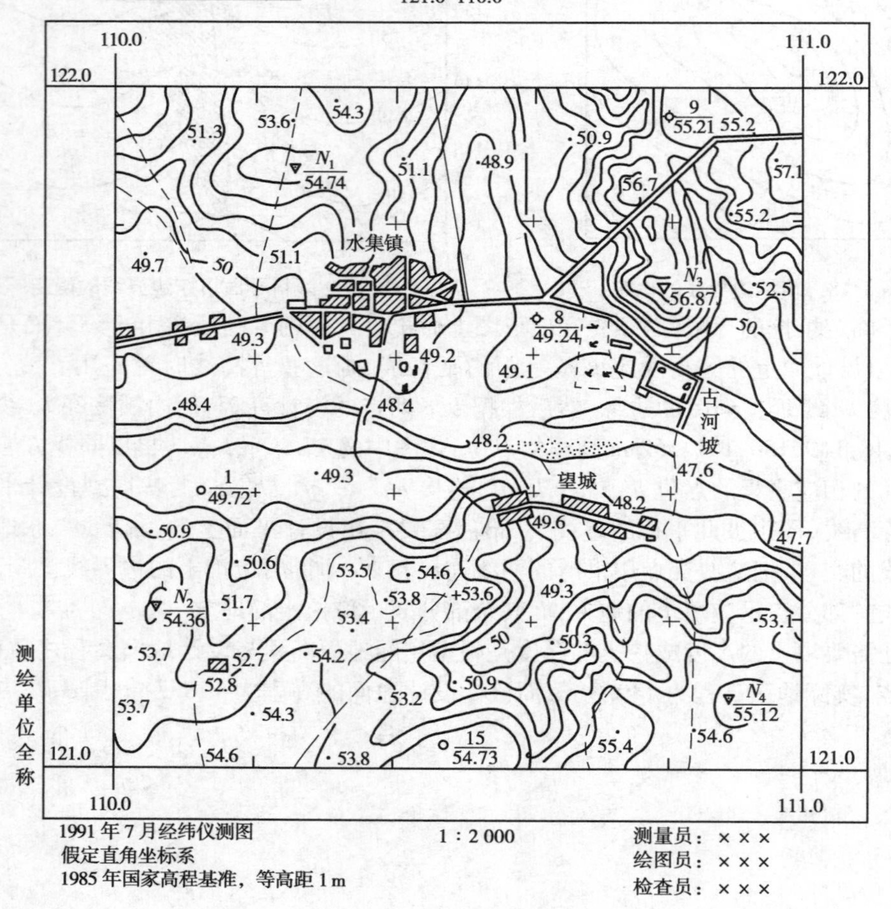

图 8.20　水集镇地形图

单元9 施工测量基本知识

9.1 施工测量概述

9.1.1 施工测量的目的和内容

施工测量的目的是把图纸上设计的建(构)筑物的平面位置和高程,按设计和施工要求放样(测设)到相应的地点,作为施工的依据,用以指导和衔接各施工阶段和工种间的施工。

施工测量贯穿于整个施工过程中。其主要内容有:

①施工前建立与工程相适应的施工控制网。

②建(构)筑物的放样及构件与设备安装的测量工作,以确保施工质量符合设计要求。

③检查和验收工作。每道工序完成后,都要通过测量检查工程各部位的实际位置和高程是否符合要求,根据实测验收的记录,编绘竣工图和资料,作为验收时鉴定工程质量和工程交付后管理、维修、扩建、改建的依据。

④变形观测工作。随着施工的进展,测定建(构)筑物的位移和沉降,作为鉴定工程质量和验证工程设计、施工是否合理的依据。

9.1.2 施工测量的特点和原则

1) 施工测量的特点

①施工测量是直接为工程施工服务的,因此它必须与施工组织计划相协调。测量人员必须了解设计的内容、性质及其对测量工作的精度要求,随时掌握工程进度及现场变动,使测设精度和速度满足施工的需要。

②施工测量的精度主要取决于建(构)筑物的大小、性质、用途、材料、施工方法等因素。一般高层建筑施工测量精度应高于低层建筑,装配式建筑施工测量精度应高于非装配

式，钢结构建筑施工测量精度应高于钢筋混凝土结构建筑。往往局部精度高于整体定位精度。

③施工测量的质量将直接影响建筑物的正确性，所以施工测量应建立健全检查制度。例如，在熟悉图纸的同时，应核对图上分尺寸与总尺寸的一致性等，如发现问题立即提出，放样之前检查放样数据的正确性，放样之后复查成果的可靠性，当检查内外业成果都无差错时，方能将成果交付施工。

④由于施工现场各工序交叉作业、材料堆放、运输频繁、场地变动及施工机械的振动，使测量标志易遭破坏，因此，测量标志从形式、选点到埋设均应考虑便于使用、保管和检查，如有破坏，应及时恢复。

2）施工测量的原则

施工现场上有各种建筑物、构筑物，且分布较广，往往又不是同时开工。为了保证各个建筑物、构筑物在平面和高程位置都符合设计要求，互相连成统一的整体，施工测量和测绘地形图一样，也要遵循“从整体到局部，先控制后碎部”的原则。即先在施工现场建立统一的平面控制网和高程控制网，然后以此为基础，测设出各个建筑物和构筑物的位置。施工测量的检核工作也很重要，必须采用各种不同的方法加强外业和内业的检核工作。

9.1.3　施工测量的准备工作

施工测量须做好以下准备工作：

①在施工测量之前，应建立健全测量组织和检查制度，并核对设计图纸，检查总尺寸和分尺寸是否一致，总平面图和大样详图尺寸是否一致，不符之处要向设计单位提出，进行修正。

②然后对施工现场进行实地勘察，根据实际情况编制测设详图，计算测设数据。

③对施工测量所使用的仪器、工具应进行检验校正，否则不能使用。

④工作中必须注意人身和仪器的安全，特别是在高空和危险地区进行测量时，必须采取防护措施。

9.2　施工测量的基本工作

任何建筑物或构筑物都由点、线、面构成。施工测量的基本工作是根据已知点的位置（平面坐标和高程），来确定未知点的位置，实质上是确定点间的相对位置或者确定点的绝对位置。常用测设方法，最终都转化为水平距离、水平角度和高程的测设。

9.2.1　水平距离的测设

测设已知水平距离是从地面一已知点开始，沿已知方向测设出给定的水平距离以定出第二个端点的工作。根据测设的精度要求不同,水平距离测设可分为一般测设方法和精确测设方法。

1)一般方法

在地面上,由已知点 A 开始,沿给定方向,用钢尺量出已知水平距离 D 定出 B 点。为了校核与提高测设精度,在起点 A 处改变读数,按同法量已知距离 D 定出 B' 点。由于量距有误差,B 与 B' 两点一般不重合,其相对误差在允许范围内时,则取两点的中点作为最终位置。

2)精确方法

当水平距离的测设精度要求较高时,按照上面一般方法在地面测设出的水平距离,还应再加上尺长、温度和高差改正值,但改正数的符号与精确量距时的符号相反。即应测设的水平距离

$$L = D - (\Delta L_d + \Delta L_t + \Delta L_h) \tag{9.1}$$

式中 ΔL_d——尺长改正数;

ΔL_t——温度改正数;

ΔL_h——高差改正数。

9.2.2 水平角的测设

测设已知水平角就是根据一已知方向测设出另一方向,使它们的夹角等于给定的设计角值。按测设精度要求不同,水平角的测设分为一般方法和精确方法。

1)一般方法

当测设水平角精度要求不高时,可采用此法,即用盘左、盘右取平均值的方法。如图9.1所示,设 OA 为地面上已有方向,欲测设水平角 β,在 O 点安置经纬仪,以盘左位置瞄准 A 点,配置水平度盘读数为0。转动照准部使水平度盘读数恰好为 β 值,在视线方向定出 B_1 点。然后用盘右位置,重复上述步骤定出 B_2 点,取 B_1 和 B_2 中点 B,则 $\angle AOB$ 即为测设的 β 角。该方法也称为盘左、盘右分中法。

2)精确方法

当测设精度要求较高时,可采用精确方法测设已知水平角。如图9.2所示,安置经纬仪于 O 点,按照上述一般方法测设出已知水平角 $\angle AOB'$,定出 B' 点。然后较精确地测量 $\angle AOB'$ 的角值,一般采用多个测回取平均值的方法,设平均角值为 β',测量出 OB' 的距离。按式(9.2)计算 B' 点处 OB' 线段的垂距 $B'B$。

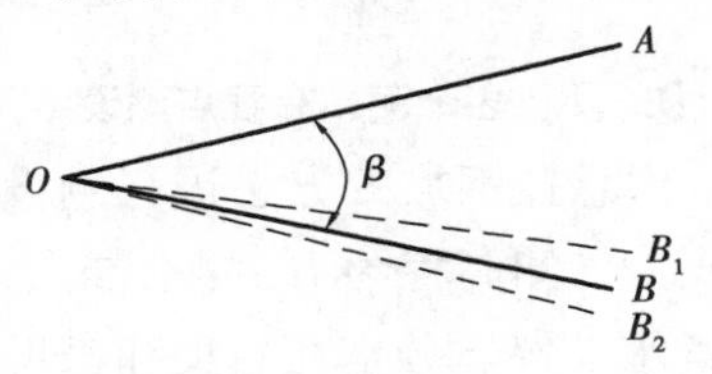

图9.1 一般方法测设水平角

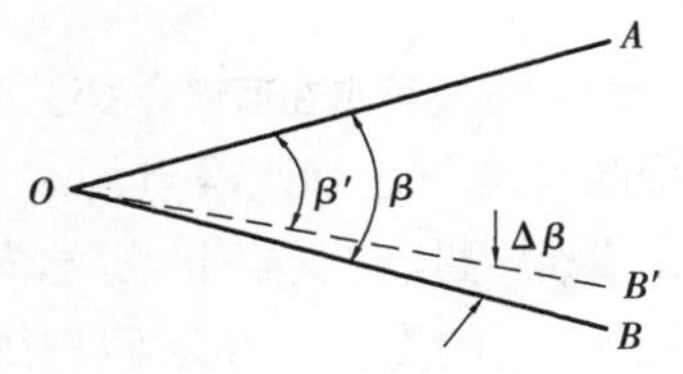

图9.2 精确方法测设水平角

$$B'B=\frac{\Delta\beta}{\rho}\cdot OB'=\frac{\beta-\beta'}{206\ 265''}\cdot OB' \tag{9.2}$$

然后，从 B' 点沿 OB' 的垂直方向调整垂距 $B'B$，$\angle AOB$ 即为 β 角。如图 9.2 所示，若 $\Delta\beta>0$ 时，则从 B' 点往外调整 B' 至 B 点；若 $\Delta\beta<0$ 时，则从 B' 点往内调整 B' 至 B 点。

9.2.3 高程的测设

测设已知高程就是根据已知点的高程，通过引测，把设计高程标定在固定的位置上。如图 9.3 所示，已知高程点 A，其高程为 H_A，需要在 B 点标定出已知高程为 H_B 的位置。方法是：在 A 点和 B 点中间安置水准仪，精平后读取 A 点的标尺读数为 a，则仪器的视线高程为 $H_i=H_A+a$，由图可知测设已知高程为 H_B 的 B 点标尺读数应为 $b=H_i-H_B$。

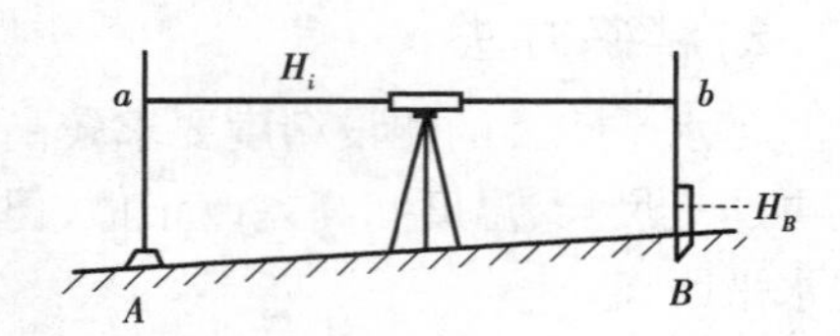

图 9.3 已知高程测设

将水准尺紧靠 B 点木桩的侧面上下移动，直到尺上读数为 b 时，沿尺底画一横线，此线即为设计高程 H_B 的位置。测设时应始终保持水准管气泡居中。

在建筑设计和施工中，为了计算方便，通常把建筑物的室内设计地坪高程用 ±0 表示，建筑物的基础、门窗等高程都是以 ±0 为依据进行测设。因此，首先要在施工现场利用测设已知高程的方法测设出室内地坪高程的位置。

在地下坑道施工中，高程点位通常设置在坑道顶部。通常规定当高程点位于坑道顶部时，在进行水准测量时水准尺均应倒立在高程点上。如图 9.4 所示，A 为已知高程 H_A 的水准点，B 为待测设高程为 H_B 的位置，由于 $H_B=H_A+a+b$，则在 B 点应有的标尺读数 $b=H_B-(H_A+a)$。因此，将水准尺倒立并紧靠 B 点木桩上下移动，直到尺上读数为 b 时，在尺底画出设计高程 H_B 的位置。

同样，对于多个测站的情况，也可以采用类似分析和解决方法。如图 9.5 所示，A 为已知高程 H_A 的水准点，C 为待测设高程为 H_C 的点位，由于 $H_C=H_A-a-b_1+b_2+c$，则在 C 点应有的标尺读数 $c=H_C-(H_A-a-b_1+b_2)$。

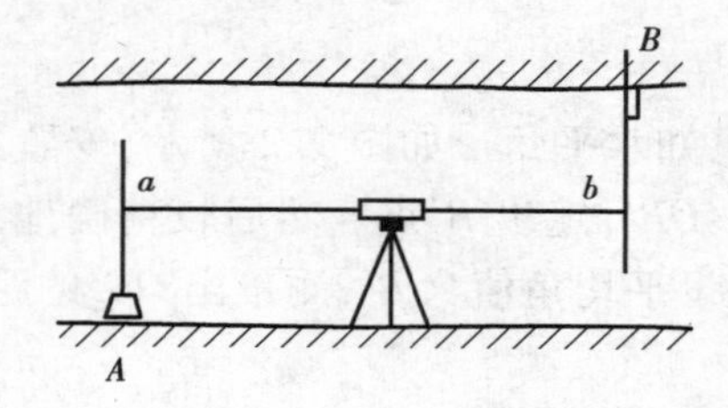

图 9.4 高程点在顶部的测设

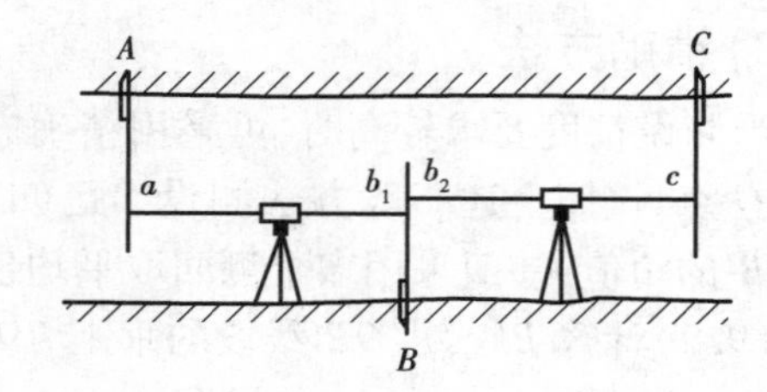

图 9.5 多个测站高程点测设

当待测设点与已知水准点的高差较大时，则可以采用悬挂钢尺的方法进行测设。如图 9.6 所示，钢尺悬挂在支架上，零端向下并挂一重物。A 为已知高程为 H_A 的水准点，B 为待测设高程为 H_B 的点位。在地面和待测设点位附近安置水准仪。分别在标尺和钢尺上读数 a_1，b_1 和 a_2。由于 $H_B=H_A+a_1-(b_1-a_2)-b_2$，则可以计算出 B 点处标尺的读数 $b_2=H_A+$

$a_1-(b_1-a_2)-H_B$。同样,图9.7所示情形也可以采用类似方法进行测设,即计算出前视读数 $b_2=H_A+a_1+(a_2-b_1)-H_B$,再画出已知高程为 H_B 的标志线。

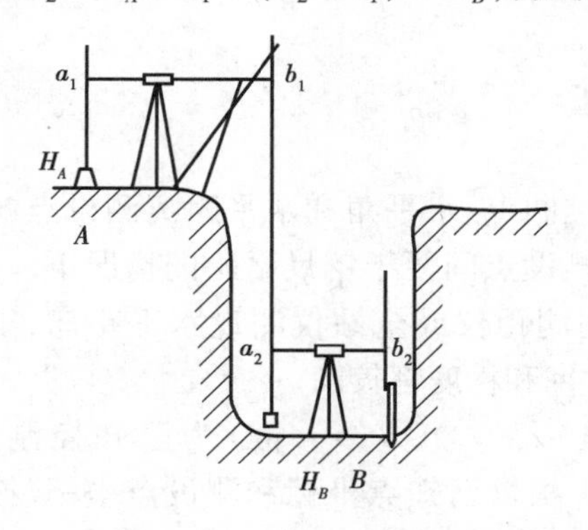

图9.6　测设建筑基底高程

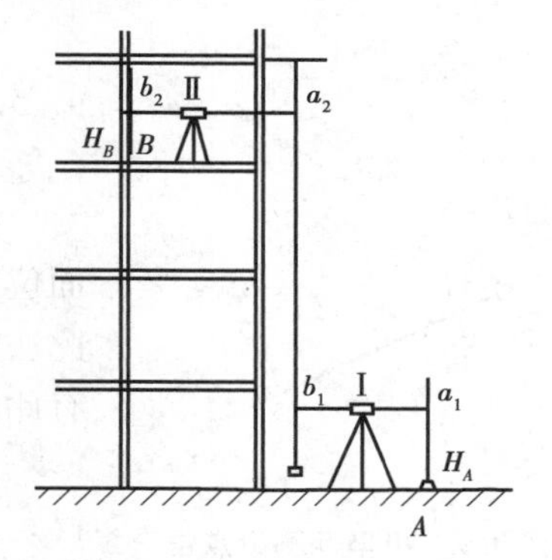

图9.7　测设建筑楼层高程

9.3　点平面位置的测设

点的平面位置测设是根据已布设好的控制点的坐标和待测设点的坐标,反算出测设数据,即控制点和待测设点之间的水平距离和水平角,再测设标定出设计点位。根据所用的仪器设备、控制点的分布情况、测设场地地形条件及测设点精度要求等,可以采用以下几种方法进行测设。

9.3.1　直角坐标法

直角坐标法是建立在直角坐标原理基础上测设点位的一种方法。当建筑场地已建立有相互垂直的主轴线或建筑方格网时,一般采用此法。如图9.8所示,A,B,C,D为建筑方格网或建筑基线控制点,1,2,3,4点为待测设建筑物轴线的交点,建筑方格网或建筑基线分别平行或垂直待测设建筑物的轴线。根据控制点的坐标和待测设点的坐标可以计算出两者之间的坐标增量。下面以测设1,2点为例,说明测设方法。

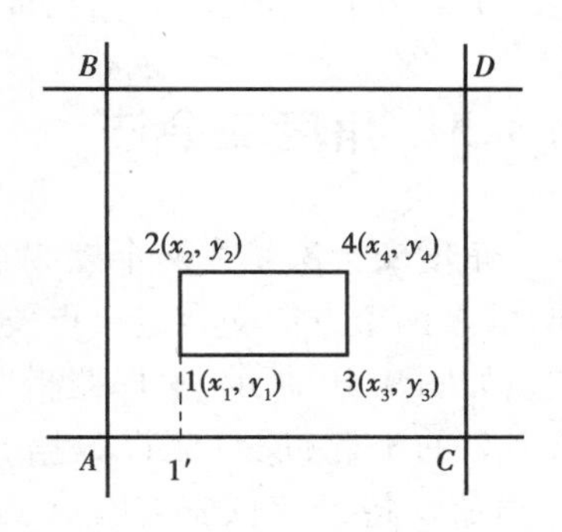

图9.8　直角坐标法测设点位

首先计算出A点与1,2点之间的坐标增量,即$\Delta X_{A1}=x_1-x_A$,$\Delta Y_{A1}=y_1-y_A$。测设1,2点平面位置时,在A点安置经纬仪,照准C点,沿此视线方向从A沿C方向测设水平距离ΔY_{A1}定出1′点。再安置经纬仪于1′点,盘左照准C点(或A点),转90°给出视线方向,沿此方向分别测设出水平距离ΔX_{A1}和ΔX_{A2}定1,2两点。同法以盘右位置再定出1,2两点,取1,2两点盘左和盘右的中点即为所求点位置。采用同样的方法可以测设3,4点的位置。检查时,可以在已测设的点上架设经纬仪,检测各个角度是否符合设计要求,并丈量各条边长。如果待测设点位的精度要求较高,可以利用精确方法测设水平距离和水平角。

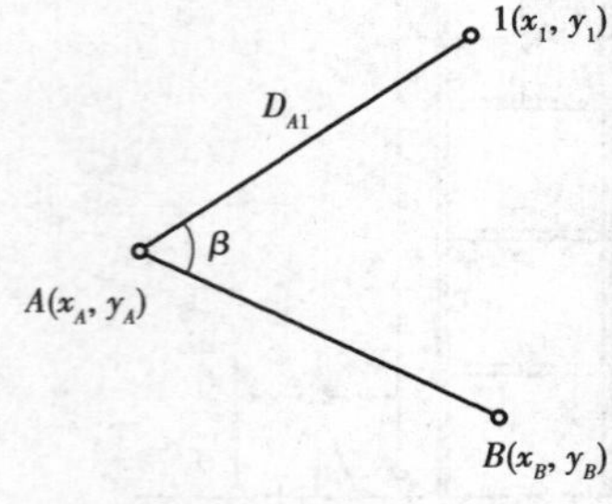

图 9.9　极坐标测设点位

9.3.2　极坐标法

极坐标法是根据控制点、水平角和水平距离测设点的平面位置。在控制点与测设点间便于钢尺量距的情况下,采用此法较为适宜,而利用测距仪或全站仪测设水平距离,则没有此项限制,且工作效率和精度都较高。

如图 9.9 所示,$A(x_A, y_A)$,$B(x_B, y_B)$为已知控制点,$1(x_1, y_1)$为待测设点。根据已知点坐标和测设点坐标,按坐标反算方法求出测设数据,即:

$$\left.\begin{aligned} \alpha_{AB} &= \arctan\frac{y_B - y_A}{x_B - x_A} \\ \alpha_{A1} &= \arctan\frac{y_1 - y_A}{x_1 - x_A} \\ \beta &= \alpha_{AB} - \alpha_{A1} \\ D_{A1} &= \sqrt{(y_1 - y_A)^2 + (x_1 - x_A)^2} \end{aligned}\right\} \tag{9.3}$$

式中　α_{AB}——AB 方向的坐标方位角;

α_{A1}——$A1$ 方向的坐标方位角;

β——$A1$ 方向与 AB 方向所成的水平角;

D_{A1}——1 点到 A 点的水平距离。

测设时,经纬仪安置在 A 点,后视 B 点,置度盘为零,按盘左盘右分中法测设水平角 β 定出 1 点方向,沿此方向测设水平距离 D_{A1},则可以在地面标定出设计点位 1 点。

9.3.3　角度交会法

角度交会法是在两个控制点上分别安置经纬仪,根据相应的水平角测设出相应的方向,根据两个方向交会定出点位。此法适用于测设点离控制点较远或量距有困难的情况。

如图 9.10 所示,根据控制点 A,B 和测设点 1,2 的坐标,反算测设数据 β_{A1},β_{A2},β_{B1} 和 β_{B2} 角值。将经纬仪安置在 A 点,瞄准 B 点,利用 β_{A1},β_{A2} 角值按照盘左盘右分中法,定出 $A1$,$A2$ 方向线,并在其方向线上的 1,2 两点附近分别打上两个木桩(俗称骑马桩),桩上钉小钉以表示此方向,并用细线拉紧。然后,在 B 点安置经纬仪,同法定出 $B1$,$B2$ 方向

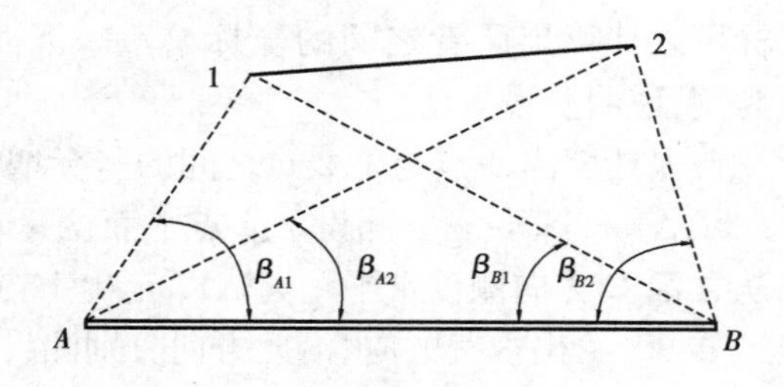

图 9.10　角度交会法测设点位

线。根据 $A1$ 和 $B1$,$A2$ 和 $B2$ 方向线可以分别交出 1,2 两点,此即为所求待测设点的位置。

当然,也可以利用两台经纬仪分别在 A,B 两个控制点同时设站,测设出方向线后标定出 1,2 两点。

检核时,可以采用丈量实地 1,2 两点之间的水平边长,并与 1,2 两点设计坐标反算出的水平边长进行比较。

9.3.4 距离交会法

距离交会法是从两个控制点利用两段已知距离进行交会定点。当建筑场地平坦且便于量距时,用此法较为方便。如图 9.11 所示,A,B 为控制点,1 点为待测设点。首先,根据控制点和待测设点的坐标反算出测设数据 D_A 和 D_B,然后用钢尺从 A,B 两点分别测设两段水平距离 D_A 和 D_B,其交点即为所求待测设点 1 点的位置。

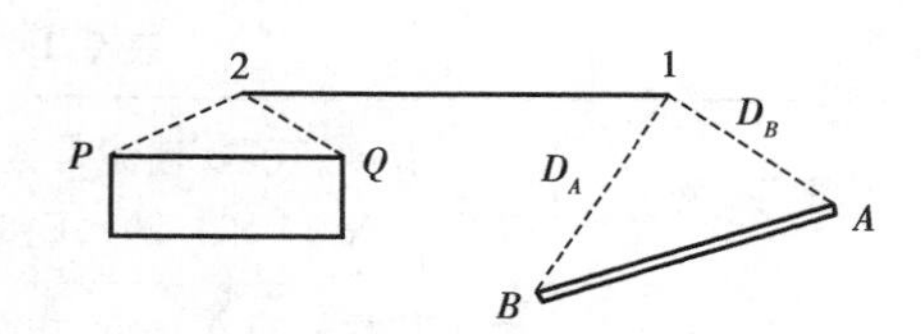

图 9.11 距离交会法测设点

同样,2 点的位置可以由附近的地形点 P,Q 交会出。

检核时,可以实地丈量 1,2 两点之间的水平距离,并与 1,2 两点设计坐标反算出的水平距离进行比较。

9.3.5 全站仪点位放样法

全站仪点位放样即坐标测设,也称为坐标放样。全站仪能够将测量数据和坐标数据存储到内存中,故全站仪既可以利用内存中的坐标数据快速地进行点位放样,也可由键盘输入测站点、后视点和放样点的坐标或方位数据,进行坐标放样。本节只讲述用键盘输入的方式进行坐标放样的方法。

利用全站仪进行坐标放样时要先设置好温度、气压、棱镜常数、测站点坐标和后视方位角或后视坐标,并按照下述步骤进行操作。

操作步骤:输入待放样点坐标→仪器计算出测站到待放样点间的距离和方位角→进入放样界面→将水平角差调到 0°0′0″(或接近 0°)→指挥棱镜进入望远镜→照准后测距→根据屏幕提示的距离差指挥棱镜前后左右移动→重新照准、测距、指挥棱镜移动直到屏幕显示的角度差和距离差满足放样要求。

示例:如图 9.12 所示,已知测站点 S 坐标 N:54 213.254,E:87 419.582;后视点 B 坐标 N:54 521.281,E:87 164.397;待放样点坐标:N:54 308.281,E:87 543.594,其全站仪点位放样步骤见表 9.1。

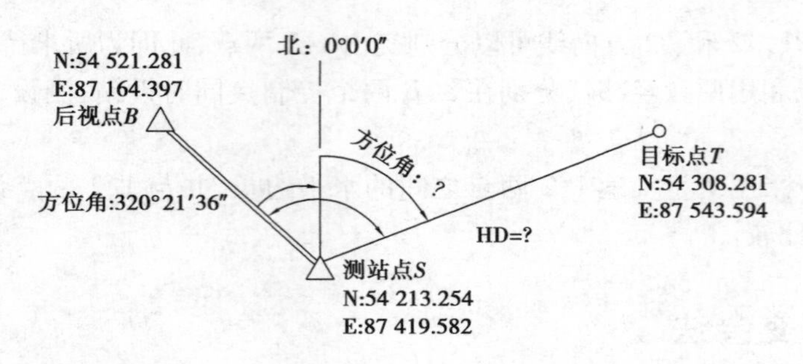

图 9.12　全站仪点位放样

表 9.1　全站仪点位放样步骤

准备工作	设置温度、气压、棱镜常数，测站点 *S* 坐标 N:54 213.254，E:87 419.582，后视坐标点 *B* 坐标 N:54 521.281，E:87 164.397	
步骤 1	输入待放样点 *T* 坐标	N:54 308.281，E:87 543.594
步骤 2	仪器计算出测站到待放样点间的距离和方位角	方位角 α_{ST} = 52°32′17″ 距离 *ST* = 96.323
步骤 3	进入放样界面并将水平角差调到 0°0′0″(或接近 0°)	
步骤 4	指挥棱镜进入望远镜并在照准后测距	
步骤 5	根据屏幕提示的距离差指挥棱镜前后左右移动	
步骤 6	重新照准、测距、指挥棱镜移动直到屏幕显示的角度差和距离差满足放样要求	

技能训练 9.1　平面点位测设

1) 目的和要求

①掌握已知水平角和已知水平距离的测设方法。

②掌握用极坐标法测设点位的基本方法。

③角度测量误差不超过 ±40″，距离测量误差不超过 1/3 000。

2) 仪器和工具

DJ_6 经纬仪 1 台，50 m 钢尺 1 把，测杆 1 根，木桩 3 根、斧头 1 把、记录板 1 块，计算器 1 个，伞 1 把，记录簿 1 本。

3) 方法与步骤

(1) 布设控制点并设定起算数据

选择一块长宽至少各为 30 m 的平坦场地，如图 9.13 所示，在场地西南角附近选择一点，打下一个木桩，桩顶钉小钉作为 *A* 点。从 *A* 点用钢尺向北丈量一段 30.000 m 的距离，同样打木桩，桩顶钉小钉作为 B 点。设 A、B 两点的坐标分别为 A(100.000 m，100.000 m)、B(130.000 m，110.000 m)。假定欲测设点 P 的坐标为 P(112.280 m，123.360 m)。

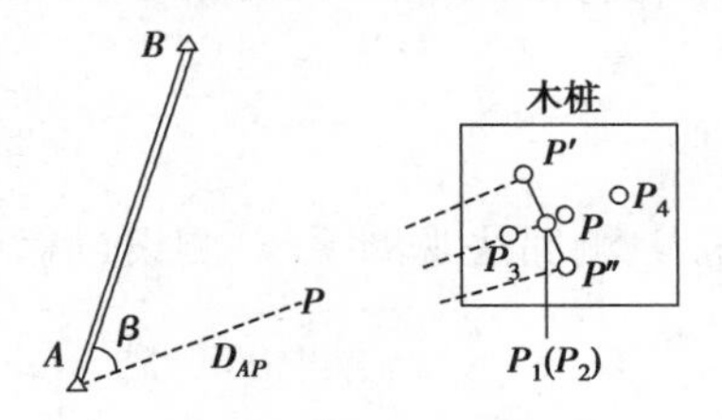

图9.13　测设点的平面位置

(2)计算测设数据

根据控制点 A、B 和待测设点 P 的坐标，在表9.2中计算经纬仪安置在 A 点用极坐标法测设 P 点的测设数据。

(3)测设已知水平角

在 A 点安置经纬仪，对中、整平后，成盘左瞄准 B 点，配置水平度盘读数为0°00′00″；顺时针转动照准部，使水平度盘读数为 β，用测钎在地面标出该方向，在该方向上从 A 点测量水平距离 D_{AP}，打下木桩，并在木桩上仔细定出一点 p'。

经纬仪成盘右照准 B 点，配置水平度盘读数为180°00′00″；顺时针转动照准部，使水平度盘读数为 $180°+\beta$，在木桩上仔细定出另一点 p''，取 $P'P''$ 的中点为 P_1 点。

用测回法测量 $\angle BAP_1$，进行两个测回，取其平均值为 β'，若与设计值的差 $\Delta\beta=\beta-\beta'$ 不超过±40″，则将 AP_1 方向作为 AP 的方向。

表9.2　极坐标法测设数据的计算

边	坐标增量/m		水平距离 D/m	坐标方位角 α/(° ′ ″)	水平夹角 β/(° ′ ″)
	Δx	Δy			
A—B					
A—P					

若超差，用精密方法继续测设水平角 β，垂直改正量为

$$P_1P_2 = AB\frac{\Delta\beta}{\rho}$$

将 P_1 点沿与 AP_1 垂直方向改正 P_1P_2，记为 P_2 点，将 AP_2 方向作为 AP 的方向。

(4)测设已知水平距离

用经纬仪严格照准第(3)步确定的 AP 方向 P_1 点或 P_2 点，用钢尺从 A 点起沿 AP 方向量出已知的水平距离 D_{AP}，在木桩上定出一点 P_3。

从 A 点再测设一次已知的水平距离 D_{AP}，在木桩上定出一点 P_4。P_3P_4 相距 ΔD，若相对误差 $K=\Delta D/D_{AP}<1/3\,000$，则取 P_3P_4 的中点作为 P 点的最终位置。如精度不合格，重新测设。

4)注意事项

①如 $\Delta\beta>0$,向外改,否则向内改。

②实习中注意钢尺防折。

5)应交成果

提交极坐标测设数据计算表、测回法观测手簿、测设过程和相关计算记录。

技能训练9.2 已知高程测设

1)目的和要求

①掌握测设已知高程的方法。

②练习用水平视线法测设已知坡度线。

③在墙面上测设一条长50 m、设计坡度为-1%的坡度线;每隔10 m定一点。

2)仪器和工具

DS_3水准仪1套,水准尺1支,30 m(或50 m)钢尺1把,木桩6根,斧头1把,粉笔若干,记录板1块,计算器1个,伞1把。

3)方法与步骤

①如图9.14所示,选择一段长于50 m的墙面。在墙面的一侧确定一点A,作为坡度线的起点,假设其高程为28.000 m。

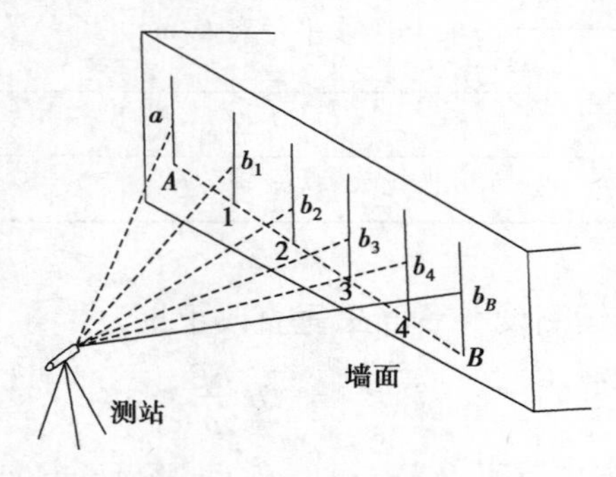

图9.14 在墙面上测设已知坡度线

②由坡度线起点A沿坡度线方向,用钢尺每隔距离$d=10$ m定一点,在墙上画出标志,分别记为1、2、3、4、B点。

③在水准点A上立水准尺,在适当位置安置水准仪,粗平后照准水准尺,精平后读取后视读数a。

④依次计算各点的应读读数:

$$\begin{cases} b_{1应}=a+id \\ b_{2应}=a+2id \\ b_{3应}=a+3id \\ b_{4应}=a+4id \\ b_{5应}=a+5id \end{cases}$$

⑤在1点处立水准尺，转动水准仪照准水准尺并精平，指挥扶尺手上下移动水准尺，直到读数为 $b_{1应}$，用铅笔在尺底处画线，画线处即为1点的设计高程位置。

⑥用与步骤⑤相同的方法，依次测设出2、3、4、B 点的设计高程位置。各点连线即为测设出的坡度线。

4）注意事项

可再测设一次，以便检核。各桩点的高程位置与前一次相差不应超过 ±12 mm。

5）记录与计算表

在表9.3中完成记录和计算。

表9.3　坡度线测设手簿

坡度线全长　　　　设计坡度　　　　起点高程28.000 m

点号	后视读数/m	距离/m	应读读数/m
A			—
1	—		
2	—		
3	—		
4	—		
B	—		

技能训练9.3　全站仪坐标放样

1）目的和要求

①继续熟悉全站仪的使用方法。

②掌握用全站仪进行坐标放样的方法。

2)仪器和工具

全站仪 1 台,棱镜 1 组,伞 1 把,记录本 1 本。

3)方法与步骤

如图 9.15 所示,在地面上指定两个点 A 和 B,将全站仪安置在 A 点上,照准已知点 B。假定测站点 A 的坐标(由指导教师指定),假定 B 点的坐标或照准 B 方向的后视角(由指导教师指定),假定待测设点 C 的坐标(由指导教师指定),按本单元 9.3.5 内容所述方法,在地面上放样(测设)出 C 点的位置。

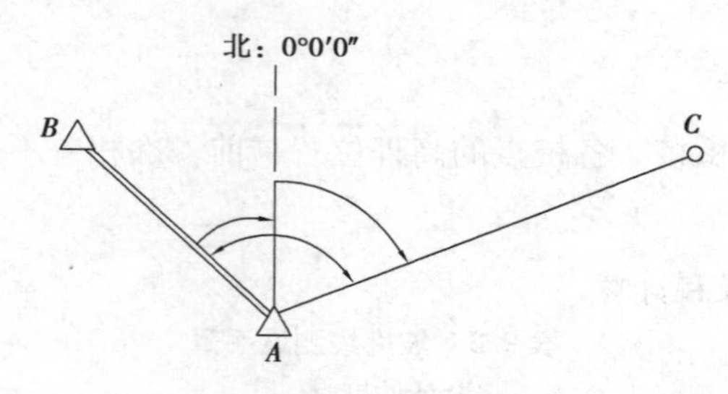

图 9.15　全站仪测设示意图

4)注意事项

①实习前认真学习本单元 9.3.5 全站仪测设相关内容。

②全站仪使用前要在指导老师的带领下,仔细学习其使用说明书。

5)应交成果

提交全站仪坐标放样实训记录,见表 9.4。

表 9.4　坐标放样实训记录

全站仪型号:　　　　全站仪编号:　　　　实训日期:

班级:　　　　小组:　　　　姓名:　　　　天气:

<table>
<tr><th>测站</th><th>实训项目</th><th>基本步骤(或按键顺序)</th><th colspan="2">数据或结果</th></tr>
<tr><td rowspan="8">A</td><td rowspan="6">仪器设置</td><td>设置温度</td><td colspan="2">气　温:</td></tr>
<tr><td>设置大气压</td><td colspan="2">大气压:</td></tr>
<tr><td>设置仪器高</td><td colspan="2">仪　高:</td></tr>
<tr><td>设置棱镜高</td><td colspan="2">镜　高:</td></tr>
<tr><td>设置测站 A 点坐标</td><td colspan="2">测站点坐标:N_0 =　　E_0 =　　Z_0 =</td></tr>
<tr><td>设置 B 方向方位角</td><td colspan="2">B 方向方位角 HR =</td></tr>
<tr><td rowspan="2">坐标放样</td><td rowspan="2"></td><td colspan="2">C 点坐标:N_0 =　　E_0 =　　Z_0 =</td></tr>
<tr><td>全站仪计算的放样参数</td><td>HR:
HD:</td></tr>
</table>

思考与练习

9.1 施工测量的主要内容有哪些？其基本任务是什么？

9.2 施工测量的精度最终体现在哪些方面？应根据什么进行施工测量？

9.3 测设已知水平距离和测量两点间距离有何区别？

9.4 试述已知水平角的一般测设方法。

9.5 场地附近有一水准点 A,其高程 $H_A=138.316$ m,欲测设高程为 139.000 m 的室内 ±0 标高,设水准仪在 A 点所立水准尺上的读数为 1.038 m,试说明其测设方法。

9.6 设 A,B 为已知平面控制点,其坐标分别为 A(162.32 m,566.39 m),B(206.78 m,478.28 m),欲根据 A,B 两点测设 P 点的位置,P 点的设计坐标为 P(178.00 m,508.00 m)。试计算用极坐标测设 P 点的测设数据,并绘图说明测设方法。

9.7 如图 9.16 所示,B 点的设计高差 $h=13.6$ m(相对于 A 点),按图所示,按两个测站的高差放样,中间悬挂一把钢尺,$a_1=1.530$ m,$b_1=0.380$ m,$a_2=13.480$ m。试计算 b_2,并说明测设步骤。

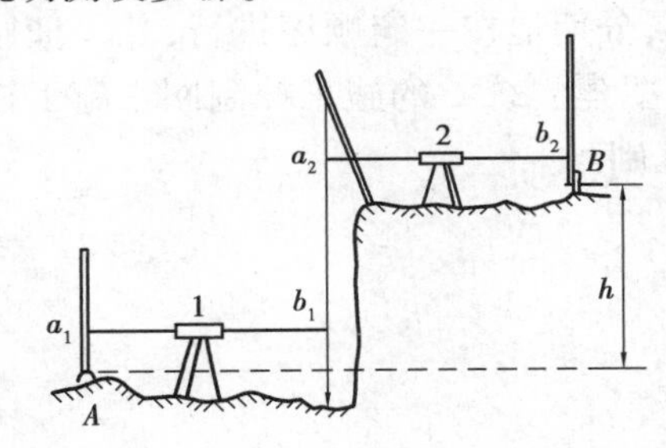

图 9.16 题 9.7 图

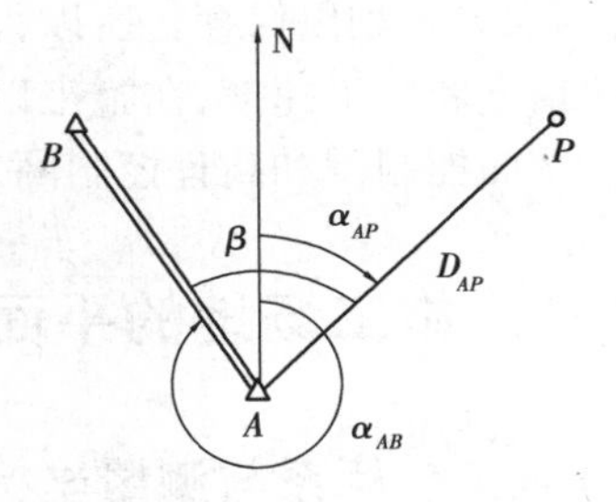

图 9.17 题 9.8 图

9.8 如图 9.17 所示,已知点 A,B 和待测设点 P 坐标是:

A:$x_A=2\ 250.346$ m,$y_A=4\ 520.671$ m;

B:$x_B=2\ 786.386$ m,$y_B=4\ 472.145$ m;

P:$x_P=2\ 285.834$ m,$y_P=4\ 780.617$ m。

按极坐标法计算放样的 β,D_{AP}。

单元 10 建筑施工测量

10.1 建筑施工场地的控制测量

对于某一施工场地,在勘测时虽已建立有相应控制网,但由于它是为测图而建立的,未考虑施工的要求,控制点的分布、密度和精度,都难以满足施工测量的要求,且由于场地平整,控制点大多难以保存。所以,为了使施工能分区、分期地按一定顺序进行,并保证施工测量的精度和施工速度,在施工以前,在建筑场地上要建立统一的施工控制网。施工控制网包括平面控制网和高程控制网,它是施工测量的基础。

10.1.1 施工场地的平面控制测量

1)施工坐标系与测量坐标系的坐标换算

施工坐标系亦称建筑坐标系,其坐标轴与主要建筑物主轴线平行或垂直,以便用直角坐标法进行建筑物的放样。施工控制测量的建筑基线和建筑方格网一般采用施工坐标系,而施工坐标系与测量坐标系往往不一致,因此,施工测量前常常需要进行施工坐标系与测量坐标系的坐标换算。

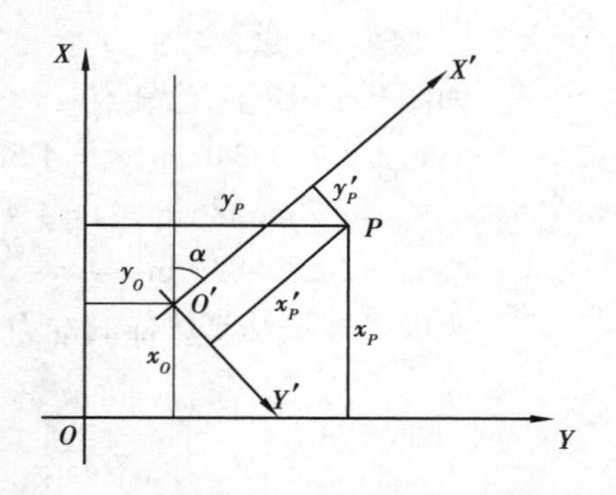

图 10.1 施工坐标系与测量坐标系的换算

如图 10.1 所示,设 XOY 为测量坐标系,$X'O'Y'$为施工坐标系,x_O,y_O 为施工坐标系的原点 O'在测量坐标系中的坐标,α 为施工坐标系的纵轴 $O'X'$在测量坐标系中的坐标方位角。设已知 P 点的施工坐标为(x'_P,y'_P),则可按式(10.1)将其换算为测量坐标(x_P,y_P):

$$\left.\begin{aligned} x_P &= x_O + x'_P\cos\alpha - y'_P\sin\alpha \\ y_P &= y_O + x'_P\sin\alpha + y'_P\cos\alpha \end{aligned}\right\} \tag{10.1}$$

如已知 P 点的测量坐标,则可按式(10.2)将其换算为施工坐标:

$$\left.\begin{aligned} x'_P &= (x_P - x_O)\cos\alpha + (y_P - y_O)\sin\alpha \\ y'_P &= -(x_P - x_O)\sin\alpha + (y_P - y_O)\cos\alpha \end{aligned}\right\} \tag{10.2}$$

2) 建筑基线

建筑基线是建筑场地的施工控制基准线,即在建筑场地布置的一条或几条轴线。它适用于建筑设计总平面图布置比较简单的小型建筑场地。

(1) 建筑基线的布设形式

建筑基线的布设形式应根据建筑物的分布、施工场地地形等因素综合确定。常用的布设形式有“一”字形、“L”形、“十”字形和“T”形,如图 10.2 所示。

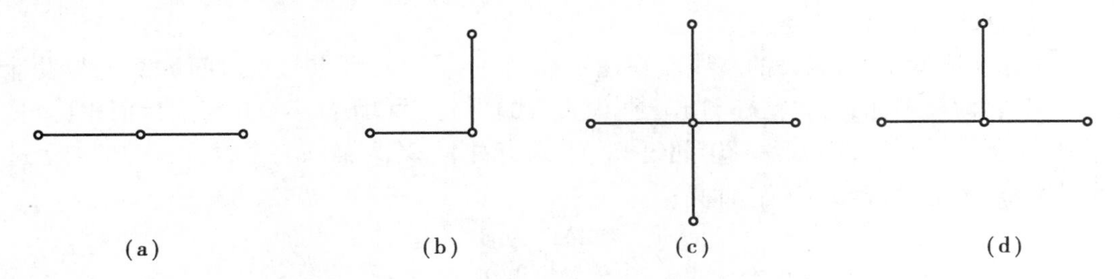

图 10.2　建筑基线的布置形式

(2) 建筑基线的布设要求

①建筑基线应尽可能靠近拟建的主要建筑物,并与其主要轴线平行,以便使用比较简单的直角坐标法进行建筑物的定位。

②建筑基线上的基线点应不少于 3 个,以便相互检核。

③建筑基线应尽可能与施工场地的建筑红线相联系。

④基线点位应选在通视良好和不易被破坏的地方,为能长期保存,要埋设永久性的混凝土桩。

(3) 建筑基线的测设方法

根据施工场地的条件不同,主要有以下两种:

• 根据建筑红线测设建筑基线　由城市测绘部门测定的建筑用地界定基准线,称为建筑红线。在城市建设区,建筑红线可用作建筑基线测设的依据。如图 10.3 所示,AB,AC 为建筑红线,1,2,3 为建筑基线点,利用建筑红线测设建筑基线的方法如下:

首先,从 A 点沿 AB 方向量取 d_2 定出 P 点,沿 AC 方向量取 d_1 定出 Q 点。然后,过 B 点作 AB 的垂线,沿垂线量取 d_1 定出 2 点,作出标志;过 C 点作 AC 的垂线,沿垂线量取 d_2 定出 3 点,作出标志;用细线拉出直线 $P3$ 和 $Q2$,两条直线的交点即为 1 点,作出标志。最后,在 1 点安置经纬仪,精确观测 $\angle 213$,其与 $90°$ 的差值应小于 $\pm 20''$。

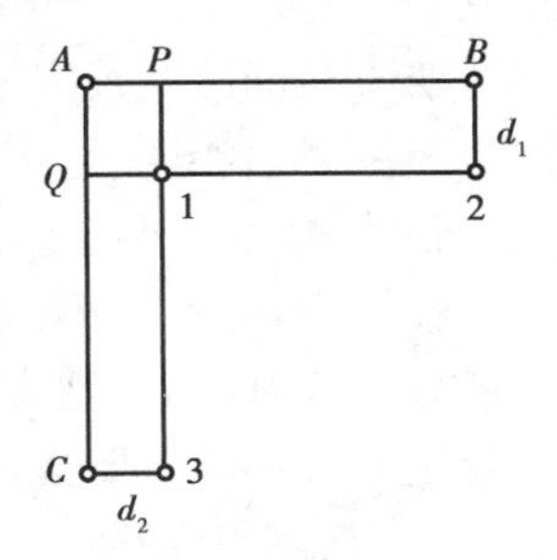

图 10.3　根据建筑红线测设建筑基线

• 根据附近已有控制点测设建筑基线　在新建筑区,可以利用建筑基线的设计坐标和附近已有控制点的坐标,用极坐标法测设建筑基线。如图 10.4 所示,A,B 点为附近已有控制点,1,2,3 点为选定的建筑基线点。测设方法如下:

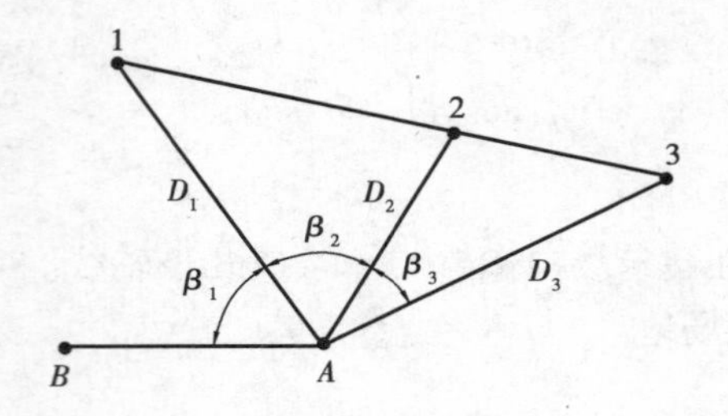

图 10.4 根据控制点测设建筑基线

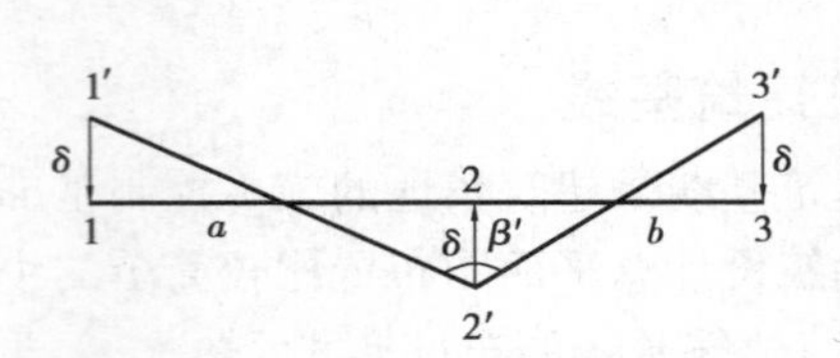

图 10.5 基点的调整

首先,根据已知控制点和建筑基线点的坐标,计算出测设数据 $\beta_1, D_1, \beta_2, D_2, \beta_3, D_3$。然后,用极坐标法测设 1,2,3 点。

由于存在测量误差,测设的基线点往往不在同一直线上,且点与点之间的距离与设计值也不完全相符,因此,需要精确测出已测设直线的折角 β' 和距离 D',并与设计值相比较。如图 10.5 所示,如果 $\Delta\beta = \beta' - 180°$ 超过 ±15″,则应对 1′,2′,3′点在与基线垂直的方向上进行等量调整,调整量按式(10.3)计算:

$$\delta = \frac{ab}{a+b} \cdot \frac{\Delta\beta}{2\rho} \tag{10.3}$$

式中 δ——各点的调整值,m;

a,b——分别为 12,23 的长度,m。

如果测设距离超限,如 $\frac{\Delta D}{D} = \frac{D' - D}{D} > \frac{1}{10\ 000}$($D$ 为测设距离),则以 2 点为准,按设计长度沿基线方向调整 1′,3′点。

3)建筑方格网

由正方形或矩形组成的施工平面控制网,称为建筑方格网,或称矩形网,如图 10.6 所示。建筑方格网适用于按矩形布置的建筑群或大型建筑场地。布设建筑方格网时,应根据总平面图上各建(构)筑物、道路及各种管线的布置,结合现场的地形条件来确定。如图 10.6 所示,先确定方格网的主轴线 AOB 和 COD,然后再布设方格网。

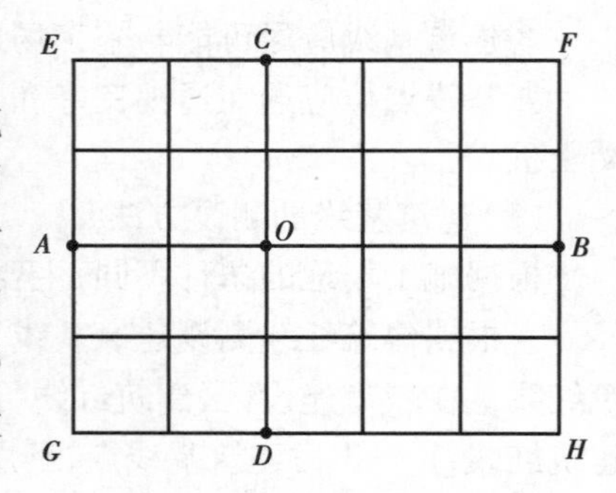

图 10.6 建筑方格网

建筑方格网的测设方法如下:

(1)主轴线测设

主轴线测设与建筑基线测设方法相似。首先,准备测设数据。然后,测设两条互相垂直的主轴线 AOB 和 COD,如图 10.6 所示。主轴线实质上是由 5 个主点 A,B,C,D 和 O 组成。最后,精确检测主轴线点的相对位置关系,并与设计值相比较,如果超限,则应进行调整。建筑方格网的主要技术要求见表 10.1。

(2)方格网点测设

如图 10.6 所示,主轴线测设后,分别在主点 A,B 和 C,D 安置经纬仪,后视主点 O,向左右测设 90°水平角,即可交会出田字形方格网点。随后再作检核,测量相邻两点间的距离,看是否与设计值相等,测量其角度是否为 90°,误差均应在允许范围内,并埋设永久性标志。

表10.1　建筑方格网的主要技术要求

等级	边长/m	测角中误差	边长相对中误差	测角检测限差	边长检测限差
Ⅰ级	100～300	5″	1/30 000	10″	1/15 000
Ⅱ级	100～300	8″	1/20 000	16″	1/10 000

建筑方格网轴线与建筑物轴线平行或垂直，因此，可用直角坐标法进行建筑物的定位，计算简单，测设比较方便，而且精度较高。其缺点是必须按照总平面图布置，其点位易被破坏，而且测设工作量也较大。由于建筑方格网的测设工作量大，测设精度要求高，因此，可委托专业测量单位进行。

10.1.2　施工场地的高程控制测量

1）施工场地高程控制网的建立

建筑施工场地的高程控制测量一般采用水准测量方法，应根据施工场地附近的国家或城市已知水准点，测定施工场地水准点的高程，以便纳入统一的高程系统。

在施工场地上，水准点的密度应尽可能满足安置一次仪器即可测设出所需的高程。而测图时敷设的水准点往往是不够的，因此，还需增设一些水准点。在一般情况下，建筑基线点、建筑方格网点以及导线点也可兼作高程控制点，只要在平面控制点桩面上中心点旁边设置一个突出的半球状标志即可。

为了便于检核和提高测量精度，施工场地高程控制网应布设成闭合或附合路线。高程控制网可分为首级网和加密网，相应的水准点称为基本水准点和施工水准点。

2）基本水准点

基本水准点应布设在土质坚实、不受施工影响、无振动和便于实测的地方，并要埋设永久性标志。一般情况下，按四等水准测量的方法测定其高程，而对于为连续性生产车间或地下管道测设所建立的基本水准点，则需按三等水准测量的方法测定其高程。

3）施工水准点

施工水准点是用来直接测设建筑物高程的。为了测设方便和减少误差，施工水准点应靠近建筑物。此外，由于设计建筑物常以底层室内地坪±0.000标高为高程起算面，为了施工引测方便，常在建筑物内部或附近测设±0.000水准点。±0.000水准点的位置，一般选在稳定的建筑物墙、柱的侧面，用红漆绘成顶为水平线的“▼”形，其顶端表示±0.000位置。

10.2　多层民用建筑施工测量

民用建筑是指住宅、办公楼、食堂、俱乐部、医院和学校等建筑物。民用建筑施工测量的主要任务是按设计要求，把建筑物的位置测设到施工场地上，并配合施工以保证工程质量。

10.2.1　施工测量前的准备工作

①熟悉设计图纸。设计图纸是施工测量的主要依据，在测设前，应熟悉建筑物的设计图纸，了解施工建筑物与相邻地物的相互关系，以及建筑物的尺寸和施工要求等，并仔细核对各设计图纸的有关尺寸。测设时必须具备下列图纸资料：

a. 总平面图。如图 10.7 所示，从总平面图上，可以查取或计算设计建筑物与原有建筑物或测量控制点之间的平面尺寸和高差，作为测设建筑物总体位置的依据。

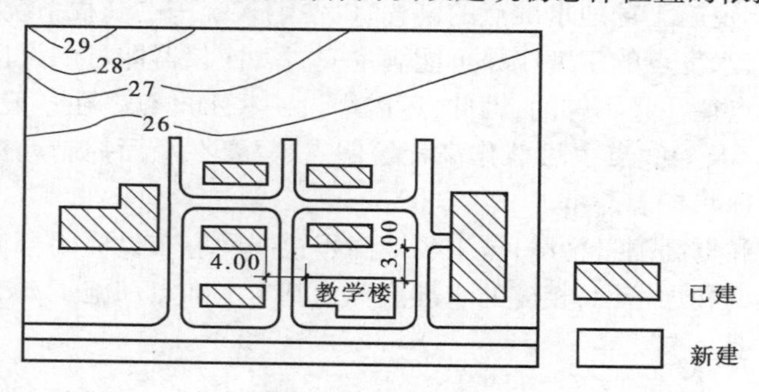

图 10.7　总平面图

b. 建筑平面图。从建筑平面图中，可以查取建筑物的总尺寸，以及内部各定位轴线之间的关系尺寸，这是施工测设的基本资料。

c. 基础平面图。从基础平面图上，可以查取基础边线与定位轴线的平面尺寸，这是测设基础轴线的必要数据。

d. 基础详图。从基础详图中，可以查取基础立面尺寸和设计标高，这是基础高程测设的依据。

e. 建筑物的立面图和剖面图。从建筑物的立面图和剖面图中，可以查取基础、地坪、门窗、楼板、屋架和屋面等设计高程，这是高程测设的主要依据。

②现场踏勘。全面了解现场情况，对施工场地上的平面控制点和水准点进行检核。

③施工场地整理平整和清理施工场地，以便进行测设工作。

④制订测设方案。根据设计要求、定位条件、现场地形和施工方案等因素，制订测设方案，包括测设方法、测设数据计算和绘制测设略图，如图 10.8 所示。

⑤仪器和工具。对测设所使用的仪器和工具进行检核。

10.2.2　定位和放线

1)建筑物的定位

建筑物的定位,就是将建筑物外廓各轴线交点(简称角桩,即图 10.8 中的 M,N,P 和 Q)测设在地面上,作为基础放样和细部放样的依据。由于定位条件不同,定位方法也不同,下面介绍根据已有建筑物测设拟建建筑物的方法。

①如图 10.8 所示,用钢尺沿原有建筑的东、西墙,延长出一小段距离 2 m(根据现场条件定,一般可以假设仪器即可)得 a,b 两点,作出标志。

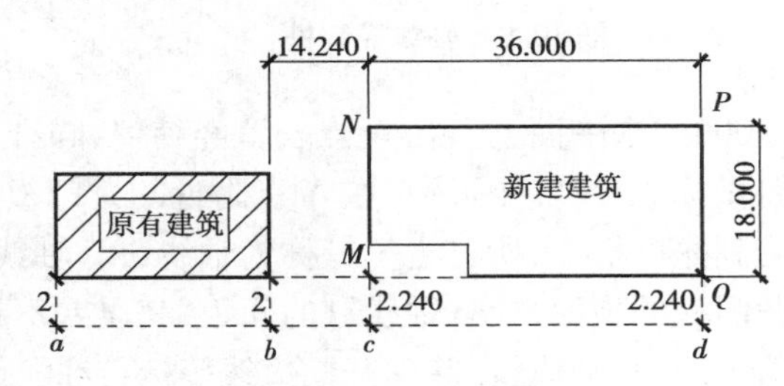

图 10.8　建筑的定位图

②在 a 点安置经纬仪,瞄准 b 点,并从 b 沿 ab 方向量取 14.240 m(因为新建建筑的外墙厚 370 mm,轴线偏里,离外墙皮 240 mm),定出 c 点,作出标志;再继续沿 ab 方向从 c 点起量取 36.000 m,定出 d 点,作出标志,cd 线就是测设新建建筑平面位置的建筑基线。

③分别在 c,d 两点安置经纬仪,瞄准 a 点,顺时针方向测设 90°,沿此视线方向量取距离 2.240 m,定出 M,Q 两点,作出标志;再继续量取 18.000 m,定出 N,P 两点,作出标志。M,N,P,Q 四点即为教学楼外廓定位轴线的交点。

④检查 NP 的距离是否等于 36.000 m,$\angle N$ 和 $\angle P$ 是否等于 90°,其误差应在允许范围内。

如施工场地已有建筑方格网或建筑基线时,可直接采用直角坐标法进行定位。

2)建筑物的放线

建筑物的放线,是指根据已定位的外墙轴线交点桩(角桩),详细测设出建筑物各轴线的交点桩(或称中心桩),然后根据交点桩用白灰撒出基槽开挖边界线。放线方法如下:

①在外墙轴线周边上测设中心桩位置如图 10.8 所示,在 M 点安置经纬仪,瞄准 Q 点,用钢尺沿 MQ 方向量出相邻两轴线间的距离,定出各轴线点,量距精度应达到设计精度要求。量出各轴线之间距离时,钢尺零点要始终对在同一点上。

②恢复轴线位置的方法。由于在开挖基槽时,角桩和中心桩要被挖掉,为了便于在施工中恢复各轴线位置,应把各轴线延长到基槽外安全地点,并做好标志。其方法有设置轴线控制桩和龙门板两种形式。

- 设置轴线控制桩　轴线控制桩设置在基槽外,基础轴线的延长线上,作为开槽后各施工阶段恢复轴线的依据。轴线控制桩一般设置在基槽外 2 ~4 m 处,打下木桩,桩顶钉上小钉,准确标出轴线位置,并用混凝土包裹木桩,如图 10.9 所示。如附近有建筑物,亦可把轴线投测到建筑物上,用红漆做出标志,以代替轴线控制桩。
- 设置龙门板　在小型民用建筑施工中,常将各轴线引测到基槽外的水平木板上。水

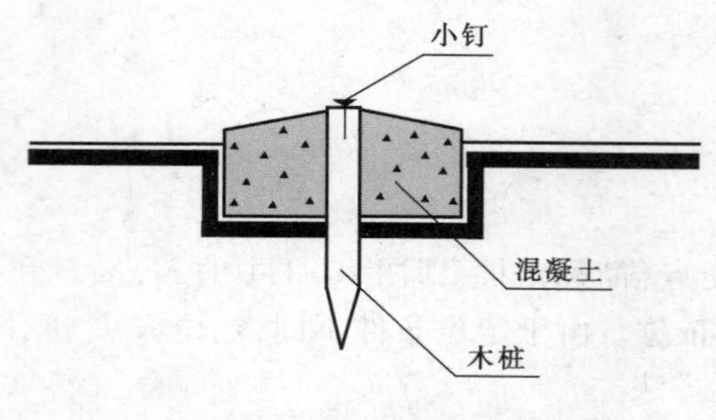

图 10.9　轴线控制桩

平木板称为龙门板，固定龙门板的木桩称为龙门桩，如图 10.10 所示。在建筑物四角与隔墙两端，基槽开挖边界线以外 1.5 ~2 m 处，设置龙门桩。龙门桩要钉得竖直、牢固，龙门桩的外侧面应与基槽平行。根据施工场地的水准点，用水准仪在每个龙门桩外侧，测设出该建筑物室内地坪设计高程线（即 ±0.000 标高线），并做出标志。沿龙门桩上 ±0.000 标高线钉设龙门板，这样龙门板顶面的高程就同在 ±0.000的水平面上。在 N 点安置经纬仪，瞄准 P 点，沿视线方向在龙门板上定出一点，用小钉做标志，纵转望远镜，在 N 点附近的龙门板上也钉一个小钉。用同样的方法，将各轴线引测到龙门板上，所钉之小钉称为轴线钉。轴线钉定位误差应小于 ±5 mm。最后，用钢尺沿龙门板的顶面，检查轴线钉的间距，其误差不超过 1/2 000。检查合格后，以轴线钉为准，将墙边线、基础边线、基础开挖边线等标定在龙门板上。

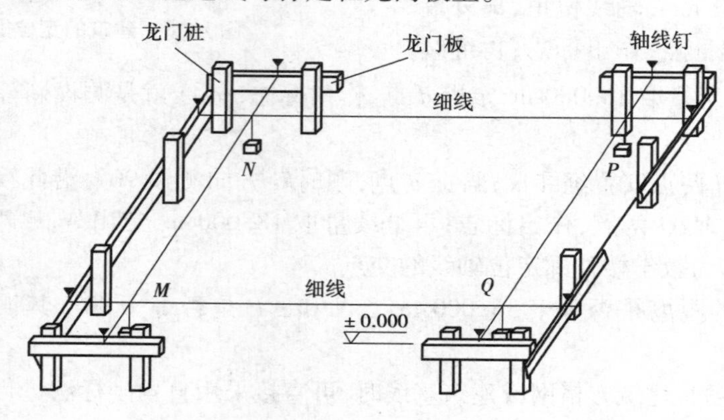

图 10.10　龙门板

10.2.3　基础工程施工测量

基础开挖前，首先根据细部测设确定的轴线位置和基础宽度，在地面上用白灰放出基础开挖线。

1）基槽标高

开挖基槽时要随时注意挖土深度，需要在槽壁上每隔 2 ~3 m 设置一些水平桩，用以控制挖槽深度，如图 10.11 所示。例如要钉出标高为 -1.000 m 的水平桩，首先把木杆放在附近一龙门板上，按十字丝横丝在木杆上所示位置画一水平横线，然后从此红线处再向上量出

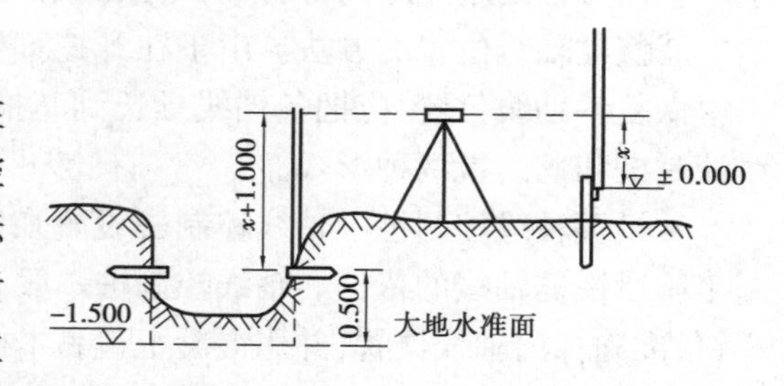

图 10.11　基槽标高测设图

1. 000 m的一段长度，画出第二条红线。把木杆紧贴基槽上下移动，直到第二条红线和十字丝的横丝重合时，靠木杆底部钉一小木桩即为要设置的水平桩，作为控制槽深和打基础垫层时的高程依据。

2)垫层中线的投测

基础垫层打好后，根据轴线控制桩或龙门板上的轴线钉，用经纬仪或用拉绳挂锤球的方法，把轴线投测到垫层上，如图 10. 12 所示。并用墨线弹出墙中心线和基础边线，作为砌筑基础的依据。由于整个墙身砌筑均以此线为准，所以要严格校核后方可进行砌筑施工，这也是确定建筑物位置的关键环节。

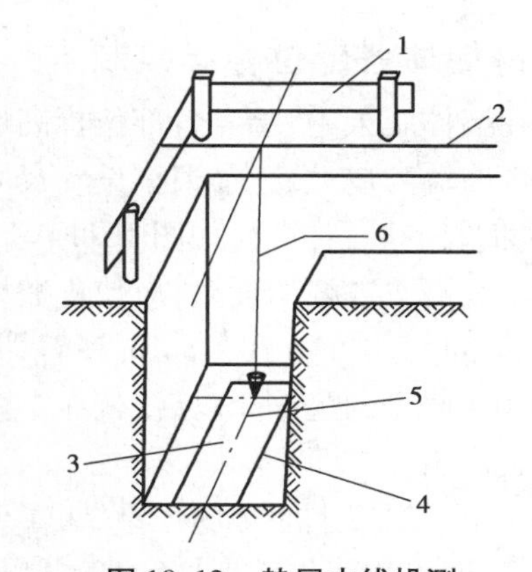

图 10. 12　垫层中线投测

1—龙门板；2—细线；3—垫层；4—基础边线；5—墙中线；6—锤球线

10. 2. 4　墙体施工测量

1)墙体定位

①利用轴线控制桩或龙门板上的轴线和墙边线标志，用经纬仪或拉细绳挂锤球的方法将轴线投测到基础面上或防潮层上。

②用墨线弹出墙中线和墙边线。

③检查外墙轴线交角是否等于90°。

④把墙轴线延伸并画在外墙基础上，如图 10. 13 所示，作为向上投测轴线的依据。

⑤把门、窗和其他洞口的边线，也在外墙基础上标定出来。

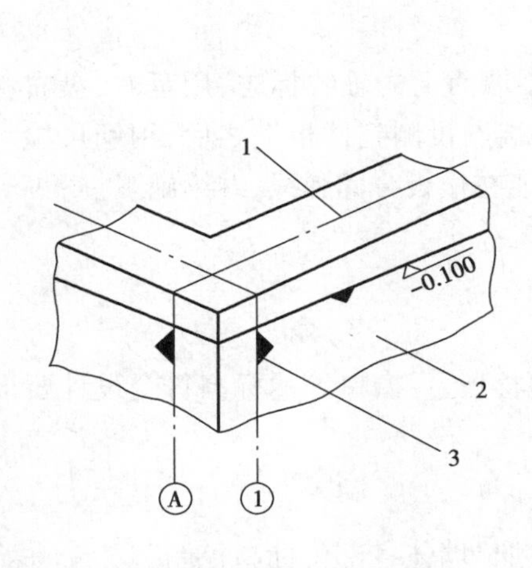

图 10. 13　墙体定位

1—墙中心线；2—外墙基础；3—轴线

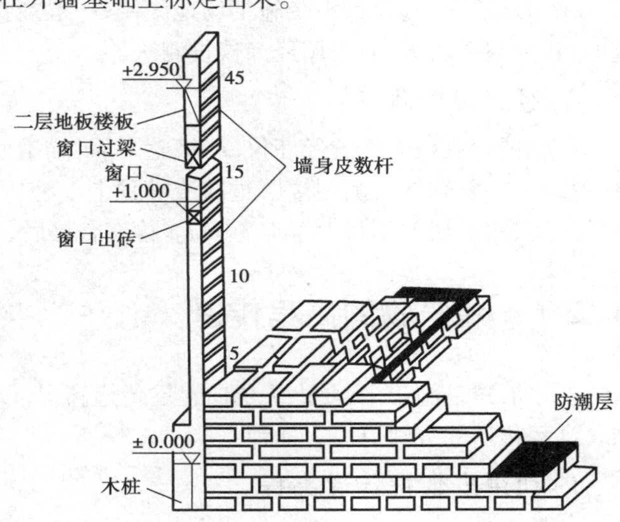

图 10. 14　墙体皮数杆的设置

2)墙体各部位标高控制

在墙体施工中,墙身各部位标高通常用皮数杆控制。

①在墙身皮数杆上,根据设计尺寸,按砖、灰缝的厚度画出线条,并标明 ±0.000 m,门、窗、楼板等的标高位置,如图 10.14 所示。

②墙身皮数杆的设立,应使皮数杆上的 ±0.000 m标高与建筑的室内地坪标高相吻合。在墙的转角处,每隔 10~15 m 设置一根皮数杆。

③在墙身砌起 1 m 以后,就在室内墙身上定出 +50 cm 的标高线,作为该层地面施工和室内装修用。

④第二层以上墙体施工中,为了使皮数杆在同一水平面上,要用水准仪测出楼板四角的标高,取平均值作为地坪标高,并以此作为立皮数杆的标志。

框架结构的民用建筑,墙体砌筑是在框架施工后进行的,故可在柱面上画线,代替皮数杆。

10.2.5 建筑物的轴线投测

在多层建筑墙身砌筑过程中,为了保证建筑物轴线位置正确,可用吊锤球或经纬仪将轴线投测到各层楼板边缘或柱顶上。

1)吊锤球法

将较重的锤球悬吊在楼板或柱顶边缘,当锤球尖对准基础墙面上的轴线标志时,线在楼板或柱顶边缘的位置即为楼层轴线端点位置,并画出标志线。各轴线的端点投测完后,用钢尺检核各轴线的间距,符合要求后,继续施工,并把轴线逐层自下向上传递。

吊锤球法简便易行,不受施工场地限制,一般能保证施工质量。但当有风或建筑物较高时,投测误差较大,应采用经纬仪投测法。

2)经纬仪投测法

在轴线控制桩上安置经纬仪,严格整平后,瞄准基础墙面上的轴线标志,用盘左、盘右分中投点法,将轴线投测到楼层边缘或柱顶上。将所有端点投测到楼板上之后,用钢尺检核其间距,相对误差不得大于 1/3 000。检查合格后,才能在楼板分间弹线,继续施工。

10.2.6 建筑物的高程传递

在多层建筑施工中,要由下层向上层传递高程,以便楼板、门窗口等的标高符合设计要求。高程传递的方法有以下几种:

1)利用皮数杆传递高程

一般建筑物可用墙体皮数杆传递高程。具体方法参照“墙体各部位标高控制”。

2)利用钢尺直接丈量

对于高程传递精度要求较高的建筑物,通常用钢尺直接丈量来传递高程。对于二层以上的各层,每砌高一层,就从楼梯间用钢尺从下层的"+50 cm"标高线,向上量出层高,测出上一层的"+50 cm"标高线。依次用钢尺逐层向上引测。

10.3 工业建筑施工测量

工业建筑中以厂房为主体。工业厂房一般分单层厂房和多层厂房,而厂房的柱子又分预制混凝土柱和钢结构柱等。本节介绍最常用的钢结构单层厂房在施工中的测量工作,其施工程序主要分为:厂房控制网的测设、厂房柱列轴线测设、柱基施工测量和厂房构件的安装测量4个部分。

10.3.1 厂房控制网的测设

工业厂房多为排架式建筑,柱列轴线的测设精度要求较高,因此,常在建筑方格网的基础上建立矩形控制网。首先设计厂房控制网角点的坐标,再根据建筑方格网用直角坐标法把厂房控制网测设在地面上,然后按照厂房跨度和柱距,在厂房控制网上定出柱列轴线。

具体做法如图10.15所示,先根据厂房4个角点的坐标,在基坑开挖线以外1.5 m的距离设计出厂房控制网4个角点 U,T,S,R 的坐标。测设时安置经纬仪在方格点 E 上,瞄准另一方格点 F,用钢尺从 E 点沿 EF 方向精确测设一段距离等于 E,U 两点的横坐标差,定出 M 点。同样从 F 点测设一段距离等于 F,R 两点的横坐标差,定出 N 点。然后将经纬仪安置在 M 点,根据 MF 方向用正、倒镜测设角270°,定出 MT 方向。沿此方向精确测设 MU,MT,在地上定出 U,T 两点,打入木桩并在桩顶画"十"字。同法再放仪器于 N 点,定出 R,S 两点,即得厂房控制网 U,T,S,R 四点。最后检查∠T,∠S 是否等于90°,TS 是否等于设计长度,如果角度误差不超过10″,边长误差不超过1/10 000,则认为符合精度要求。

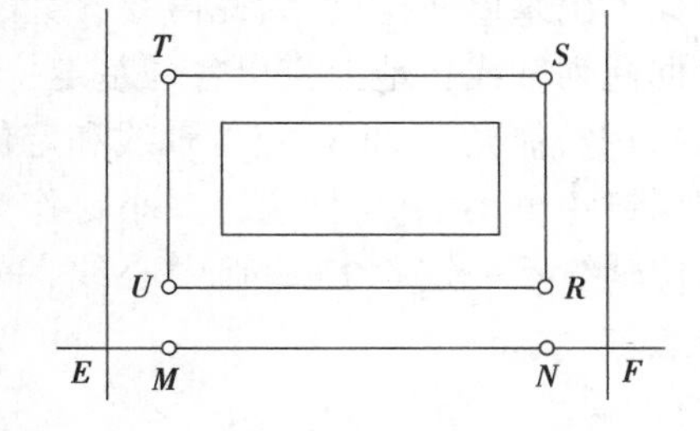

图10.15 厂房空置网测设

10.3.2 柱列轴线的测设

厂房矩形控制网测设出后,就可在矩形控制网的基础上定出柱列轴线。测设方法为:首先用钢尺在控制网各边上每隔柱子间距(一般为6 m)的整数倍(如以24 m,48 m)钉出距离指示桩,最后根据距离指示桩按柱距或跨度定出柱列轴线桩(或称轴线控制桩),在桩顶上钉小钉,标明柱列轴线方向,作为基坑放样的依据,如图10.16所示,A,B,C 和①,②,③等轴线均为柱列轴线。

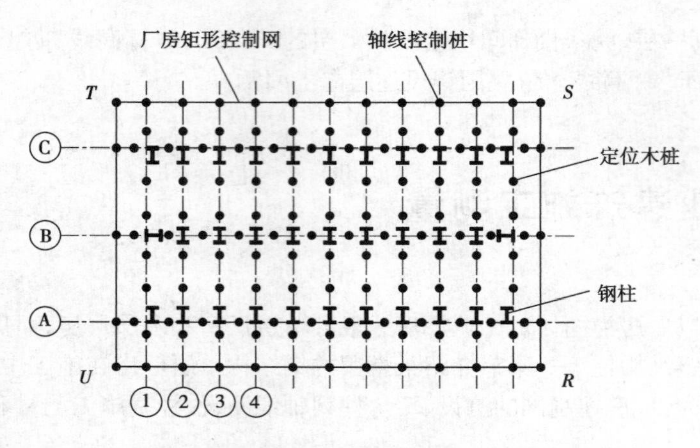

图 10.16　柱列轴线测设

10.3.3　柱基施工测量

1)柱基测设

柱基测设就是根据柱基础平面图和柱基础大样图的有关尺寸,把基坑开挖的边线用白灰标示出来以便挖坑,为此需要安置两台经纬仪在相应的轴线控制桩上,如图 10.16 所示。根据柱列轴线在地上交出各柱基定位点,然后按照基础大样图的有关尺寸(如图 10.17 所示),用特制角尺,根据定位轴线和定位点放出基坑开挖线,用白灰标明开挖范围,并在坑的四周钉 4 个小木桩,桩顶钉一小钉作为修坑和立模板的依据。在进行柱基测设时,应注意定位轴线不一定都是基础中心线,一个厂房的柱基类型很多,尺寸不一,测设时要特别注意。

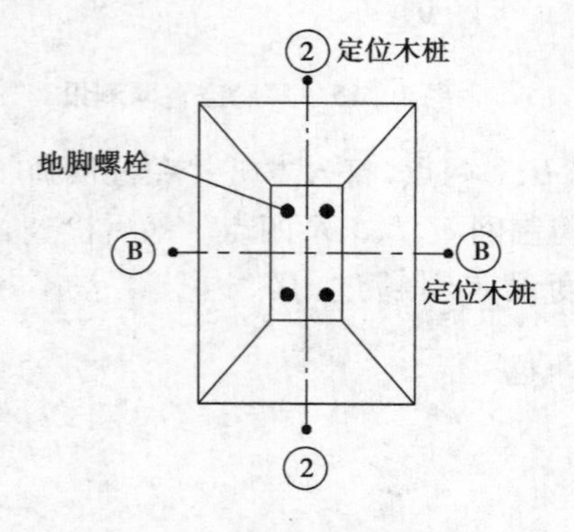

图 10.17　柱基测设

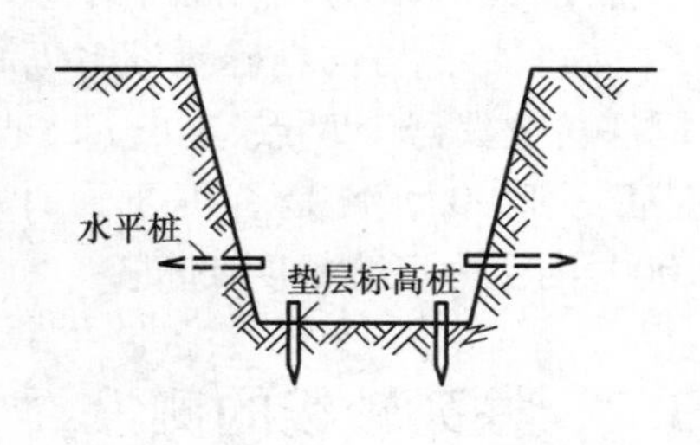

图 10.18　基坑抄平

2)基坑抄平

当基坑挖到一定深度时,应在坑壁四周离坑底设计高程 0.3 ~0.5 m 处设置几个水平桩,如图 10.18 所示,作为基坑修坡和清底的高程依据。此外还应在基坑内测设出垫层的高程,即在坑底设置小木桩,桩顶恰好等于垫层的设计高程。

3)基础模板定位

打好垫层之后,根据坑边定位小木桩,用拉线的方法,吊垂球把柱基定位线投到基坑的垫层上,然后用墨斗弹出墨线,用红油漆画出标记,作为柱基立模板和布置钢筋的依据。立模板时,将模板底线对准垫层上的定位线,并用垂球检查模板是否竖直,最后将柱基顶面设计高程测设在模板内壁上。

10.3.4　厂房构件安装测量

门式刚架单层工业厂房由钢柱、吊车梁、钢梁、天窗架和屋面板等主要构件组成,这些构件都是按照设计尺寸在构件加工厂事前制作好的。因此,安装时必须保证各部件的位置正确,以免影响工程质量。下面介绍钢柱、吊车梁和吊车轨道等构件的安装测量与校正工作。

1)钢柱安装测量

钢柱安装之后应满足以下设计要求:牛腿面高程必须等于它的设计高程;柱脚中心线必须对准柱列中心线;柱身必须竖直。具体做法如下:

(1)吊装前的准备工作

钢柱吊装以前,应根据轴线控制桩把定位轴线投测到基础顶面上,并用墨线标明,如图10.16和图10.17所示。

(2)柱长检查与杯底抄平

柱地板到牛腿面的设计长度 L 加上基础面高程,应等于牛腿面高程,如图10.19所示。但钢柱在加工制作时由于下料和焊接等原因,不可能使柱子的实际尺寸和设计尺寸一样,为了解决这一问题,往往要加入垫块,调节柱地板的高度,并用膨胀混凝土振捣密实,使牛腿面高程等于设计高程,允许误差为 ±5 mm。

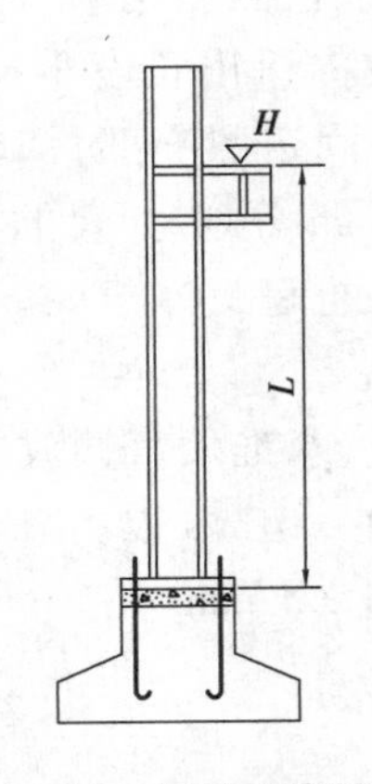

图10.19　钢柱标高控制

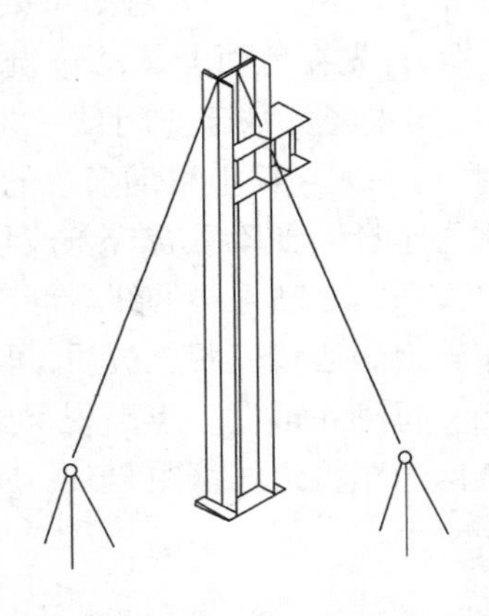

图10.20　柱垂直度控制

(3)安装柱子时的竖直校正

如图10.20所示,柱底板与地脚螺栓就位后应用螺母临时将其固定。首先应使柱身基本垂直。接着进行柱子竖直校正,这时用两台经纬仪分别安置在互相垂直的两条柱列中线上，离开柱子的距离约为柱高的1.5倍。先瞄准柱子下部中心线，再抬高望远镜，检查柱中心线是否在同一竖直面内，如有偏差则指挥吊装人员用拉线进行调整。正镜使柱子定位后，立即倒镜，再测量一次，如正、倒镜观测结果有偏差，则取其中数再进行调整，直至竖直为止。

在实际工作中往往是把数根柱子都竖起来然后进行校正，这时可把仪器安置在轴线的一侧，并尽可能地靠近轴线，与中心线的夹角一般不超过15°，这样一次可以校正数根柱子。

进行柱子竖直校正应注意以下几点：经纬仪应经过严格的检校，观测时照准部水准管气泡应严格居中，应随时检测柱子下部中线与杯口中线对齐等。

2）吊车梁安装测量

吊车梁安装时应满足下列要求：梁顶高程应与设计高程一致，梁的上下中心线应和吊车轨道的设计中心线在同一竖直面内。具体做法如下：

（1）牛腿面抄平

用水准仪根据水准点检查柱子±0.000标高，如果检测误差不超过±5 mm，则原±0.000标高不变；如果误差超过±5 mm，则重新测设±0.000标高位置，并以此结果作为修正牛腿面的依据。

（2）吊车梁中心线投点

根据控制桩或杯口柱列中心线，按设计数据在地面上测出吊车梁两端的中心线点，钉木桩标志，然后安置经纬仪于一端，后视另一端，抬高望远镜将吊车梁中心线投到每个牛腿面上，如果与柱子吊装前所画的中心线不一致，则以新投的中心线作为定位的依据。

（3）吊车梁安装

在吊车梁安装前，已在梁的两端及梁面上弹出梁中心线的位置，因此，使梁中心线和牛腿面上的中心线对齐即可。

3）吊车轨道安装测量

安装吊车轨道前，先要对吊车梁上的中心线进行检测，此项检测多用平行线法。如图10.21所示，首先在地面上从吊车轨道中心线向厂房中心线方向量出长度1 m，得平行线EE'。然后安置经纬仪于平行线一端E点上，瞄准另一点E'，固定照准部，仰起望远镜投测。此时，另一人在梁上移动横放的木尺，当视线正对木尺上1 m分划时，尺的零点应与梁面上的中心重合。如不重合应予改正，使吊车梁中心线至EE'的间距等于1 m为止，同法可检测另一条吊车轨道中心线。

吊车轨道中心线安装就位后，可将水准仪安置在吊车梁上，水准尺直接放在轨道顶上进行检测。每隔3 m测一点高程，与设计高程相比较，误差应在±3 mm以内。最后还要用钢尺检查两吊车轨道间跨距，与设计跨距相比较，误差不得超过±5 mm。

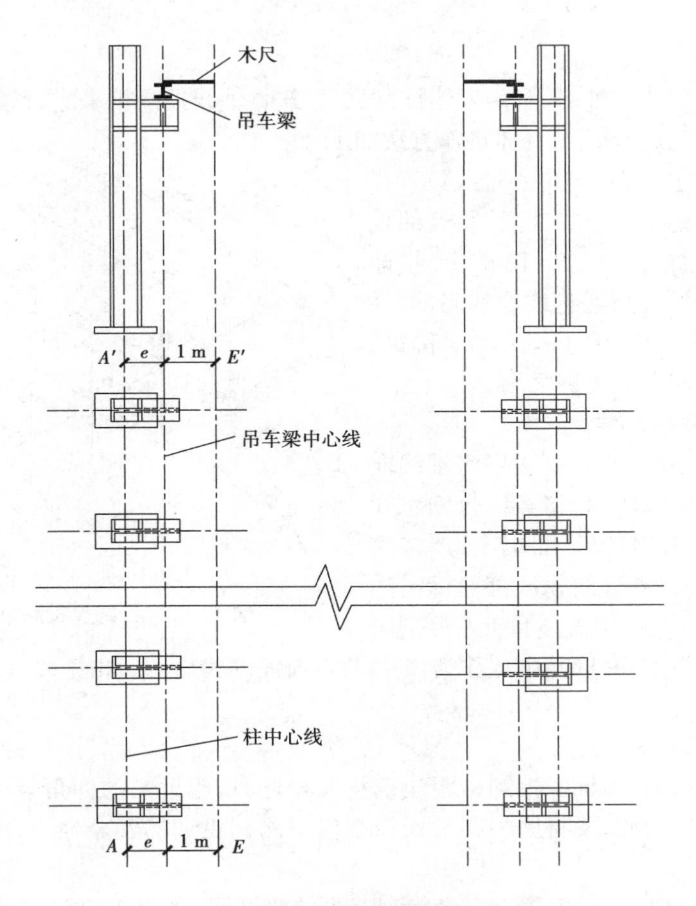

图 10.21　吊车梁轨道测量

10.4　高层建筑施工测量

10.4.1　高程建筑轴线投测

高层建筑物施工测量中的主要问题是控制垂直度，就是将建筑物的基础轴线准确地向高层引测，并保证各层相应轴线位于同一竖直面内，控制竖向偏差，使轴线向上投测的偏差值不超限。轴线向上投测时，要求竖向误差在本层内不超过 5 mm，全楼层累计误差值不应超过 $2H/10\ 000$（H 为建筑物总高度），且不应大于：

$30\ \text{m} < H \leqslant 60\ \text{m}$ 时，10 mm；$60\ \text{m} < H \leqslant 90\ \text{m}$ 时，15 mm；$90\ \text{m} < H$ 时，20 mm。

高层建筑物轴线的竖向投测，主要有外控法和内控法两种。

1)外控法

外控法是在建筑物外部,利用经纬仪,根据建筑物轴线控制桩来进行轴线的竖向投测,亦称“经纬仪引桩投测法”。具体操作方法如下:

(1)在建筑物底部投测中心轴线位置

高层建筑的基础工程完工后,将经纬仪安置在轴线控制桩 A_1,A_1',B_1 和 B_1'上,把建筑物主轴线精确地投测到建筑物的底部,并设立标志,如图 10.22 中的 a_1,a_1',b_1 和 b_1',以供下一步施工与向上投测之用。

(2)向上投测中心线

随着建筑物不断升高,要逐层将轴线向上传递。如图 10.22 所示,将经纬仪安置在中心轴线控制桩 A_1,A_1',B_1 和 B_1'上,严格整平仪器,用望远镜瞄准建筑物底部已标出的轴线 a_1,a_1',b_1 和 b_1'点,用盘左和盘右分别向上投测到每层楼板上,并取其中点作为该层中心轴线的投影点,如图 10.15 中的 a_2,a_2',b_2 和 b_2'。

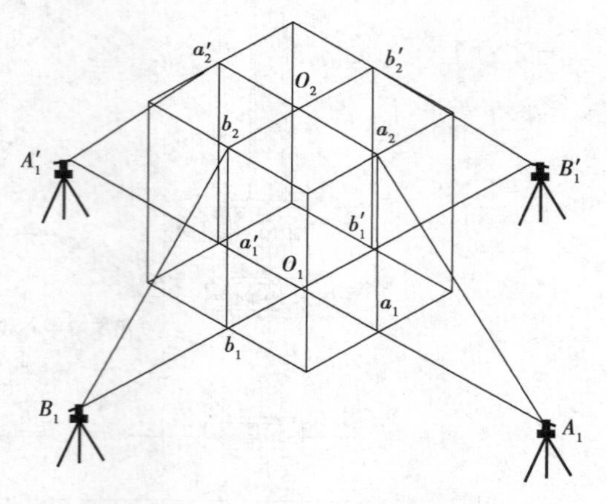

图 10.22　经纬仪投测中心轴线

(3)增设轴线引桩

当楼层逐渐增高,而轴线控制桩距建筑物又较近时,望远镜的仰角较大,操作不便,投测精度也会降低。为此,要将原中心轴线控制桩引测到更远的安全地方,或者附近大楼的屋面。

具体做法是:将经纬仪安置在已经投测上去的较高层(如第 10 层)楼面轴线 $a_{10}a_{10}'$上,如图 10.23 所示,瞄准地面上原有的轴线控制桩 A_1 和 A_1'点,用盘左、盘右分中投点法,将轴线延长到远处 A_2 和 A_2'点,并用标志固定其位置,A_2,A_2'即为新投测的 A_1,A_1'轴线控制桩。

更高各层的中心轴线,可将经纬仪安置在新的引桩上,按上述方法继续进行投测。

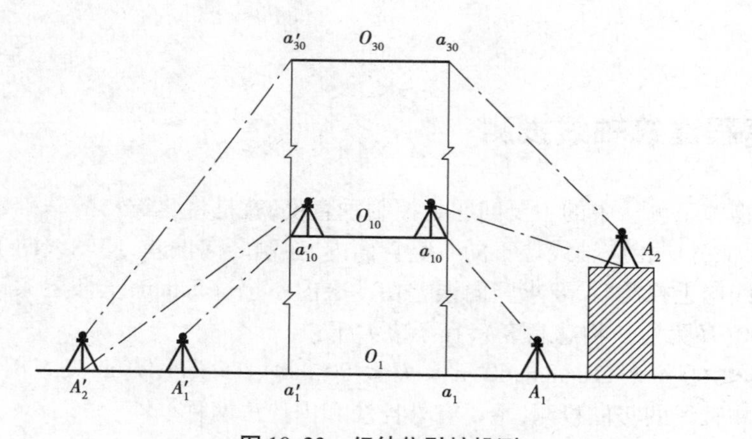

图 10.23　经纬仪引桩投测

2)内控法

内控法是在建筑物内 ±0.000 平面设置轴线控制点,并预埋标志,以后在各层楼板相应位置上预留 200 mm×200 mm 的传递孔,在轴线控制点上直接采用吊线坠法或激光铅垂仪法,通过预留孔将其点位垂直投测到任一楼层,如图 10.24 所示。

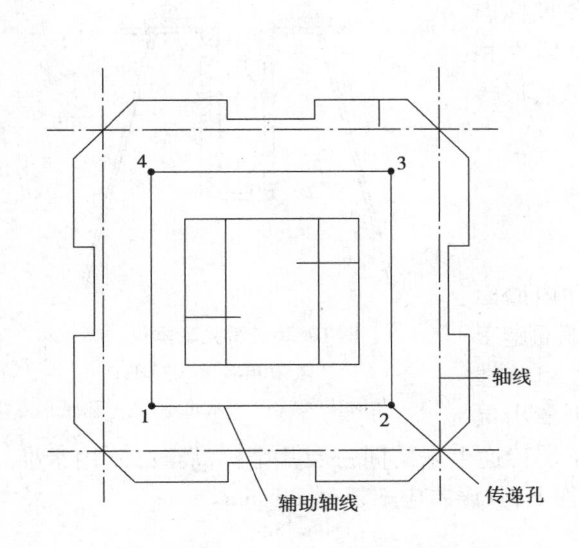

图 10.24　内控法轴线控制点的设置

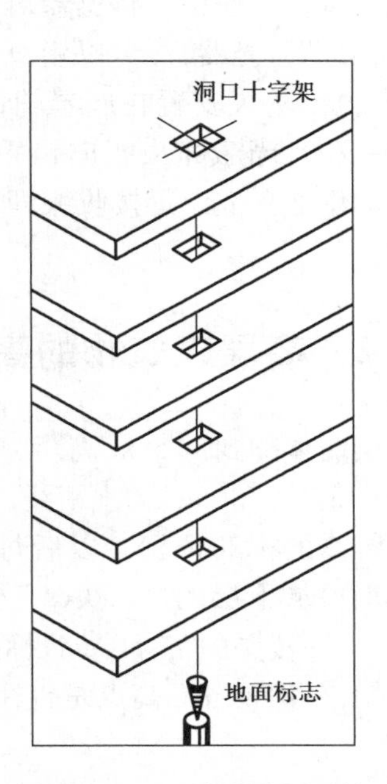

图 10.25　吊线坠法投测轴

(1)内控法轴线控制点的设置

在基础施工完毕后,在 ±0.000 首层平面上的适当位置设置与轴线平行的辅助轴线。辅助轴线距轴线 500 ~ 800 mm 为宜,并在辅助轴线交点或端点处埋设标志,如图 10.24 所示。

(2)吊线坠法

吊线坠法是利用钢丝悬挂重锤球进行轴线竖向投测。这种方法一般用于高度在 50 ~ 100 m 的高层建筑施工中,锤球的重量为 10 ~ 20 kg,钢丝的直径为 0.5 ~ 0.8 mm。投测方法如下:

如图 10.25 所示,在预留孔上面安置十字架,挂上锤球,对准首层预埋标志。当锤球线静止时,固定十字架,并在预留孔四周做出标记,作为以后恢复轴线及放样的依据。此时,十字架中心即为轴线控制点在该楼面上的投测点。

用吊线坠法实测时,要采取一些必要措施,如用铅直的塑料管套着坠线或将锤球沉浸于油中,以减少摆动。

(3)激光铅垂仪投测法

激光铅垂仪是一种专用的铅直定位仪器,适用于高烟筒、高塔等高层建筑的铅直定位测量。

图 10. 26 是激光铅垂仪的示意图。仪器的竖轴是一个空心筒轴,两端有螺扣连接望远镜的套筒,将激光器安在筒轴的下端,望远镜安在上端,构成向上发射的激光铅垂仪;也可以反向安装,成为向下发射的激光铅垂仪。使用时将仪器对中、整平后,接通激光电源,启动激光器,便可以铅直发射激光束。测设时,将激光铅垂仪安置在底层辅助轴线的预埋标志上,整平仪器,当激光束指向铅垂方向时,只需在相应楼层的垂准孔上设置接收靶即可将轴线从底层传至高层。

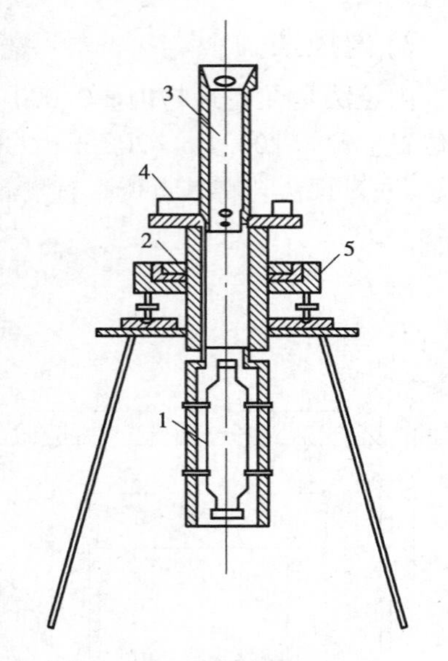

图 10. 26　激光铅垂仪
1—氦氖激光器;2—竖轴;
3—发射望远镜;4—水准管;5—基座

10. 4. 2　高层建筑物的高程传递

首层墙体砌到 1. 5 m 高后,用水准仪在内墙面上测设一条" +50 cm"的水平线,作为首层地面施工及室内装修的标高依据。以后每砌高一层,就从楼梯间用钢尺从下层的" +50 cm"标高线向上量出层高,测出上一楼层的" +50 cm"标高线。由下层传递上来的同一层几个标高点必须用水准仪进行检核,检查各标高点是否在同一水平面上,其误差应不超过 ±3 mm。

10. 5　建筑物的变形观测

在建筑物的建造过程中,由于建筑物基础的地质构造不均匀、土壤的物理性质不同、大气温度变化、地基的塑性变形、地下水位季节性和周期性的变化、建筑物本身的荷重、建筑物的结构及动荷载的作用,建筑物将发生沉降、位移、挠曲、倾斜及裂缝等现象,为了不影响建筑物的正常使用,保证工程质量和安全,同时也为今后合理地设计积累资料,必须在建筑物建设之前、施工过程中,以及交付使用期间,对建筑物进行变形观测。

建筑物的变形观测主要包括沉降观测和倾斜观测。

10. 5. 1　建筑物的沉降观测

建筑物的沉降是地基、基础和上层结构共同作用的结果。沉降观测就是测量建筑物上所设观测点与水准点之间随时间推移的高差变化量。通过此项观测,研究解决地基沉降问题和分析相对沉降是否有差异,以检测建筑物的安全。

1) 水准点和观测点的设置

建筑物的沉降观测是根据埋设在建筑物附近的水准点进行的,所以在设水准点时要综合考虑水准点的稳定、观测方便和精度要求。为了相互检核并防止由于个别水准点的高程变动造成差错，一般要求设3个水准点，它们应埋设在受压、受震范围以外，埋设深度在冻土线以下0.5 m，但又不能离观测点太远(不应大于100 m)。

观测点的数目和位置应能全面反映建筑物沉降的情况，这与建筑物的大小、荷重、基础形式和地质条件有关。一般情况下，沿房屋四周每隔10～15 m布置一点。另外，在最容易变形的地方，例如设备基础、柱子基础、伸缩缝两旁、基础形式改变处、地质条件改变处等也应设立观测点。观测点的埋设要求稳固，通常采用角钢、圆钢或铆钉作为观测点的标志，分别埋设在砖墙上、钢筋混凝土柱子上和设备基础上。

2)观测时间、方法和精度要求

一般在增加荷重前后，如基础浇灌、回填土、安装柱子和屋架、砌筑砖墙、设备运转等都应进行沉降观测；当基础附近地面荷重突然增加，周围大面积积水及暴雨后，或周围大量挖方等也应进行沉降观测。工程完工以后，观测应连续，观测时间的间隔可按沉降量大小及速度而定，在开始时可每隔1～2月观测一次，以后随着沉降速度的减慢，可逐渐延长观测时间，直到沉降稳定为止。

水准点是作为比较观测点沉降量的依据，因此，要求它必须以永久水准点为依据精确测定。观测时应往返观测，并经常检查有无变动。对于重要厂房和重要设备基础的观测，要求能反映出1～2 mm的沉降量。因此，必须应用DS_1级以上精密水准仪和精密水准尺进行往返观测，其观测的闭合差不应超过$\pm\sqrt{n}$ mm(n为观测数)，观测应在成像清晰、稳定的时间内进行。对于一般厂房建筑物，精度要求可适当放宽些，可以使用四等水准测量的水准仪进行往返观测，观测闭合差不超过$\pm 2\sqrt{n}$ mm。

3)沉降观测的成果整理

每次观测结束后，应检查观测手簿中的数据和计算是否合理、正确，精度是否合格等。然后把历次各观测点的高程列入成果表10.2中，计算两次观测之间的沉降量和累计沉降量，并注明观测日期。

表10.2　某体育运动学校办公楼沉降观测成果表

观测次数	观测日期	各观测点的沉降情况											
		1			2			3			4		
		高程/cm	本次下沉/mm	累积下沉/mm	高程/cm	本次下沉/mm	累积下沉/mm	高程/cm	本次下沉/mm	累积下沉/mm	高程/cm	本次下沉/mm	累积下沉/mm
1	2007.5.4	712.67	0	0	709.53	0	0	690.79	0	0	692.79	0	0
2	2007.6.8	712.62	0.5	0.5	709.53	0	0	690.75	0.4	0.4	692.75	0.4	0.4
3	2007.8.5	712.55	0.7	1.2	709.44	0.9	0.9	690.58	1.7	2.1	692.58	2.7	3.1
4	2008.1.5	712.41	1.4	2.6	709.25	1.9	2.8	690.25	3.3	5.4	692.24	3.4	6.5
5	2008.5.6	712.22	1.9	4.5	709.00	2.5	5.3	690.14	1.1	6.5	692.02	2.2	8.7
6	2008.8.9	711.99	2.3	6.8	708.88	1.2	6.5	690.05	0.9	7.4	691.85	1.7	10.4

10.5.2 建筑物的倾斜观测

对需要进行倾斜观测的一般建筑物,要在几个侧面进行观测。如图10.27所示,在离墙距离大于墙高的地方选一点A安置经纬仪后,分别用正、倒镜瞄准墙顶一固定点M,向下投影取其中点M_1。过一段时间再用经纬仪瞄准同一点M,向下投影得点M_2。若建筑物沿侧面发生倾斜,M点已经移位,则M_2与M_1不重合,于是得到偏移量e_M。同时,在另一侧也可以得到偏移量e_N,利用矢量加法可求得建筑物的总偏移量e,即:

$$e = \sqrt{e_M^2 + e_N^2} \tag{10.4}$$

以H代表建筑物高度,则建筑物的倾斜度为:

$$i = e/H \tag{10.5}$$

对圆形建筑物,如烟囱、水塔等的倾斜观测,是在两个垂直方向上测定其顶部中心O'点对底部中心O点的偏心距。如图10.28中的OO',其做法如下:如图10.28所示,在靠烟囱底部所选定的方向平放一根标尺,使尺与方向线垂直。安置经纬仪在标尺的垂直平分线上,并距烟囱的距离大于烟囱高度的1.5倍。用望远镜分别瞄准底部边缘两点A,A'及顶部边缘两点B,B',并分别投点到标尺上,设读数为y_1,y_2和y_1',y_2',则横向倾斜量:

$$\delta_y = \frac{y_1' + y_2'}{2} - \frac{y_1 + y_2}{2} \tag{10.6}$$

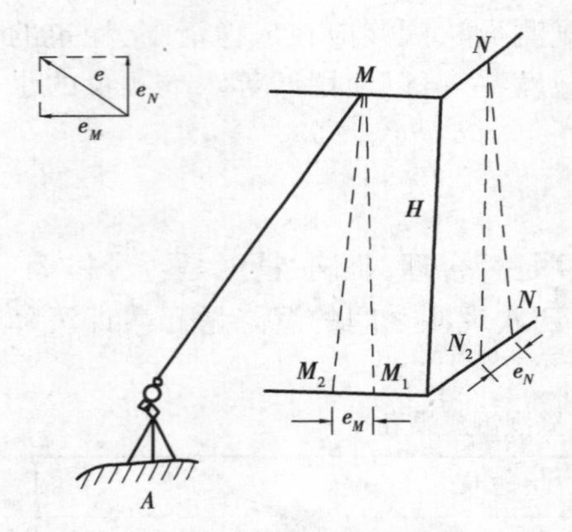

图10.27 建筑物的倾斜观测

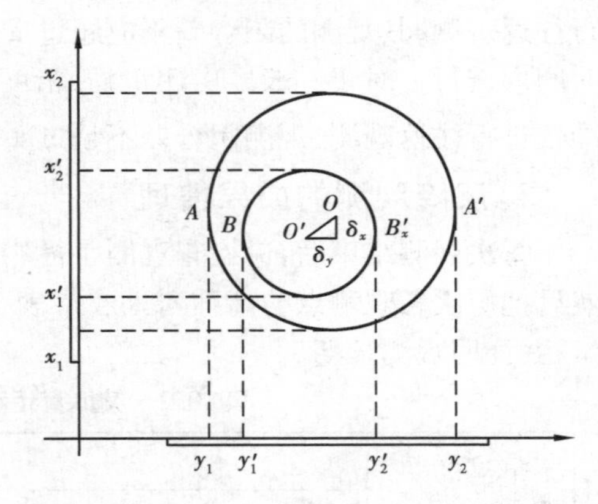

图10.28 高耸构筑物倾斜观测

同样的方法再安置经纬仪及标尺于烟囱的另一垂直方向,测得底部边缘和顶部边缘在标尺上投点的读数为x_1,x_2和x_1',x_2',则纵向倾斜量为:

$$\delta_x = \frac{x_1' + x_2'}{2} - \frac{x_1 + x_2}{2} \tag{10.7}$$

烟囱的总倾斜量为:

$$OO' = \sqrt{\delta_x^2 + \delta_y^2} \tag{10.8}$$

烟囱的倾斜方向为:

$$\alpha_{OO'} = \arctan \frac{\delta_y}{\delta_x} \tag{10.9}$$

其中,α 是以 x 轴为标准方向线所示的方向角。

以上观测要求仪器的水平轴严格水平,否则应用正、倒镜观测两次取平均数。

10.6　建筑物竣工测量

竣工测量的最终成果就是竣工总平面图,它包括反映工程竣工时的地形现状、地上与地下各种建(构)筑物以及各类管线平面位置与高程的总现状地形图和各类专业图等。竣工总平面图是设计总平面图在工程施工后实际情况的全面反映和工程验收的重要依据,也是竣工后工程改建、扩建的重要基础技术资料。因此,工程单位必须十分重视竣工测量。

竣工测量包括室外的测量工作和室内的竣工总平面图编绘工作。

10.6.1　室外测量

1)主要建筑及一般建(构)筑物墙角和边界围墙角的测量

对于较大的矩形建筑物至少要测三个主要房角坐标,小型房屋可测其长边两个房角坐标,并量其房宽注于图上。圆形建筑物应测其中心坐标,并在图上注明其半径。

2)架空管线支架测量

要求测出起点、终点、转点支架中心坐标,直线段支架用钢尺量出支架间距及支架本身长度和宽度的尺寸,在图上绘出每一个支架位置。如果支架中心不能施测坐标时,可施测支架对角两点的坐标,然后取其中数确定,或测支架一长边的两角坐标,量出支架宽度注于图上,如果管线在转弯处无支架,则要求测出临近两支架中心坐标。

3)电讯线路测量

对于高压、照明及通信线路需要测出起点、终点坐标及转点杆位中心坐标。高压铁塔要测出一条对角线上两基础中心坐标,另一对角的基础也应在图上表示出来。直线部分的电杆可用交会法确定其点位。

4)地下管线测量

上水管线应施测起点、终点、弯头三通点和四通点的中心坐标;下水道应施测起点、终点及转点井位中心坐标;地下电缆及电缆沟应施测起点、终点、转点中心的坐标。

5)交通运输线路测量

各主要和次要道路测绘,绘制出道路中心线,道路变向处的坐标。

10.6.2　竣工总平面图的编绘

编绘竣工总平面图的室内工作,主要包括竣工总平面图、专业分图和附表等的编绘工作。

总平面图编绘的内容如下:

①由于总平面图既要表示地面、地下和架空的建(构)筑物平面位置,还要表示细部点坐标、高程和各种元素数据,因此构成了相当密集的图面,所以比例尺的选择以能够在图面上清楚地表达出这些要素,使用图者易于阅读、查找为原则。一般选用1:1 000的比例尺,对于特别复杂的厂区可采用1:500的比例尺。

②对于一个生产流程系统,例如炼钢厂、炼铁厂、轧钢厂等,应尽量放在一个图幅内。如果一个生产流程的工厂面积过大,也可以分幅,分幅时应尽量避免主要生产车间被切割。

③对于设施复杂的大型企业,若将地面、地下及架空的建(构)筑物反映在同一个图面上,不仅难以表达清楚,而且给阅读、查找带来很多不便。尤其现代企业管理各有分工,例如排水系统、供电系统、铁路运输系统等,因此需要既有反映全貌的总图,又有能够反映细部的专业分图。

④竣工总平面图上应包括建筑方格网点、水准点、厂房、辅助设施、生活福利设施、架空与地下管线、铁路等建筑物或构筑物的坐标和高程,以及厂区内空地和未建区的地形。有关建(构)筑物的符号应与设计图例相同,有关地形的图例应使用国家地形图图式符号。

⑤总图可以采用不同的颜色表示出图上的各种内容,如厂房、车间、铁路、仓库、住宅等以黑色表示,热力管线用红色表示,高、低压电缆线用黄色表示,通信线用绿色表示,而河流、池塘、水管用蓝色表示等。

⑥在已编绘的竣工总平面图上,要有工程负责人和编图者的签字,并附有以下资料:

a. 测量控制点布置图、坐标及高程成果表。

b. 每项工程施工期间测量外业资料,并装订成册。

c. 施工期间进行的测量工作和各个建筑物沉降和变形观测的说明书。最后,把竣工总平面图及附表应移交使用单位。

技能训练　龙门板法基础放线实训

1)目的和要求

①掌握民用建筑龙门板法基础放线的方法。

②进一步学习测设的基本技能。

2)仪器和工具

DS_3水准仪1台,DJ_6经纬仪1台,水准尺1根,钢尺1把,木桩7个,长木板2块,斧头1把,小钉若干,细线若干米,白灰,铁锹1把,伞1把,记录簿1本。

3)方法与步骤

如图10.29所示,按如下步骤进行实训。

①由教师给定相应设计数据。指导学生用下面的公式计算出基槽开挖的半宽度:

基槽开挖的半宽度=基础底面设计半宽+作业面+放坡宽度

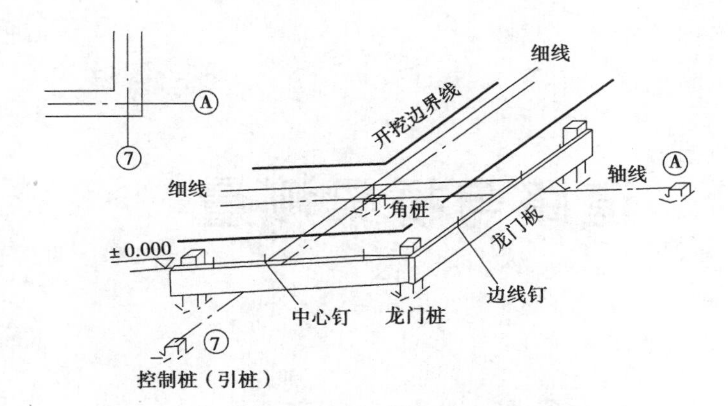

图10.29 龙门板法基础放线

②在指定的实训场地，由指导教师指挥学生在地面上打下木桩作为角桩。

③在角桩上安置经纬仪，在地面上测设两条互相垂直的直线分别作为⑦轴和Ⓐ轴，并在距离开挖边界线4 m左右的距离钉下轴线控制桩。

④在开挖边界线外约1.5 m的地方打下龙门桩。

⑤按教师给定的控制点和±0.000 m标高的绝对高程，用水准仪在龙门桩上测设出±0.000 m标高的位置，并在龙门桩侧面画线作为标志。

⑥使木板顶面对齐龙门桩上的±0.000 m标高线，将木板钉在龙门桩上，作为龙门板。

⑦用经纬仪将⑦轴和Ⓐ轴的轴线分别投测到两块龙门板上，并钉小钉作为标志，即中心钉。

⑧按计算的半槽口宽度，在龙门板上中心钉两侧测设距离并钉槽口边线钉。

⑨在槽口边线钉上拉线，用铁锹铲白灰，演示放出开挖边界线。

4）实训记录

学生整理实训记录，要记录实训的过程和收获。

思考与练习

10.1 龙门板的作用是什么？如何设置龙门板？在施工工地有时标定了轴线桩，为什么还要测设控制桩（引桩）？

10.2 试述高层建筑施工测设的主要工作。

10.3 建筑物沉降观测的目的是什么？有何特点和要求？

10.4 竣工测量的目的是什么？

10.5 图10.30中已给出新建建筑与原有建筑的相对位置关系（墙厚240 mm），试述测设新建建筑的方法和步骤。

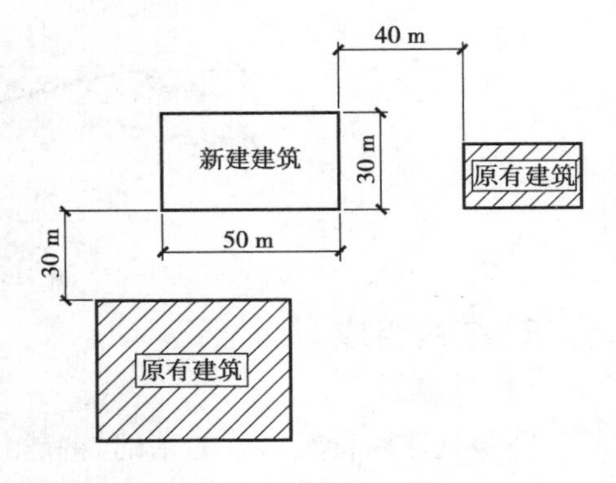

图10.30 题10.5图

单元 11　道路与桥梁测量

11.1　道路基本知识

11.1.1　道路的组成

道路是一种线性结构物,包括线性组成和结构组成两大部分。

1)线性组成

道路的中线是一条三维空间曲线,称为路线。线性就是指道路中线在空间的几何形状和尺寸。

在道路线性设计中,为了便于确定道路中线的位置、形状、尺寸,需要从路线平面、路线纵断面和空间曲线 3 个方面来研究路线,如图 11.1 所示。道路中线在水平面上的投影称为路线平面,反映路线在平面上的形状、位置及尺寸的图形称为路线平面图。用一曲面沿道路中线竖直剖切展成的平面称为路线纵断面,反映道路中线在断面上的形状、位置及尺寸的图形称为路线纵断面图。空间线性通常是用线性组合、透视图法、模型法来进行研究的。

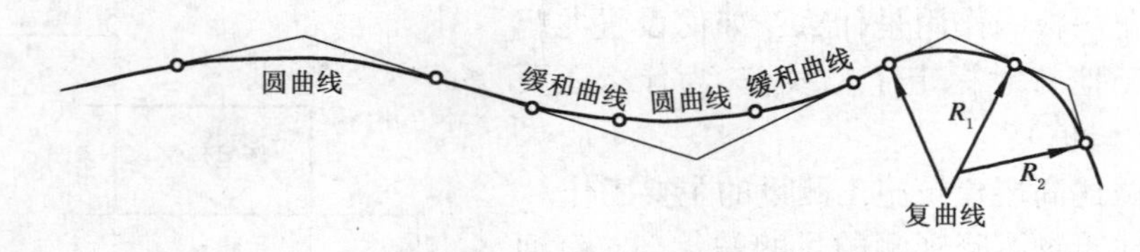

图 11.1　道路平面线形

2)结构组成

(1)路基

路基是道路行车部分的基础,它是由土、石按照一定尺寸、结构要求所构成的带状土工结构物。路基必须稳定坚实。路基的结构、尺寸用横断面图表示。

(2)路面

路面(又称为行车部分),是在路基表面的行车部分,是用各种材料分层铺筑的结构物,以供车辆在其上以一定速度,安全、舒适地行驶。路面行车部分需加固,使之具有一定的强度、平整度和粗糙度。

(3)桥涵

道路在跨越河流、沟谷和其他障碍物时所使用的结构物称为桥涵。桥涵是道路的横向排水系统之一。

(4)排水系统

为了确保路基稳定,免受自然水的侵蚀,道路应修建排水设施。道路排水系统按其排水方向的不同,可分为纵向排水系统和横向排水系统。

(5)隧道

隧道是为道路从地层内部或水下通过而修筑的建筑物,它由洞身和洞门两部分组成。

(6)防护工程

陡峭的山坡或沿河一侧的路基边坡受水流冲刷,会威胁路段的稳定。为保证路基的稳定,加固路基边坡所修建的人工构造物就称防护工程。

(7)沿线设施

沿线设施是道路沿线交通安全、管理、服务以及环保设施的总称,主要有交通安全设施、交通管理设施、防护设施、停车设施、路用房屋及其他沿线设施等。

11.1.2　道路线性工程

1)道路的平面

(1)平面线形

道路平面线形常采用直线、圆曲线和缓和曲线以及 3 种线形的组合。缓和曲线的线形有回旋曲线、三次抛物线曲线和双扭曲线,常用的是回旋曲线。

平面线形设计主要是路线平面几何要素的设计,包括直线、圆曲线、缓和曲线及三者的线形组合设计。

(2)超高

车辆在曲线路段上行驶时要受到离心力的作用,为抵消离心力而在曲线段横断面上设置的外侧高于内侧的单向横坡称为超高。当汽车在设有超高的弯道上行驶时,汽车自重分力将抵消一部分离心力,从而提高了弯道上行车的安全性和舒适性。

(3)加宽

汽车在曲线段上行驶时,其后轮轨迹偏向曲线内侧。为适应行车需要,在弯道内侧相应增加路面、路基宽度,称为弯道加宽。

(4)视距

为了保证行车安全,司机应能看到行车路线上前方一定距离的公路,以便在发现障碍物或迎面来车时,及时采取停车、避让、错车或超车等措施,行车视距是在完成这些操作过程中所必需的最短时间里汽车的行驶路程。在道路平面设计中保证足够的行车视距,是确保行车安全、快速的重要措施。我国公路规定了停车、会车和超车的3种视距。

2）道路的纵断面

（1）纵断面线形

道路纵断面线形常采用直线、竖曲线。竖曲线又分为凸型和凹型两种。竖曲线常采用圆曲线。直线和竖曲线是纵断面线形的基本要素。

（2）路线纵坡

路线纵断面上同一坡段两点间的高差与其水平距离的比值（用百分率表示）称为路线纵坡。纵坡的大小直接影响路线的长度、使用质量的好坏、行车安全以及运输成本和工程的经济性。

（3）竖曲线

纵断面上两相邻纵坡线的交点为变坡点。为保证行车安全、舒适以及视距的需要，在变坡处应设置竖曲线。竖曲线的作用是：缓和纵向变坡处行车动量变化而产生的冲击作用；确保道路纵向行车视距；将竖曲线与平曲线恰当组合，有利于路面排水和改善行车的视线诱导和舒适感。

3）道路的横断面

（1）公路横断面

公路横断面是中线上各点的法向切面，由横断面设计线与地面线构成。路基横断面组成包括：行车道、路肩、边坡、边沟、截水沟、护坡道、中间带以及专门设计的取土坑、弃土堆、植树带和其他特殊设施等。

（2）城市道路横断面

城市道路横断面组成有：机动车车行道、非机动车车行道、人行道、路缘带、分隔带、绿化带和设施带等。

11.2 道路中线测量

道路中线测量是通过直线和曲线的测设，将道路中线的平面位置具体地敷设到地面上去，并标定其里程，供设计和施工之用。其主要内容包括：路线交点和转点测设、转角的测定、中线里程桩的设置以及曲线主点和辅点的测设。

11.2.1 交点和转点的测设

路线的转折点称为交点，用符号 JD 表示，它是布设线路、详细测设直线和曲线的控制点。当相邻两交点的距离较远时，应在中间加设内分点，称为转点。有时因为地形障碍使相邻交点之间互不通视，也应在其中间或延长线上设置转点，以便进行观测。

1）交点的测设

对于等级较低的公路路线，其交点通常是在现场直接标定。对于高等级公路或地形复杂地段，则先进行纸上定线或航测定线，然后按以下方法进行交点的测设。

(1)穿线交点法

穿线交点法是利用地形图上的测图导线点与纸上路线之间的角度和距离的关系，在实地将路线中线的直线段测设出来，然后将相邻直线延长相交，定出地面交点桩的位置。此法适应于地形不太复杂，且定测中线距初测导线不远的情况。施测时按放点、穿线、交点 3 个步骤进行：

①放点。简单易行的放点方法有极坐标法和支距法两种。

图 11.2 为极坐标法放点。P_1,P_2,P_3,P_4 是设计图纸中线上的 4 点，欲放到实地上。4，5 两点是图上与实地相对应的导线点。用量角器和比例尺在图上分别量出或由坐标反算方位角计算出 $\beta_1,\beta_2,\beta_3,\beta_4$ 及距离 l_1,l_2,l_3,l_4 的数值。实地放点时，如在 4 点安置经纬仪，即以 4 点为极点拨角 β_1 定出 $4P_1$ 方向，从 4 点起沿方向线丈量 l_1 定出 P_1。用同样的方法定出 P_2，迁站至 5 点定出 P_3,P_4 点。

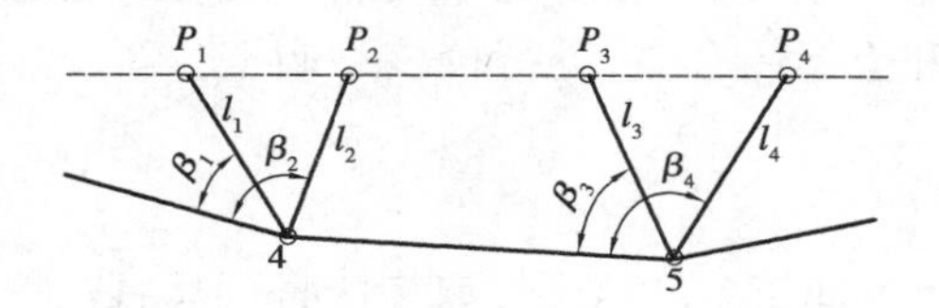

图 11.2　极坐标法放点

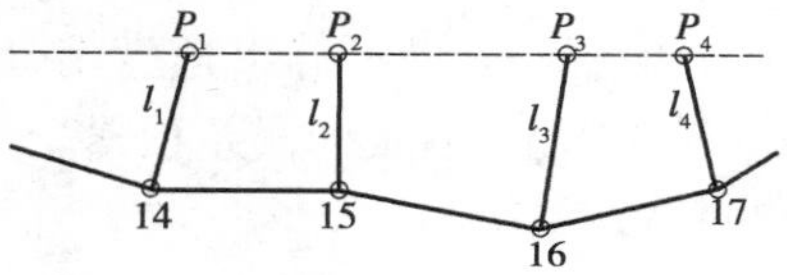

图 11.3　支距法放点

图 11.3 为支距法放点。在图上以各导线点 14,15 点为垂足，作导线边的垂线，交路线中线各点 P_1,P_2 等为欲放的临时点，量出相应的 l_1,l_2 等。在实地用经纬仪或方向架测设直角的标定方向，在视线上量距，放出 P_i 各点。上述放出的点位临时点尽可能选在地势较高、通视条件较好的位置，以利于下一步的穿线或放置转点。

②穿线。用上述方法放在实地的临时点，理论上应在同一条直线上，但由于放点时图解数据和测设误差及地形的影响，使放出的点并不在同一条直线上，如图 11.4 所示。这时可根据实地情况，采用目估法或经纬仪法穿线，通过比较和选择，定出一条尽可能多地穿过或靠近临时点的直线 AB，在 A,B 或其方向线上打下两个以上的方向桩，随即取消临时点，这种确定直线位置的方法称为穿线。

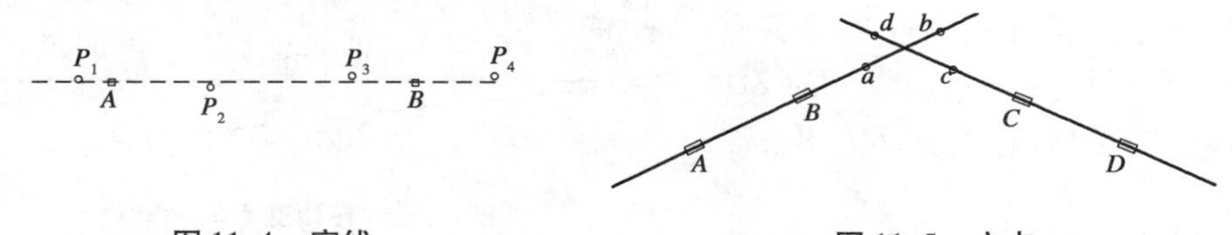

图 11.4　穿线

图 11.5　交点

③定交点。如图 11.5 所示，当两条相交的直线 AB 和 CD 在实地确定后，即可进行交点。将经纬仪置于 B 点，瞄准 A 点，倒镜在 JD 附近视线方向上打上两个骑马桩，采用正倒镜分中法在两桩上定出 a,b 两点，钉以小钉，挂上细线。仪器迁至 C 点，同法定出 c,d 点，挂上细线，两线交点处打下木桩，并钉以小钉得到交点。

(2)拨角法放线

根据纸上定线的各交点坐标，通过反算求出两交点间的距离和方位角，再由方位角算出转角。将经纬仪安置于中线起点或确定的交点上，在现场拨角、量距，定出交点位置。如图 11.6 所示，在 C_1 安置经纬仪，根据反算数据拨角 β_1，量出距离 S_1；定出 JD_1，在 JD_1 安置经纬仪，拨角 β_2，量距 S_2，定出 JD_2，用同法可定出其余交点。

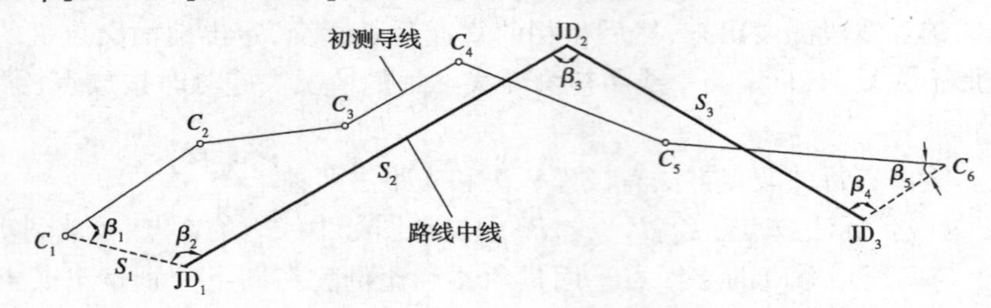

图 11.6　拨角法定线

这种方法较穿线法简单，工效高，但测设交点越多，距离越远，误差越大，因此在测设一定里程后，应和初测导线点联测一次。如图中当放出 JD_3 后，与导线点 C_6 联测，通过测水平角 β_4，β_5 和距离 S_4，即可算出角度闭合差和坐标闭合差，进行校核和调整。新交点又由导线点 C_6 开始确定，以减少误差积累。

(3)坐标放样法

交点坐标在地形图上确定以后，利用测图导线按全站仪坐标放样法将交点直接放样在地面上。这种方法的外业工作更快，由于利用测图导线放点，故无误差积累现象。

2)转点的测设

路线测量时，当相邻两交点间互不通视时，需要在其连线上或延长线上定出一点或数点，以供交点测角、量距或延长直线时瞄准之用，这样的点称为转点。其测设方法如下：

(1)在两交点间设转点

如图 11.7 所示，设 A，B 为相邻两交点，互不通视，ZD′为粗略定出转点的位置。将经纬仪置于 ZD′，用正倒镜分中法延长直线 A-ZD′于 B'。若 B' 与 B 重合或量取的偏差 f 在路线允许移动的范围内，则转点位置即为 ZD′，这时应将 B 移至 B'，并在桩顶钉以小钉表示交点位置。

当偏差超过容许范围或 B 不许移动时，则需重新设置转点。设 e 为 ZD′应横向移动的距离，仪器在 ZD′用视距测量方法测出距离 a，b，则

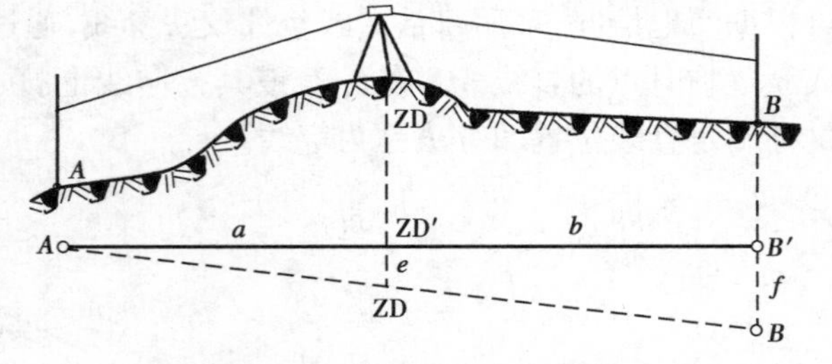

图 11.7　在两交点间设转点

$$e = \frac{a}{a + b}f \tag{11.1}$$

将 ZD′沿偏差 f 的相反方向横移 e 至 ZD。将仪器移至 ZD，延长直线 A—ZD 看是否通过 B 或偏差小于容许值，否则应再次设置转点，直至符合要求为止。

(2)在两交点延长线上设转点

当两交点间不便设置转点或根据需要，也可将转点设在其延长线上。如图 11.8 所示，设 A，B 互不通视，ZD′为其延长线上转点的概略位置。将经纬仪置于 ZD′，盘左照准 A，在 B

处标出一点；盘右再瞄准 A，在 B 处也标出一点，取两点的中点得到 B'。若 B 与 B' 重合或偏差在容许范围内，即可用 B' 代替 B 作为交点 ZD′即作为转点。否则应调整 ZD′的位置重新设转点。设 e 为 ZD′应横向移动的距离，用视距测量方法测出距离 a,b，则

$$e = \frac{a}{a-b}f \tag{11.2}$$

将 ZD′沿偏差 f 的相反方向横移 e，即得到新转点 ZD。置仪器于 ZD，重复上述方法，直至偏差小于容许值为止。最后将转点和交点 B 用木桩标定在地面上。

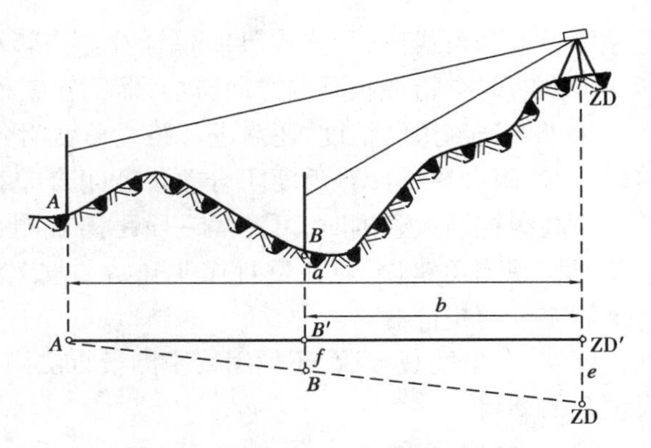

图 11.8　在两交点延长线上设转点

11.2.2　路线转角的测定和里程桩的设置

1) 路线转角的测定

在路线转折处，为了测设曲线，需要测定其转角。所谓转角，是指交点处后视线的延长线与前视线的夹角，以 α 表示。转角有左右之分，如图 11.9 所示，位于延长线上右侧的，为右转角 α_y；位于延长线左侧的，为左转角 α_z。在路线测量中，转角通常是通过观测路线右角 β 计算求得。

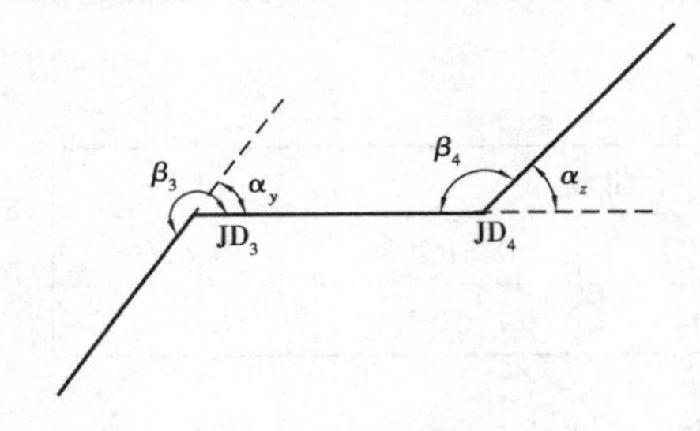

图 11.9　转角的测定

当右角 $\beta < 180°$ 时，为右转角。此时，$\alpha_y = 180° - \beta$；

当右角 $\beta > 180°$ 时，为左转角。此时，$\alpha_z = \beta - 180°$。

右角的测定，应使用精度不低于 DJ_6 级经纬仪，采用测回法观测一个测回，两个半测回所测角度值相差的限差视公路等级而定，高速公路、一级公路限差为 ±20″，二级及二级以下公路限差为 ±60″，如果限差在容许范围内可取平均值作为最后结果。

由于测设曲线的需要，在右角测定后，保持水平度盘位置不变，在路线设置曲线的一侧定出分角方向。如图 11.10 所示，设测角时后视方向的水平度盘读数为 a，前视方向的读数为 b，则分角线方向的水平盘读数 c 应为

$$c = b + \frac{\beta}{2}$$

因 $\beta = a - b$，则

$$c = \frac{a+b}{2} \tag{11.3}$$

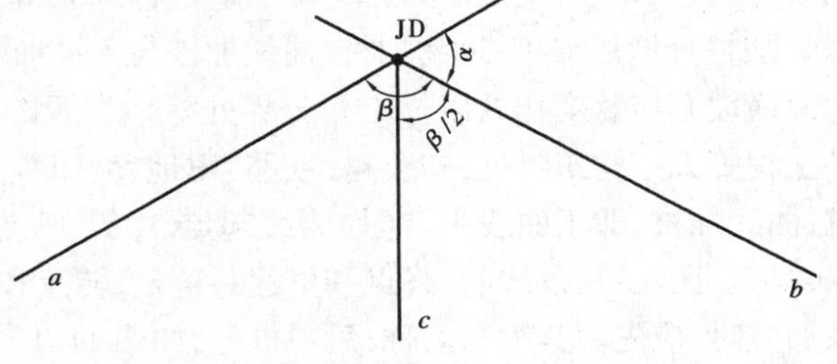

图 11.10　分角线的测设

在实践中，无论是在路线右侧还

是左侧设置分角线，均可按式(11.3)计算。当转动照准部使水平度盘读数为 c 时，望远镜所指方向有时会指在相反的方向，这时需倒转望远镜，在设置曲线一侧定出分角线方向。

为了保证测角的精度，还需进行路线角度闭合差的检核。当路线导线与高级控制点连接时，可按附合导线计算角度闭合差。若闭合差在限差之内，则可进行闭合差调整。当路线末与高级控制点联测时，可每隔一段距离观测一次真方位角，用来检核角度闭合差。为了及时发现测角错误，可在每日作业开始和收工前用罗盘仪各观测一次磁方位角，与以角度推算方位角相核对。

此外，在角度观测后，还须用视距测量方法测定相邻交点间的距离，以检核中线测量钢尺量距的结果。

2)里程桩设置

在路线交点、转点及转角测定后，即可进行道路中线测量，经过实地量距设置里程桩(由于路线里程桩一般设在道路中线上，故又称中桩)，以标定道路中线的具体位置。

(1)里程桩与桩号

里程桩上写有桩号，表达该中桩至路线起点的水平距离。如某中桩距起点的距离为7 811.24 m，则该中桩桩号记为K7 +811.24。

中桩的设置应按照规定满足桩距及精度要求。直线上的桩距 l_0 一般为20 m，地形平坦时应不大于50 m；曲线上的桩距一般为20 m，且与圆曲线半径大小有关。中桩桩距应按表11.1的规定执行。

表11.1　中桩间距表　　单位：m

直线		曲线			
平原微丘区	山岭重丘区	不设超高的曲线	$R>60$	$60\geq R\geq 30$	$R<30$
≤50	≤25	25	20	10	5

(2)里程桩的设置

中桩桩号的书写应全线统一，不要横竖夹杂。桩号、桩名均朝向路线起点方向。为在野外找桩方便，所有中桩均应在标志背后用阿拉伯数字由1~10为一组循环编号。桩号字迹应书写端正，一般用红油漆书写。在干旱地区或急于施工路段，也可用墨汁或记号笔书写。

中桩分整桩和加桩两种。整桩是指按规定间隔(一般为20 m,50 m)，桩号为整数设置的里程桩。如百米桩、公里桩均属于整桩，如图11.11所示。

加桩分地形加桩、地物加桩、曲线加桩与关系加桩。地形加桩指于中线地面纵坡变化处、地面横坡有显著变化处以及土石分界处等地设置的桩；地物加桩为拟建桥梁、涵洞、管道、防护工程等人工构筑物处，与公路、铁路、田地、城镇等交叉处及需拆迁与处理的地物处设置的桩；曲线加桩，即于曲线主点(如曲线起点、中点、终点等)处设置的桩；关系加桩，即于路线起点、终点，比较线、改线起、终点和里程断链处，转点和交点上设置的桩。在书写曲线加桩和关系加桩时，应先写其缩写名称，后写桩号，如图11.12所示。曲线主点缩写名称有汉语拼音缩写和英语缩写两种，见表11.2。目前我国公路主要采用汉语拼音的缩写名称。

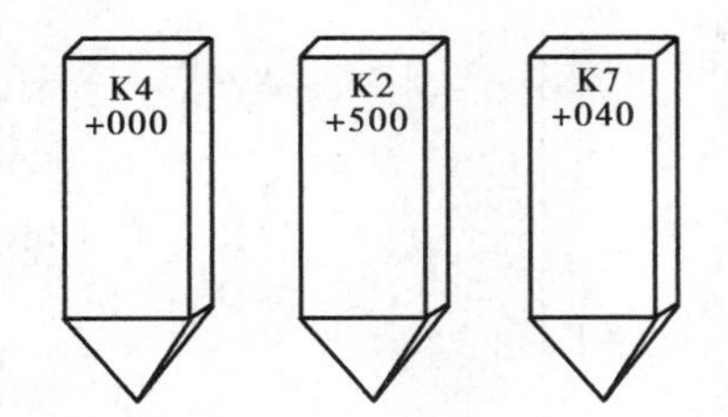

图 11.11　里程桩

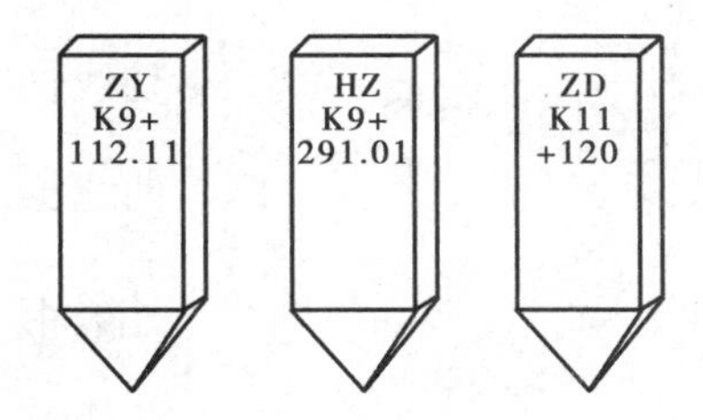

图 11.12　加桩

表 11.2　平曲线主点名称及缩写表

名称	简称	汉语拼音缩写	英语缩写	名称	简称	汉语拼音缩写	英语缩写
交点	—	JD	IP	公切点	—	GQ	CP
转点	—	ZD	TP	第一缓和曲线起点	直缓点	ZH	TS
圆曲线起点	直圆点	ZY	BC	第一缓和曲线终点	缓圆点	HY	SC
圆曲线中点	曲中点	QZ	MC	第二缓和曲线起点	圆缓点	YH	CS
圆曲线终点	圆直点	YZ	EC	第二缓和曲线终点	缓直点	HZ	ST

中线测量可用钢尺、竹尺或皮尺进行。等级公路用钢尺或竹尺，简易公路用皮尺，丈量的同时钉设中桩。钉桩时，对起控制作用的交点桩、曲线主点桩、桥位桩，以及隧道定位桩等应钉设正桩（方木桩）和标志桩（板桩），正桩桩顶与地面齐平，其上钉一小钉表示点位。

若需保存较长时间，可用水泥加护正桩或采用混凝土桩。标志桩一般设在正桩一侧，与正桩相距20～30 m。其上应写明桩号与里程。

11.3　圆曲线的测设

路线平面线形中的平曲线一般由圆曲线和缓和曲线组成。对于四级公路或当圆曲线的半径大于或等于其不设超高的最小半径时，平曲线中的缓和曲线可以省略而只设圆曲线。

圆曲线又称单曲线，是由一定半径的圆弧线构成。它是路线弯道中最基本的平曲线形式。圆曲线的测设一般分两步进行。先测设曲线的主点，即曲线的起点、中点和终点。然后在主点间进行加密，按规定桩距测设曲线上的细部点，以便完整地标出曲线的平面位置。这项工作称为圆曲线的详细测设。

11.3.1　圆曲线测设元素的计算

如图 11.13 所示，设交点 JD 的转角为 α，圆曲线半径为 R，则圆曲线的测设元素按下列公式计算：

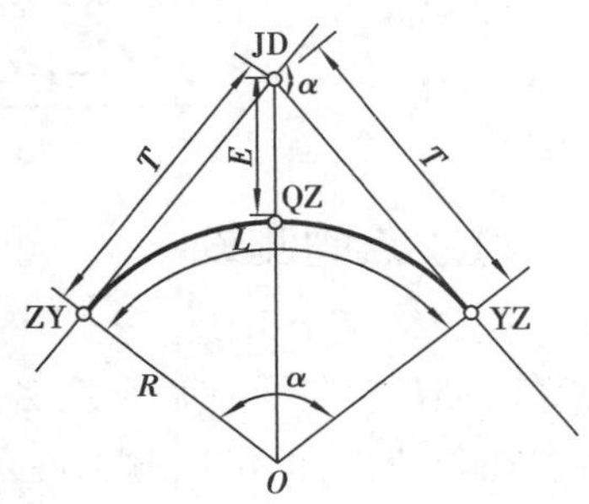

图 11.13　圆曲线测设元素

$$\left.\begin{aligned}
&\text{切线长} \quad T = R\tan\frac{\alpha}{2} \\
&\text{曲线长} \quad L = R\alpha\frac{\pi}{180^\circ} \\
&\text{外矢距} \quad E = R\left(\sec\frac{\alpha}{2} - 1\right) \\
&\text{曲线差} \quad D = 2T - L
\end{aligned}\right\} \tag{11.4}$$

11.3.2　圆曲线主点测设

1)主点里程计算

交点 JD 的里程是由中线测量得到的。根据交点里程和圆曲线测设元素,即可推算圆曲线上各主点的里程并加以校核。由图 11.13 可知:

$$\left.\begin{aligned}
&\text{ZY 里程} = \text{JD 里程} - T \\
&\text{YZ 里程} = \text{ZY 里程} + L \\
&\text{QZ 里程} = \text{YZ 里程} - \frac{L}{2} \\
&\text{JD 里程} = \text{QZ 里程} + \frac{D}{2}\text{(计算校核)}
\end{aligned}\right\} \tag{11.5}$$

【例 11.1】　设交点 JD 里程为 K14 +982.40,圆曲线元素为 T=32.55 m,L=62.47 m,E=5.71 m,D=2.63 m,试求曲线主点桩里程。

【解】

JD	K14 +982.40
$-T$	32.55
ZY	K14 +949.85
$+L$	62.47
YZ	K15 +012.32
$-L/2$	31.23
QZ	K14 +981.09
$+D/2$	1.31
JD	K14 +982.40(计算无误)

2)主点的测设

置经纬仪于 JD 上,望远镜照准后一方向线的交点或转点,量取切线长 T,得出曲线起点 ZY,插一测钎。然后量取 ZY 至最近一个直线桩的距离。如两桩号之差等于这段距离或相差在限值内,即可用方木桩在侧钎处打下 ZY 桩,否则应查明原因,以保证点位的正确性。同法,用望远镜照准前一方向线的交点或转点,量取切线长 T,得曲线终点 YZ,打下 YZ 桩。最后沿分角线方向量取外距 E,即得出曲线中点 QZ。主点是控制桩,在测设时应注意校核,并保证一定的精度。

11.3.3　圆曲线详细测设

在地形平坦、曲线长小于 40 m 时,测设圆曲线的 3 个主点已能满足要求。如果曲线较长,地形变化较大时,除测设主点桩和地形、地物加桩外,为满足曲线线形和工程施工的需要,在曲线上还需测设一定桩距的细部点,称为曲线的详细测设。

曲线详细测设的桩距一般为 20 m,当地势平坦且曲线半径大于 800 m 时,桩距可加大为 40 m;当半径小于 100 m 时,桩距应不大于 10 m;半径小于 30 m 或用回头曲线时,桩距应不大于 5 m。

1) 曲线上设桩的方法

按桩距在曲线上设桩,通常有两种方法:

- 整桩号法　将曲线上靠近起点 ZY 的第一个桩的桩号凑整成桩距倍数的整桩号。然后,按桩距连续向曲线终点 YZ 设桩。这样设置的桩,其桩号均为整桩。
- 整桩距法　分别从曲线起点 ZY 和终点 YZ 开始,以桩距连续向曲线中点 QZ 设桩。由于这样设置的桩均为零桩号,因此应注意加设百米桩和公里桩。

道路中线测量,一般采用整桩号法。

2) 圆曲线详细测设的方法

圆曲线详细测设的方法很多,具体可根据地形情况、工程要求、测设精度等灵活选用,下面主要介绍常用的切线支距法和偏角法。

(1) 切线支距法

这种方法也称为直角坐标法。它是以曲线起点 ZY 或终点 YZ 为坐标原点,以两端切线为 x 轴,过原点的曲线半径为 y 轴,根据曲线上各点的坐标 (x,y) 进行测设的。

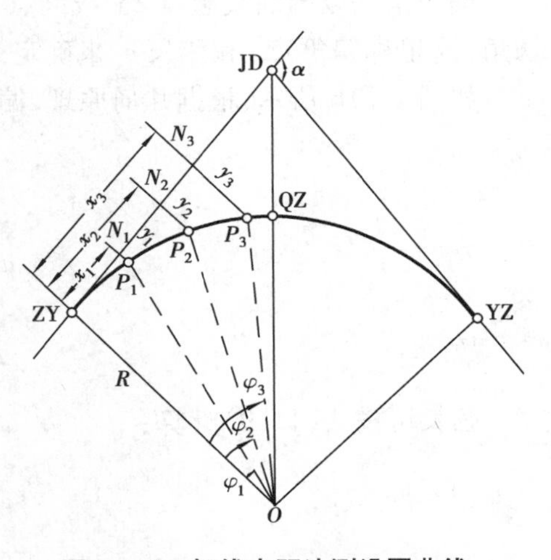

图 11.14　切线支距法测设圆曲线

如图 11.14 所示,设 P_i 为曲线上欲测设的点位,该点至 ZY 点或 YZ 点的弧长为 l_i,φ_i 为 l_i 所对应的圆心角,R 为圆曲线半径,则 P_i 的坐标可按式 (11.6) 计算:

$$\left.\begin{aligned} x_i &= R\sin\varphi_i \\ y_i &= R(1-\cos\varphi_i) \\ \varphi_i &= \frac{l_i}{R}\frac{180^\circ}{\pi} \end{aligned}\right\} \tag{11.6}$$

测设时,为避免支距 y 过长,一般由 ZY,YZ 点分别向 QZ 点施测。其测设步骤如下:

①从 ZY(或 YZ)点开始用钢尺沿切线方向量取 P_i 的纵坐标 x_i,得垂足 N_i。

②在各垂足点 N_i 上,用方向架或经纬仪定出直角方向,量出横坐标 y_i,即可定出曲线点 P_i。

③曲线细部点测设完后,要将用切线支距法测设的 QZ 点与主点测设的 QZ 点进行比较,若比较差在限差以内,则曲线测设合格,否则,应查明原因,予以纠正。

切线支距法适用于平坦开阔地区、偏角不大的曲线的测设,它具有误差不累积的优点。当偏角较大、y 值较大的,可采用下述辅助切线支距法进行测设。

如图 11.15 所示,为了在曲线中点加设辅助切线,可通过 QZ 点作分角线方向的垂线,与切线交于 M,N 点,然后以 QZ 点为原点,将整个曲线分为两半进行测设。

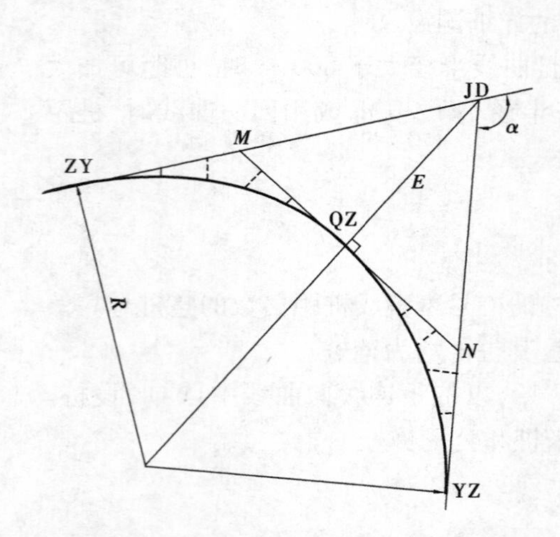

图 11.15　曲线中点加设辅助切线

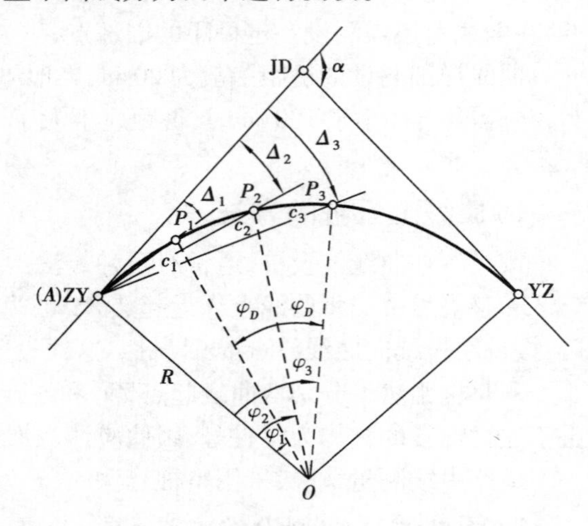

图 11.16　偏角法测设圆曲线

(2)偏角法

偏角法是以圆曲线起点 ZY 或终点 YZ 至曲线任一待定点 P_i 的弦线与切线 T 之间的弦切角(这里称偏角)Δ_i 和弦长 c_i 来确定 P_i 点的位置。

如图 11.16 所示,根据几何原理,偏角 Δ_i 等于相应弧长 l_i 所对应的圆心角之半,即

$$\Delta_i = \frac{\varphi_i}{2} \tag{11.7}$$

又

$$\varphi_i = \frac{l_i}{R}\frac{180°}{\pi}$$

故

$$\Delta_i = \frac{l_i}{R}\frac{90°}{\pi} \tag{11.8}$$

弦长可按式(11.9)计算:

$$c_i = 2R\sin\frac{\varphi_i}{2} \tag{11.9}$$

弧弦差

$$\delta_i = l_i - c_i = \frac{l_i^3}{24R^2} \tag{11.10}$$

测设时,偏角 Δ, 弦长 c, 弧弦差 δ, 均可根据选定的半径 R 和弧长 l, 从曲线测设用表中查得或由计算器算得。

偏角法的测设程序如下:

①计算测设数据。偏角法测设曲线,一般采用整桩号法,按规定的弧长 l_0 (20 m,10 m

或 5 m)设桩。由于曲线起、终点多为非整桩号,除首尾段的弧长小于 l_0 外,其余桩距均为 l_0。设某曲线 $\alpha_y = 34°12'00''$, $R = 200$ m,主点桩号:ZY K4 +906.90、QZ K4 +966.59、YZ K5 +026.28, $l_0 = 20$ m,则桩号、弧长和偏角按表 11.3 计算。

表 11.3　切线支距法、偏角法测设圆曲线计算表

曲线要素	$\alpha_y = 34°12'00''$	主点里程桩号	JD = K4 +968.43
	$T = R\tan\frac{\alpha}{2} = 61.53$ m $L = R\alpha\frac{\pi}{180°} = 119.38$ m $E = R\left(\sec\frac{\alpha}{2} - 1\right) = 9.25$ m $D = 2T - L = 3.68$ m		ZY 里程 = JD 里程 − T = K4 +906.90 YZ 里程 = ZY 里程 + L = K5 +026.28 QZ 里程 = YZ 里程 − $\frac{L}{2}$ = K4 +966.59 JD 里程 = QZ 里程 + $\frac{D}{2}$ = K4 +968.43

点名	中桩桩号	至 ZY(YZ)弧长/m	圆心角 φ	切线支距		相邻桩偏角	中桩偏角值	备注
				x	y			
ZY	K4 +906.90		0°0′00″	0.00	0.00		0°0′00″	
1	K4 +920	13.10	3°45′10″	13.09	0.43	1°52′36″	1°52′36″	
2	+940	33.10	9°28′57″	32.95	2.73	2°51′54″	4°44′30″	
3	+960	53.10	15°12′43″	52.48	7.01	2°51′54″	7°56′24″	
QZ	K4 +966.59	59.69	17°06′00″	58.81	8.84	0°56′36″	8°33′00″	
4	+980.00	46.28	13°15′30″	45.87	5.33	1°55′16″	10°28′16″	
5	K5 +000	26.28	7°31′43″	26.20	1.72	2°51′54″	13°20′10″	
6	+020	6.28	1°47′57″	6.28	0.10	2°51′54″	16°12′04″	
YZ	K5 +026.28		0°0′00″	0.00	0.00	0°56′36″	17°06′00″	

此外,当半径较小时,还可从曲线测设用表中查出弦弧差 δ,按已知的弧长,用式(11.10)换算为相应的弦长。有了偏角和弦长,即可定出曲线上各中线桩。

②点位测设。将经纬仪置于曲线起点 ZY,后视交点 JD,使水平度盘读数为 00°00′00″,转动照准部至读数为 Δ_1,望远镜视线定 AP_1 方向。沿此方向,从 A 量取首段弦长,得出整桩点 P_1;再转动照准部,使度盘读数为 Δ_2,定出 AP_2 方向。从 P_1 点起量取弧长为 l_0 的弦长 c_0,与视线 AP_2 方向相交得整桩点 P_2。同法,由 P_2 量出弦长 c_0,与 AP_3 方向相交得整桩点 P_3,由 P_3 定 P_4,依此类推,测设其他各点。

③校核。在 QZ 点和 YZ 点上进行校核,曲线测设闭合差应不超过规定要求。否则,应查明原因,予以纠正。

11.4 带有缓和曲线的平曲线测设

11.4.1 缓和曲线

1)缓和曲线的概念

汽车在行驶过程中,由直线进入圆曲线其行驶轨迹是一条曲率连续变化的曲线。汽车在直线上的离心力为零,而在圆曲线上的离心力为一定值,若直线与圆曲线直接相连,离心力将发生突变,影响行车安全、稳定和舒适。为了使路线的平面线形更加符合汽车的行驶轨迹,满足离心力逐渐变化这一要求,需要在直线与圆曲线之间插入一段曲率半径由无穷大逐渐变化到圆曲线半径的过渡性曲线,此曲线称为缓和曲线。

缓和曲线的作用是:使曲率连续变化,旅客感到舒适;曲线上超高和加宽的逐渐过渡,行车平稳和路容美观;与圆曲线配合适当的缓和曲线,可提高驾驶员的视觉平顺性,增加线形美感。

缓和曲线的形式可采用回旋曲线、三次抛物线及双扭线等。目前我国公路设计中,以回旋曲线作为缓和曲线。

2)回旋线形缓和曲线公式

(1)基本公式

如图 11.17 所示,回旋曲线是曲率半径随曲线长度增长而成反比例均匀减小的曲线,即在回旋曲线上任意一点的曲率半径与曲线长度成反比。其公式表示为:

$$r = \frac{c}{l} \qquad (11.11)$$

式中 r——回旋线上某点的曲率半径,m;

l——回旋线上某点到原点的曲线长,m;

c——常数。

为了使式(11.11)两边的量纲统一,引入回旋曲线参数 A,令 $A^2 = c$,A 表征回旋曲线曲率变化的缓急程度。则回旋曲线基本公式为:

$$rl = A^2 \qquad (11.12)$$

在缓和曲线的终点 HY 点(或 YH 点),$r =$

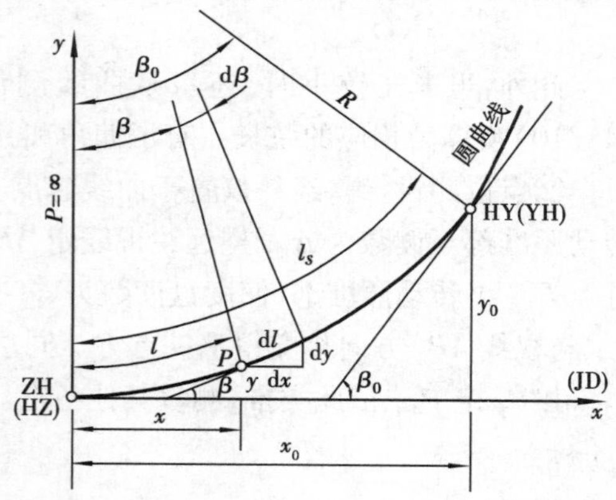

图 11.17 回旋线形缓和曲线

$R, l = l_s$（缓和曲线全长），则

$$Rl_s = A^2 \tag{11.13}$$

(2)切线角公式

如图 11.17 所示，回旋曲线上任一点 P 的切线与 x 轴（起点 ZH 或 HZ）的夹角称为切线角，用 β 表示。该角值与 P 点至曲线起点长度 l 所对应的中心角相等。在 P 处取一微分弧段 dl，所对的中心角为 $d\beta$，于是

$$d\beta = \frac{dl}{r} = \frac{l dl}{A^2} \tag{11.14}$$

积分得：

$$\beta = \frac{l^2}{2A^2} = \frac{l^2}{2Rl_s} \tag{11.15}$$

当 $l = l_s$ 时，β 以 β_0 表示，式(11.15)可以写成：

$$\beta_0 = \frac{l_s}{2R} \tag{11.16}$$

β_0 即为缓和曲线全长 l_s 所对应的中心角，即切线角，亦称缓和曲线角，单位为 rad。

若 β_0 以角度(°)表示则为：

$$\beta_0 = \frac{l_s}{2R}\frac{180°}{\pi} \tag{11.17}$$

(3)缓和曲线的参数方程

如图 11.17 所示，以缓和曲线起点为坐标原点，过该点的切线为 x 轴，过原点的半径为 y 轴，任取一点 P 的坐标为(x, y)，则微分弧段 dl 在坐标轴上的投影为：

$$\left.\begin{aligned} dx &= dl\cos\beta \\ dy &= dl\sin\beta \end{aligned}\right\} \tag{11.18}$$

将式(11.18)中 $\cos\beta$，$\sin\beta$ 按级数展开，并将式(11.15)代入，积分，略去高次项得：

$$\left.\begin{aligned} x &= l - \frac{l^5}{40R^2 l_s^2} \\ y &= \frac{l^3}{6Rl_s} \end{aligned}\right\} \tag{11.19}$$

式(11.19)称为缓和曲线的参数方程。

当 $l = l_s$ 时，得到缓和曲线终点坐标：

$$\left.\begin{aligned} x_0 &= l_s - \frac{l_s^3}{40R^2} \\ y_0 &= \frac{l_s^2}{6R} \end{aligned}\right\} \tag{11.20}$$

11.4.2 带有缓和曲线的平曲线主点测设

1)内移值 p 值与切线值 q 的计算

如图 11.18 所示,在直线与圆曲线之间插入缓和曲线时,必须将原有的圆曲线向内移动距离 p,才能使缓和曲线的起点位于直线方向上,这时切线增长 q。公路上一般采用圆心不动的平行移动方法,即未设缓和曲线时的圆曲线为 FG,其半径为 $(R+p)$;插入两段缓和曲线 AC 和 BD 后,圆曲线向内移,其保留部分为 CMD,半径为 R,所对应的圆心角为 $(\alpha-2\beta_0)$。

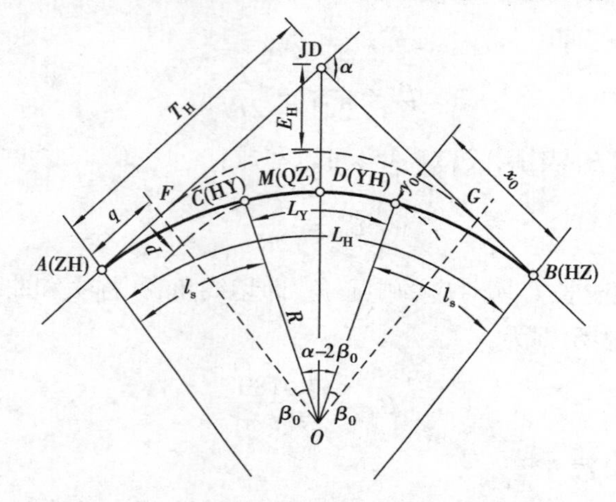

图 11.18 带有缓和曲线的平曲线

测设时必须满足的条件为:$\alpha \geqslant 2\beta_0$,否则应缩短缓和曲线和曲线长度或加大圆曲线半径使之满足条件。由图可知:

$$\left.\begin{aligned} p &= y_0 - R(1-\cos\beta_0) \\ q &= x_0 - R\sin\beta_0 \end{aligned}\right\} \tag{11.21}$$

将式(11.21)中 $\cos\beta_0$,$\sin\beta_0$ 展开为级数,略去高次项,式中 β_0,x_0 和 y_0 按式(11.17)和式(11.20)代入则可得:

$$\left.\begin{aligned} p &= \frac{l_s^2}{24R} \\ q &= \frac{l_s}{2} - \frac{l_s^3}{240R^2} \end{aligned}\right\} \tag{11.22}$$

由式(11.22)与式(11.20)可知,内移距 p 等于缓和曲线中点纵坐标 y 的两倍;切线增值约为缓和曲线长度之半。缓和曲线的位置大致是一半占用直线部分,另一部分占用圆曲线部分。

2)平曲线测设元素

当测得转角 α,圆曲线半径 R 和缓和曲线长 l_s 后,即可按式(11.17)及式(11.22)计算切线角 β_0、内移值 p 和切线增值 q。在此基础上计算平曲线测设元素。如图 11.18 所示,平曲线测设元素可按下列公式计算:

$$\left.\begin{aligned}
&\text{切线长} && T_H = (R+p)\tan\frac{\alpha}{2} + q \\
&\text{曲线长} && L_H = R(\alpha - 2\beta_0)\frac{\pi}{180^\circ} + 2l_s \\
&\text{或者} && L_H = R\alpha\frac{\pi}{180^\circ} + l_s \\
&\text{其中圆曲线长} && L_Y = R(\alpha - 2\beta_0)\frac{\pi}{180^\circ} \\
&\text{外距} && E_H = (R+p)\sec\frac{\alpha}{2} - R \\
&\text{外曲差} && D_H = 2T_H - L_H
\end{aligned}\right\} \tag{11.23}$$

3)平曲线主点测设

根据交点里程和平曲线测设元素,计算主点里程:

$$\left.\begin{aligned}
&\text{直缓点:ZH 里程} = \text{JD 里程} - T_H \\
&\text{缓圆点:HY 里程} = \text{ZH 里程} + l_s \\
&\text{圆缓点:YH 里程} = \text{HY 里程} + L_Y \\
&\text{缓直点:HZ 里程} = \text{YH 里程} + l_s \\
&\text{曲中点:QZ 里程} = \text{HZ 里程} - \frac{L_H}{2} \\
&\text{交点:JD 里程} = \text{QZ 里程} + \frac{D_H}{2}\ \text{(校核)}
\end{aligned}\right\} \tag{11.24}$$

主点 ZH,HZ 和 QZ 的测设方法,与本章第 4 节圆曲线主点测设方法相同。HY 和 YH 点可按式(11.20)计算,x_0, y_0 用切线支距法测设。

11.4.3　带有缓和曲线的平曲线的详细测设

1)切线支距法

切线支距法是以直缓点 ZH 或缓直点 HZ 为坐标原点,以过原点的切线为 x 轴,利用缓和曲线和圆曲线上各点的 x, y 坐标测设曲线。

在缓和曲线上各点的坐标可按缓和曲线参数方程式(11.25)计算,即

$$\left.\begin{aligned}
x &= l - \frac{l^5}{40R^2 l_s^2} \\
y &= \frac{l^3}{6Rl_s}
\end{aligned}\right\} \tag{11.25}$$

圆曲线上各点坐标的计算公式按图 11.19 写出:

$$\left.\begin{aligned}
x &= R\sin\varphi + q \\
y &= R(1 - \cos\varphi) + p
\end{aligned}\right\} \tag{11.26}$$

其中,$\varphi = \dfrac{l}{R}\dfrac{180^\circ}{\pi} + \beta_0$;$l$ 为该点到 HY 点或 YH 点的曲线长,仅为圆曲线部分的长度。

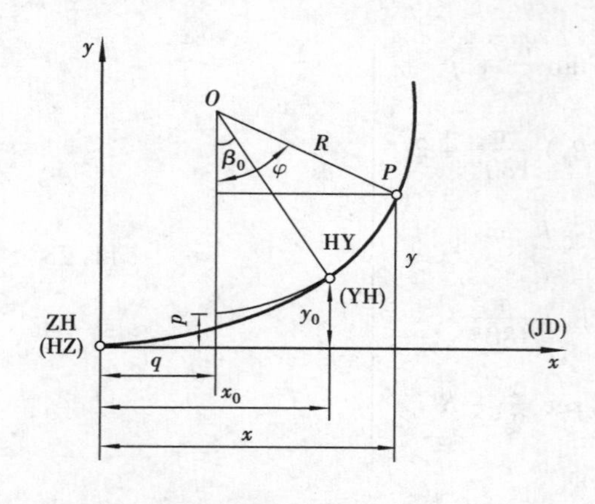

图 11.19　切线支距法

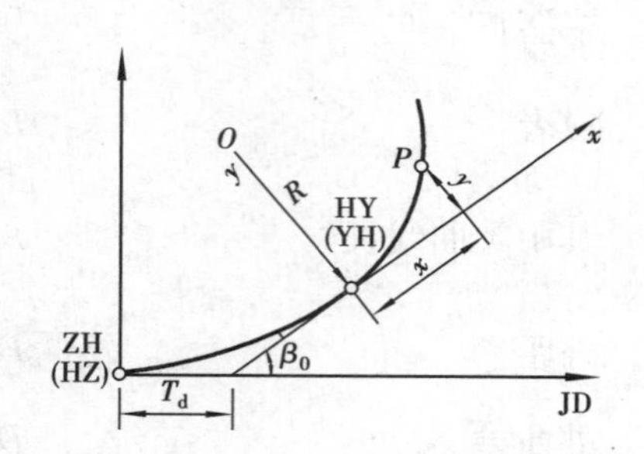

图 11.20　切线支距法测设带有缓和曲线的平曲线

在计算出缓和曲线和圆曲线上各点的坐标后，即可按圆曲线切线支距法的测设方法进行设置。只要将 HY 或 YH 点的切线定出，如图 11.20 所示，计算出 T_d 之长，HY 或 YH 点的切线即可确定。T_d 由式(11.27)计算：

$$T_d = x_0 - \frac{y_0}{\tan \beta_0} = \frac{2}{3} l_s + \frac{l_s^3}{360R^2} \tag{11.27}$$

2)偏角法

用上述切线支距法计算出缓和曲线和圆曲线上各点的坐标 x, y 后，偏角法测设平曲线时，可将经纬仪置于 ZH 或 HZ 点进行测设。如图 11.21 所示，设平曲线上任意一点 P 的支距坐标为 x, y，则其偏角 δ 和弦长 c 的计算可由三角形得：

$$\left.\begin{aligned} \delta &= \operatorname{arccot} \frac{y}{x} \\ c &= \sqrt{x^2 + y^2} \end{aligned}\right\} \tag{11.28}$$

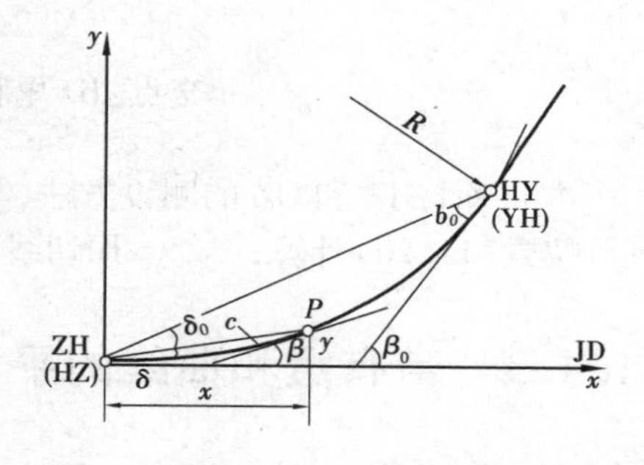

图 11.21　偏角法测设平曲线

计算出平曲线上各点的偏角 δ 和弦长 c 后，将经纬仪置于 ZH 或 HZ 点上，与偏角法测设圆曲线的方法相似进行测设。

11.5　路线纵横断面测量

11.5.1　纵断面测量

纵断面测量包括高程控制测量(也称基平测量)和中桩高程测量(也称中平测量)。主要任务分 3 步：

第 1 步：沿路线设立水准点，并测定水准点的高程，称为基平测量。

第 2 步：根据水准点高程，测定线路中线上各里程桩和加桩的地面高程，称为中平测量。

第 3 步：根据各里程桩的地面高程绘制纵断面图。

纵断面图显示了线路中线上地面的高低起伏和坡度变化情况，是路线纵坡设计、标高设计和填挖工程量计算的重要资料。纵断面测量通常是在线路中线的平面位置测设到地面上后紧接着进行的。

1) 高程控制测量

高程控制测量的目的是沿线路方向设立水准点，并测定水准点的高程。

对于已进行初测的路线，应首先对初测高程控制点逐一检测，其闭合差在 $\pm 20\sqrt{L}$ (mm)(式中 L 以 km 计)以内时，即可采用初测成果。当水准点被破坏或将受到施工影响时，应补设新点。

对于一次定测的路线，基平测量与初测阶段的高程测量要求相同。首先，沿线设置水准点，水准点间距一般地区 1 ~ 2 km，山区 0.5 ~ 1.0 km，在重要的建筑物、构筑物附近应增设水准点。水准点应埋设在路中线两侧，既要考虑施工时的方便，又要不受施工影响，一般在距中线 50 ~ 100 m 范围内为宜。水准点是路线施上的依据，故点位应在稳定而坚固的地方埋设水泥桩或石桩，也可选在牢固的房基、桥墩、桥台、基岩等固定点上作标志，并按顺序编号。

水准点的高程，一般应与国家点联测。联测有困难时，也可采用假定高程，建立独立的高程系统。高程控制测量一般按四等水准测量的要求，采用水准测量方法往返施测或双仪器同向施测和全站仪(或测距仪)三角高程测量法对向施测。当要求更高时，可按三等水准的要求进行测量；要求较低时，按等外水准的要求进行测量。

2) 中桩高程测量

水准点测设后，根据水准点的高程，在相邻水准点间，用附合水准测量的方法，测定路中线上各中桩的地面高程，这一工作即为中桩高程测量。该测量一般采用 DS_3 级水准仪和塔尺进行水准测量或全站仪三角高程测量，限差均为 $\pm 50\sqrt{L}$ (mm)。

如图 11.22 所示为由水准点 BM_4 始，测定 K4 +000 至 K4 +240 中桩地面高程示意图。表 11.4 为相应的路线中桩高程测量记录计算表。

首先，置水准仪于 S_1 站，在水准点 BM_4 上立尺，读取后视读数为 4.267 m，记入表 11.4 后视栏。然后在测站视线范围内，依次在中桩 K4 +000 ~ K4 +100 上立尺并读数，分别为 4.32，2.73，2.50，1.43，2.56，0.81 m，称为中视读数，记入表 11.4 中视栏。当水准仪视线不能继续读尺时(如读不到 K4 +141 桩上的尺)，设转点 ZD_1，并在其上立尺，读取前视读数 0.433 m，记入表 11.4 前视栏，则该站中桩及转点的高程按下式计算：

视线高程 = 后视点高程 + 后视读数：$H_{S_1} = H_{BM_4} + a = 231.472\ \text{m} + 4.267\ \text{m} = 235.739\ \text{m}$

中桩高程 = 视线高程 − 中视读数：$H_{K4+000} = H_{S_1} - c = 235.739\ \text{m} - 4.320\ \text{m} = 231.42\ \text{m}$

转点高程 = 视线高程 − 前视读数：$H_{ZD1} = 235.739\ \text{m} - 0.433\ \text{m} = 235.306\ \text{m}$

然后，将仪器搬至下一站 S_2，以 ZD_1 为后视，继续观测下去，最后附合到邻近的水准点

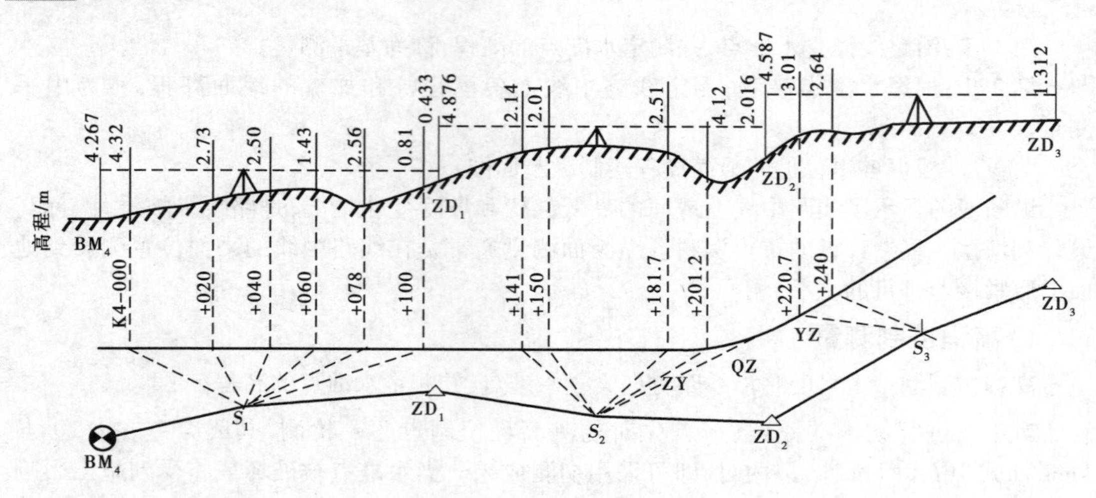

图 11.22　中桩高程测定

上。计算该水准点高程，并与该水准点已知高程相比较得高程闭合差。高程闭合差的容许值，可查相应的规范。当高程闭合差在容许误差范围内时，说明此段测量符合要求。中平测量闭合差一般不必调整，可直接使用各观测结果。

表 11.4　路线中桩高程测量记录计算表　　单位：m

测点及桩号	水准尺读数			视线高程	高　程	备　注
	后视	中视	前视			
BM_4	4.267			235.739	231.472	
K4 + 000		4.32			231.420	
+ 020		2.73			233.010	
+ 040		2.50			233.240	
+ 060		1.43			234.310	
+ 078		2.56			233.380	
+ 100		0.81			234.930	
ZD_1	4.876		0.433	240.182	235.306	
K4 + 141		2.14			238.040	
+ 150		2.01			238.170	
ZH + 181.7		2.51			237.670	
QZ + 201.2		4.12			236.060	
ZD_2	4.587		2.016	242.753	238.166	
YZ + 220.7		3.01			239.740	
K4 + 240		2.64			240.110	
ZD_3			1.312		241.441	

值得注意的是：转点 ZD 起着传递高程的作用，应保证其读数精确，要求读至毫米，并选

在较稳固之处。在软土上选转点时,应安置尺垫并踏紧,有时也可选中桩作为转点。中间点由于不传递高程,且本身精度要求仅至厘米,为了提高观测速度,读数至厘米即可。

3)纵断面图的绘制

高程测量完毕后,根据观测的结果,按选定的比例尺,以水平距离(中桩号)为横轴,以高程为纵轴,绘制纵断面图。

(1)纵断面图的内容

如图 11.23 所示为一张公路纵断面图。为了明显表示地势变化,图的高程(竖直)比例尺通常比里程(水平)比例尺大 10 ~ 20 倍,如里程比例尺为 1∶2 000,则高程比例尺应为 1∶200或 1∶100。

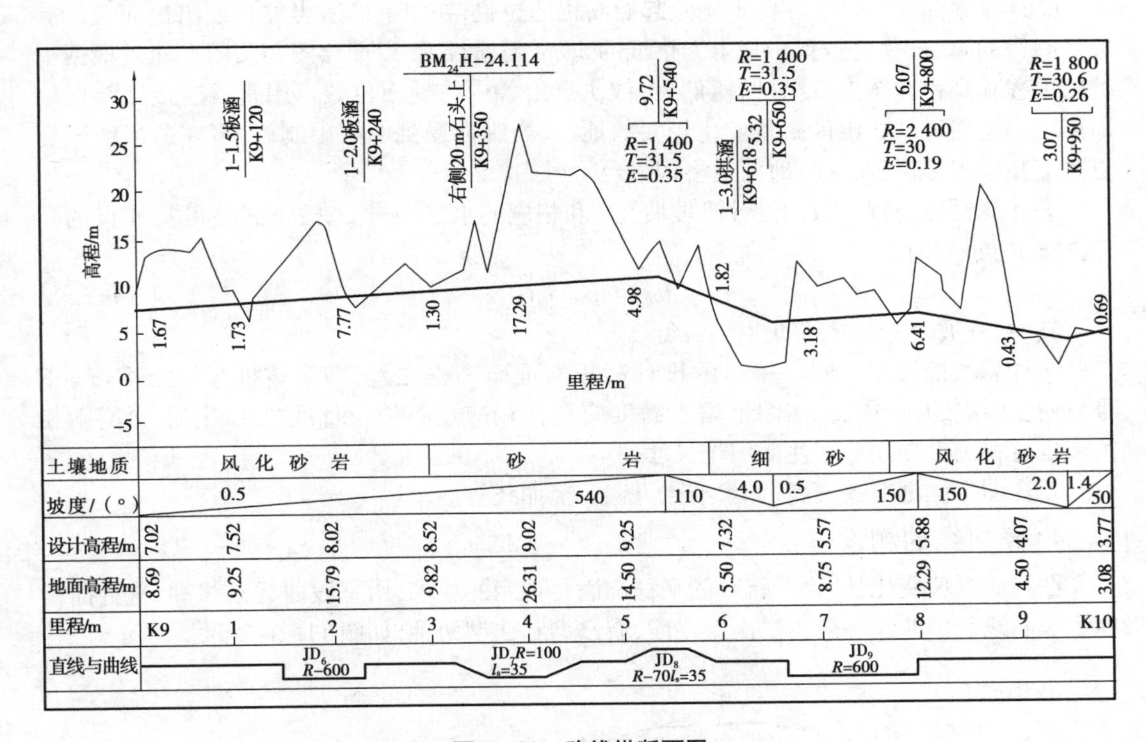

图 11.23　路线纵断面图

如图 11.23 所示,上半部从左至右绘有两条贯穿全图的线。一条是细的折线,表示中线方向的实际地面线,它是根据桩间距离和中桩高程按比例绘制的;另一条是粗线,表示路线纵向坡度的设计线。此外,在图 11.23 上还注有:水准点位置、编号和高程;桥涵里程、长度、结构与孔径;同其他路线交叉的位置与说明;竖曲线示意图及曲线要素;施工时的填挖高度等,有时还要注明土壤地质和钻孔资料。

图 11.23 所示的下半部为 6 格横栏数据表,填写的内容为:

①直线与曲线:直线与曲线是按中线测量资料绘制的中线平面线形示意图。直线部分用居中直线表示,曲线部分用凸出的折线表,上凸者表示路线右弯,下凸者表示路线左弯,并在凸出部分注明交点编号和圆曲线半径、缓和曲线长度,在不设曲线的交点位置,用锐角折线表示。

②里程:一般按比例标注百米桩和公里桩。

③地面高程:按中平测量结果填写相应里程桩的地面高程。

④设计高程:按中线设计的各里程桩的设计高程。

⑤坡度:指设计坡度。从左至右上斜者表示升坡(正坡),向下斜者表示降坡(负坡);斜线上以百分数注记坡度的大小,斜线下注记坡长。水平路段坡度为零。

⑥土壤地质情况说明:标明路段的土壤地质情况。

(2)纵断面图的绘制步骤

①打格制表,填写有关测量资料。用透明毫米方格纸按规定的尺寸绘制表格,填写里程、地面高程、直线与曲线等资料。

②绘制地面线。首先在图上确定起始高程的位置,在图上的适当位置绘出地面线。一般将高程的 10 m 整倍数置于毫米方格纸的 5 cm 粗横线上,以便绘图和阅图。然后根据中桩的里程和高程在图上按纵、横比例尺,依次点出各中桩地面位置。用直线连接相邻点位即可绘出地面线。在山区高差变化较大的地区,当纵向受到图幅限制时,可在适当地段变更图上高程起算位置,这时地面线将构成台阶形式。

③计算设计高程。根据设计纵坡坡度 i 和相应的水平距离 D,按下式便可从 A 点的高程推算 B 点的高程

$$H_B = H_A + iD_{AB} \tag{11.29}$$

其中,升坡时 i 为正,降坡时 i 为负。

④计算填挖尺寸。同一桩号的设计高程与地面高程之差,即为该桩号填土高度(正号)或挖土深度(负号)。在图上填土高度应写在相应点纵坡设计线之上,挖土深度则相反。也有在图上专用一栏注明填挖尺寸的。

⑤在图上注记有关资料,如水准点、桥涵、竖曲线等。

4)竖曲线的测设

在路线纵坡变化处,为了行车的平稳和满足视距的要求,用一段曲线来缓和,这种曲线称为竖曲线。竖曲线一般为二次抛物线,有凸型和凹型两种,如图 11.24 所示。

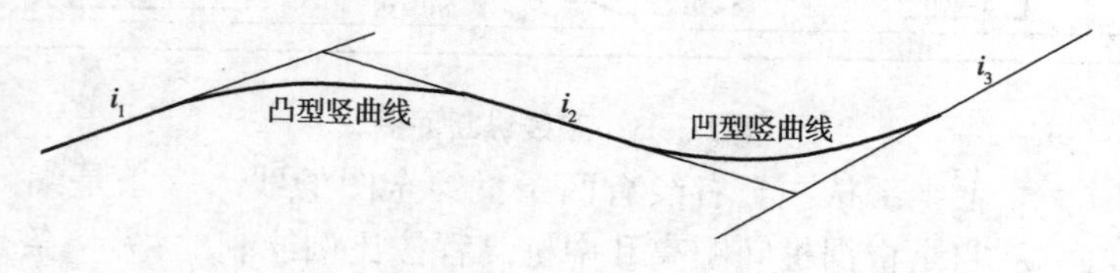

图 11.24 竖曲线

如图 11.25 所示,两相邻纵坡的坡度分别为 i_1,i_2,竖曲线半径为 R,两相邻纵坡的坡度差为:

$$\omega = i_1 - i_2 \tag{11.30}$$

则竖曲线测设元素为:

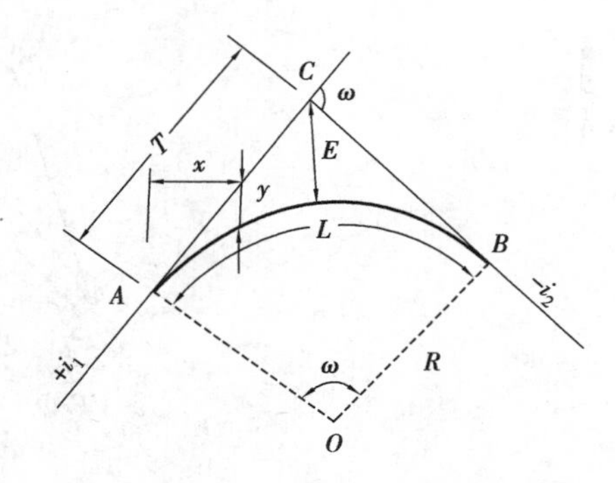

图 11.25　竖曲线测设元素

$$
\left.\begin{aligned}
&\text{曲线长} && L = \omega R \\
&\text{切线长} && T = R\tan\frac{\omega}{2} \\
&\text{外矢距} && E = \frac{T^2}{2R}
\end{aligned}\right\} \tag{11.31}
$$

竖曲线上任一点 P 距切线的纵距(亦称高程改正值)计算公式:

$$
y = \frac{x^2}{2R} \tag{11.32}
$$

式中　x——竖曲线上任一点 P 至竖曲线起点或终点的水平距离;

y——其值在凹型竖曲线中为正号,在凸型竖曲线中为负号。

11.5.2　横断面测量

横断面测量资料用于边坡设计和放样及土方量计算。横断面的宽度,应根据地形地质情况和设计需要确定。

1)横断面方向的确定

(1)直线段上横断面方向的测定

直线段横断面方向一般采用方向架测定。如图 11.26 所示,将方向架置于桩点上,以其中一方向对准路线前方(或后方)某一中桩,则另一方向即为横断面的施测方向。

(2)圆曲线上横断面方向的测定

圆曲线横断面方向为过桩点指向圆心的半径方向。一般在方向架上安装一个能转动的定向杆来施测。如图 11.27 所示,首先将方向架安置在 ZY(或 YZ)点,用 ab 杆瞄准切线方向,则与其垂直的 cd 杆方向即是过 ZY(或 YZ)点的横断面方向;转动定向杆 ef 瞄准桩 1,并固紧其位置。然后,搬方向架于桩 1,cd 杆瞄准 ZH(或者 HZ),则定向杆 ef 方向即是桩 1 的横断面方向。若在该方向立一标杆,并以 cd 杆瞄准它时,则 ab 杆方向即为切线方向,可用上述测定桩 1 横断面方向的方法来测定桩 2 的横断面方向。

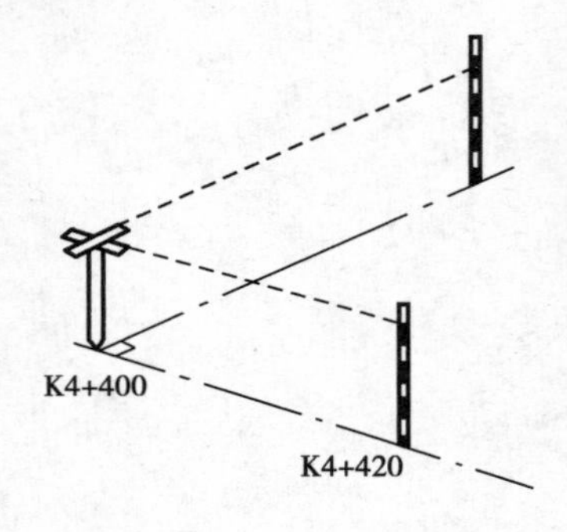

图 11.26　直线上横断面方向测定

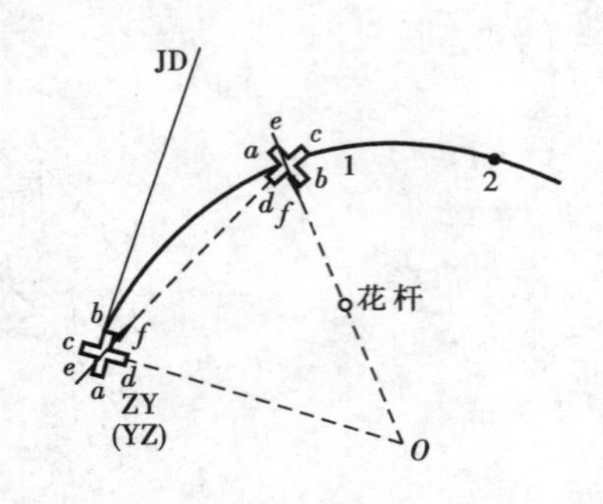

图 11.27　圆曲线上横断面方向测定

(3)缓和曲线上横断面方向的测定

在缓和曲线段,若获得桩点至前视(或后视)点的偏角便可获得该点的法线方向,即横断面方向。如图 11.28 所示,设缓和曲线上任一点 D,前视 E 点偏角为 δ_q,后视 B 点偏角为 δ_h。δ_q,δ_h 可从缓和曲线偏角表中查取。施测时可用经纬仪或方向圆盘置于 D 点,以 0°0′00″照准前视点 E(或后视点 B),再顺时针转动经纬仪照准部或方向圆盘指标,使读数为 $90° + \delta_q$(或 $90° - \delta_h$),此时经纬仪视线方向或方向圆盘指标线方向即为所求 D 点的横断面方向。

2)横断面测量方法

(1)标杆皮尺法

当横断面精度要求较低时,多采用标杆皮尺法。如图 11.29 所示,A,B,C 为沿横断面方向选定的变坡点。施测时将标杆立于 A 点,皮尺拉平量出中桩至 A 点的距离,皮尺截于标杆的高度即为两点间的高差。同法,可得 A 至 B,B 至 C 等段的距离与高差。直至需要的宽度为止。中桩另一边的测量同法进行。

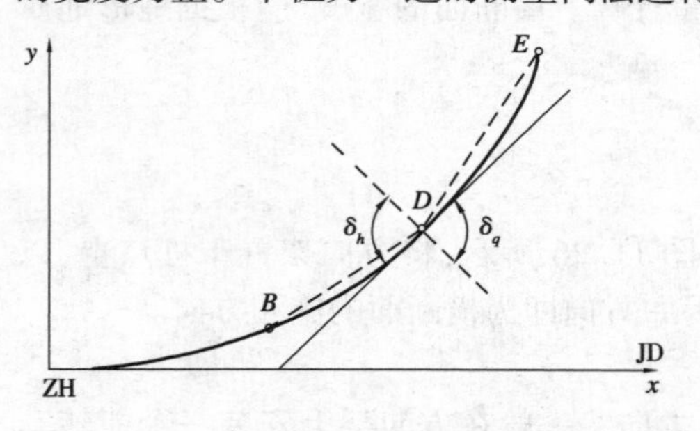

图 11.28　缓和曲线上横断面方向测定

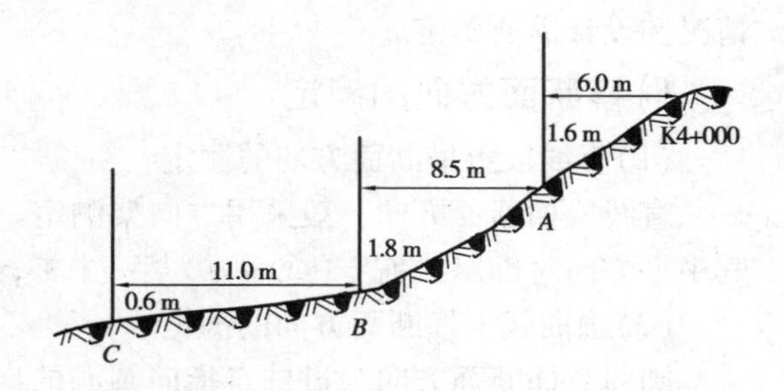

图 11.29　标杆皮尺法

(2)水准仪皮尺法

当横断面精度要求较高、横断面方向地面平坦时,多采用水准仪测量。施测时,把水准仪设置于适当位置,用水准仪后视中桩标尺,求得视线高程后,前视横断面方向上坡度变化点上的标尺读数。求得测点高程,而距离则用钢尺或皮尺量取。实测时若仪器安置得当,一个站点可测很多个横断面。

(3)经纬仪视距法

在地形复杂、横坡较陡的地段,可采用经纬仪视距测量的方法。施测时,将经纬仪安置在中桩上,用视距法测出横断面方向各变坡点至中桩的水平距离和高差。

3)横断面图的绘制

根据横断面测量的结果,对距离和高程取同一比例尺(通常取 1∶100 或 1∶200,当横断面很宽,地面又较平时,距离和高程也可采用不同的比例尺),在毫米方格纸上绘制横断面图。

绘图时,先在图纸上标定好中桩位置。由中桩开始,分左、右两侧逐一按各测点间的距离和高程绘于图纸上,并用直线连接相邻各点,即得横断面地面线,如图 11.30 所示。经横断面设计后,设计的横断面图也绘于该图上(俗称戴帽子)。

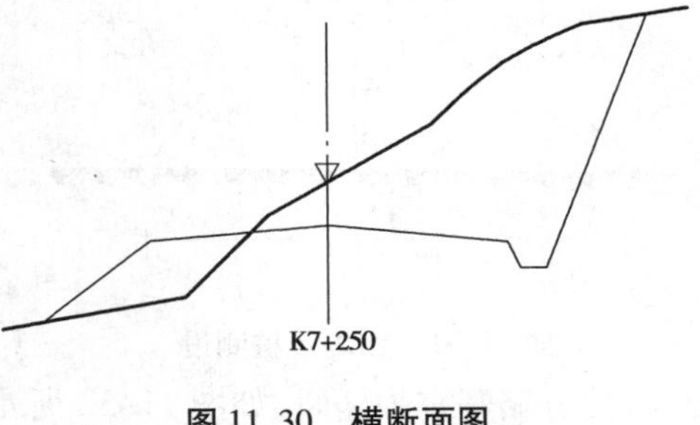

图 11.30　横断面图

根据设计横断面和地面线组成的图形,可量出各横断面的填方和挖方面积。当每一个横断面的填、挖方面积求得后,再按断面法计算整条线路的土石方量。

11.6　道路施工测量

道路施工测量主要包括恢复路线中线、路基边桩测设等工作。

11.6.1　路线中线的恢复

从路线勘测到开始施工期间,往往会有一些中桩丢失,故在施工之前,应根据设计文件进行中线的恢复工作,并对原来的中线进行复核,以保证路线中线位置的准确可靠。恢复中线所采用的测量方法与路线中线测量方法基本相同。此外,对路线水准点也应进行复核,必要时还应增设一些水准点以满足施工需要。

11.6.2　路基边桩的测设

路基边桩测设就是在地面上将每一个横断面的路基边坡线与地面的交点用木桩标定出来。边桩的位置由两侧边桩至中桩的距离确定。常用的边桩测设方法如下:

1)图解法

直接在横断面图上量取中桩至边桩的距离,然后在实地用皮尺沿横断面方向测量其位置。当填挖方不大时,采用此法较简便。

2)解析法

路基边桩至中桩的平距是通过计算求得的。

(1)平坦地段路基边桩的测设

填方路基称路堤,如图 11.31 所示,路堤边桩与中桩的距离为

$$D = \frac{B}{2} + mH \tag{11.33}$$

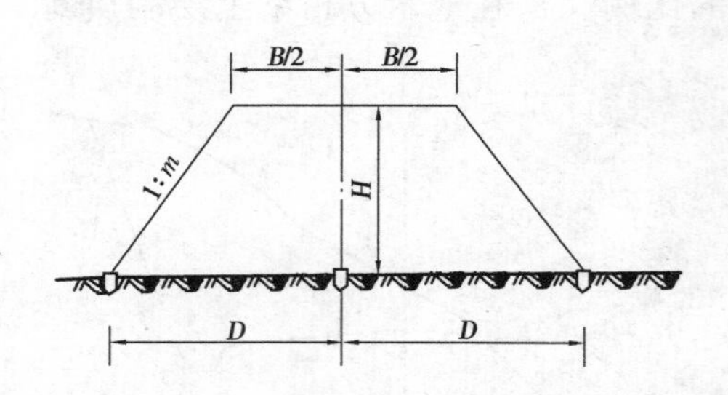

图 11.31　路堤边桩测设

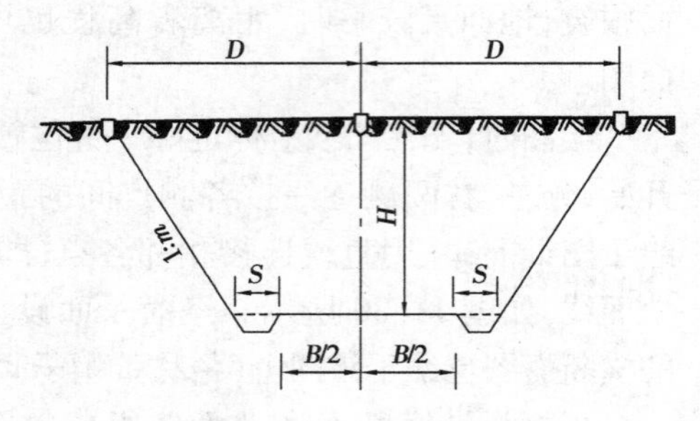

图 11.32　路堑边桩测设

挖方路基称为路堑,如图 11.32 所示,路堑边桩与中桩的距离为

$$D = \frac{B}{2} + S + mH \tag{11.34}$$

以上两式中,B 为路基设计宽度;1∶m 为路基边坡坡度;H 为填方高度或挖方深度;S 为路堑边沟顶宽。

以上是断面位于直线段时求算 D 值的方法。若断面位于曲线上有加宽时,用以上方法求出 D 值后,还应于曲线内侧的 D 值中加上加宽值。

(2)倾斜地段路基边桩的测设

在倾斜地段,边桩至中桩的距离随着地面坡度的变化而变化。如图 11.33 所示,路堤边桩至中桩的距离为

$$斜坡上侧:D_S = \frac{B}{2} + m(H - h_S) \tag{11.35}$$

$$斜坡下侧:D_X = \frac{B}{2} + m(H + h_X) \tag{11.36}$$

如图 11.34 所示,路堑边桩至中桩的距离为

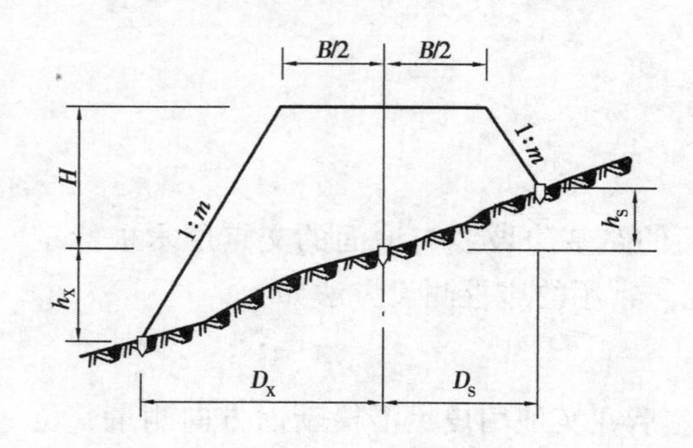

图 11.33　斜坡地段路堤边桩测设图

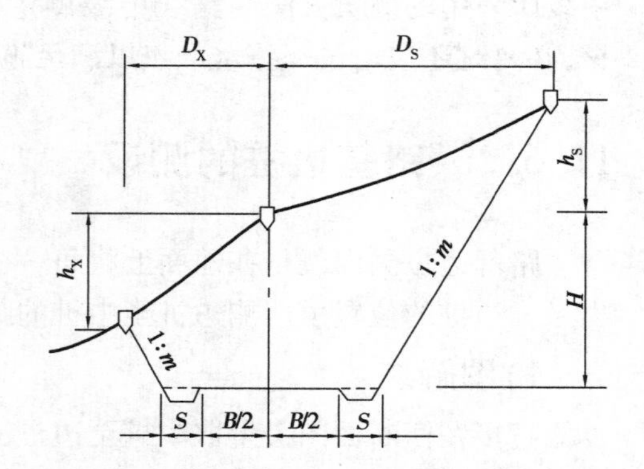

图 11.34　斜坡地段跨路堑边桩测设

$$斜坡上侧:D_S = \frac{B}{2} + S + m(H + h_S) \tag{11.37}$$

$$斜坡下侧:D_X = \frac{B}{2} + S + m(H - h_X) \tag{11.38}$$

式中　H——中桩处的填挖高度,为已知;

h_S,h_X——斜坡上、下侧边桩与中桩的高差,在边桩未定出之前则为未知数,B,S 和 m 为已知。

因此,在实际工作中采用逐渐趋近法测设边桩。先根据地面实际情况,并参考路基横断面,估计边桩的位置;然后测出该估计位置与中桩的高差,并以此作为 h_S,h_X 代入式(11.37)或式(11.38)计算 D_S,D_X,并据此在实地定出其位置。若估计位置与其相符,即得边桩位置。否则应按实测资料重新估计边桩位置,重复上述工作,直至相符为止。

11.7　桥梁施工测量

桥梁施工测量的主要内容包括平面控制测量、高程控制测量、墩台定位和墩台基础及其顶部放样等。

11.7.1　施工控制测量

1)平面控制测量

桥梁平面控制以桥轴线控制为主,并保证全桥与线路连接的整体性,同时为墩、台定位提供测量控制点。为确保桥轴线长度和墩、台定位的精度,对于大桥、特大桥,不能使用勘测阶段建立的测量控制网来进行施工放样,必须布设专用的施工平面控制网。

布设控制网时,可利用桥址地形图,拟订布网方案,并在仔细研究桥梁设计图及施工组织计划的基础上,结合当地情况进行踏勘选点。点位布设应力求满足以下要求:

①图形应尽量简单,并能利用布设的点,用前方交会法,以足够的精度对桥墩进行放样。

②控制网一般布设成三角网、边角网和精密导线网,其边长与河宽有关,一般在 0.5 ~ 1.5 倍河宽的范围内变动。

③为使桥轴线与控制网紧密联系,在布网时应将河流两岸轴线上的两个点作为控制点,两点联线作为控制网的一条边,当桥梁位于直线上时,该边即为桥轴线。控制点与墩、台的设计位置相距不应太远,以方便墩、台的施工放样。

当桥梁位于曲线上时,应把交点桩、主点尽量纳入网中。当这些点不能作为主网的控制点时,应把它们作为附网的控制点,其目的是使控制网与线路紧密联系在一起,从而以比较高的精度获取曲线要素,为精确放样墩、台作准备。

④为便于观测和保存,所有控制点不应位于淹没地区和土壤松软地区,并尽量避开施

工区、堆放材料及交通干扰的地方。

在布网方法上，桥梁平面控制网可以按常规地面测量方法布设，也可以应用 GPS 技术布网。

桥梁平面控制网按常规方法布设时，基本网形是三角形和四边形，并以跨江正桥部分为主。应用较多的有双三角形、大地四边形、双大地四边形以及三角形与四边形结合的多边形，如图 11.35 所示。根据观测要素的不同，桥梁控制网可布设成三角网、边角网、精密导线网等，现分述如下。

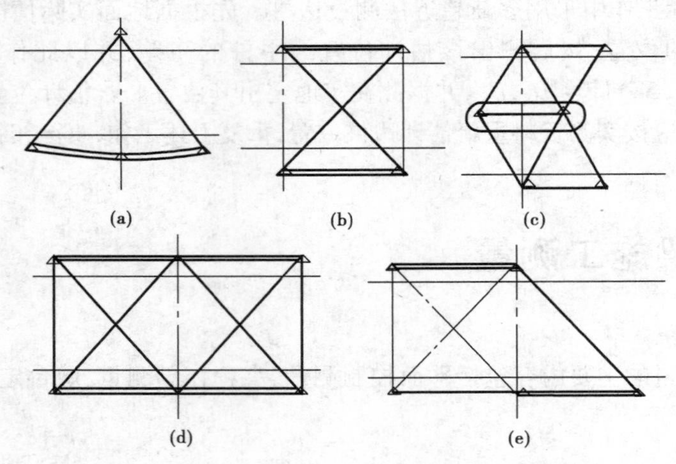

图 11.35　桥位平面控制网形式

①三角网。桥梁控制网中若观测要素仅为水平角时，控制网就成为测角网。由于测角网中至少应有一条起算边，为了检核，通常应高精度地量测两条边，每岸各一条，称为基线。基线丈量可采用高精度的测距仪。

②测边网和边角网。由于全站仪既能量边，又能同时测角，所以在使用中等精度的全站仪观测时，布设测边网的情况是很少的。同时，由于测边网多余观测数很少，可靠性也低，所以使用全站仪布设边角网是适宜的。测量全网所有边长或测量部分边长时，一般应观测 3 条或 3 条以上的边长，其中一条是桥轴线，另外在两岸各布设一条边。

③精密导线网。由于高精度测距仪的应用，桥梁控制网除了采用三角网和边角网的形式外，还可选择布设精密导线的方案。如图 11.36 所示，在河流两岸的桥轴线上各设立一个控制点，并在桥轴线上、下游沿岸布设最有利交会桥墩的精密导线点。这种布网形式的图形简单，可避免远点交会桥墩时交会精度差的缺陷，因此简化了桥梁控制网的测量工作。

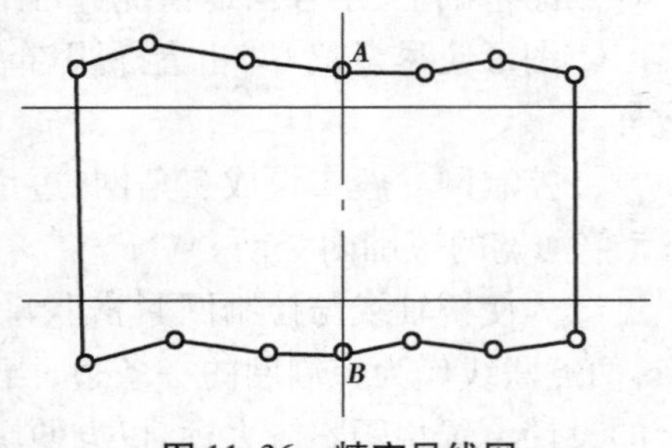

图 11.36　精密导线网

④引桥控制网。大桥、特大桥正桥两端一般都通过引桥与线路衔接，因此在正桥控制网下须布设引桥控制网（附网），其布设形式可采用三角锁网、精密导线网或两者的混合形式，并在布设主网的同时布设。布设时路线交点必须是附网中的一个控制点，其余曲线主点最好也纳入网中。

在布设三角网后,需要进行外业测量和内业计算两部分工作。桥梁三角网的外业主要包括角度测量和边长测量。外业测量应根据桥梁等级及精度要求,按照角度测量和距离丈量的方法施测。目前一般采用全站仪进行测角和量边。在进行测角和量边之前,必须把全站仪送到专门的检定机构去进行检验,检验全站仪的电子经纬仪的结构性能、测角精度及其测距仪的加乘常数、周期误差、内符合精度及综合精度。各项检验结果符合要求后方可用于测角、量边等外业工作。

2)高程控制测量

桥梁工程中,高程控制测量主要有两个作用:一是将与本桥有关的高程基准统一于一个基准面上;二是在桥址附近设立一系列基本高程控制点和施工高程控制点,以满足施工中高程放样的需要,同时还要满足桥梁建成后监测桥梁墩、台垂直变形的需要。建立高程控制网的常用方法是水准测量和测距三角高程测量。

(1)高程控制网的布设形式及技术要求

高程控制网的主要形式是水准网。按工程测量技术规范规定,水准测量分为一、二、三等。桥梁本身的施工水准网要求比较高的精度施测,因为它直接影响桥梁各部分高程放样的精度。所以当桥长在 300 m 以上时,应采用二等水准测量的精度;当桥长在 1 000 m 以上时,应采用一等水准测量的精度;桥长在 300 m 以下时,可采用三等水准测量的精度。桥梁水准点还要与线路水准点联测成一个系统。

桥梁高程控制点由基本水准点组成。基本水准点既为桥梁高程施工放样之用,也为桥梁墩、台变形观测使用,因此基本水准点应选在地质条样好、地基稳定之处。当引桥长于 1 km时,在引桥的始端或终端应建立基本水准点,基本水准点的标石应力求坚实稳定。

为了方便桥墩、台高程放样,在距基本水准点较远(一般 >1 km)的情况下,应增设施工水准点。施工水准点可布设成附合水准路线。在精度要求低于三等时,施工高程控制点也可用测距三角高程来建立。

(2)精密水准测量

基本水准点的联测采用精密水准测量方法进行,施工水准路线一般按三、四等水准测量方法进行。

精密水准测量应使用精密水准仪施测,这在前面章节中已作过介绍,不再重述。

精密水准测量应注意以下事项:

①仪器前、后视距应尽量相等,其差值应小于规定的限值,以消除或减弱与距离有关的各种误差对观测高差的影响。

②在相邻测站上,按奇、偶数观测的程序进行观测,即分别按“后→前→前→后”和“前→后→后→前”的观测程序在相邻测站上交叉进行,以消除或减弱与时间成比例均匀变化的误差对观测高差的影响。

③在一测段水准路线上,应进行往、返观测,以消除或减弱性质相同、符号也相同的误差的影响,如水准标尺垂直位移的影响等。同时,测站数应为偶数,以消除或减弱两水准标尺零点差和交叉误差的影响。

④一个测段的水准路线的往、返观测应在相同气象条件下进行(如上午或下午),观测应在成像稳定、清晰的条件下进行。

3)桥轴线长度的测量

桥梁的中心线称为桥轴线。桥轴线两岸桥位控制桩之间的水平距离称为桥轴线长度。桥轴线长度是设计与测设墩、台位置的依据,因此,必须保证桥轴线长度的测量精度。下面给出桥轴线长度的测量方法。

(1)直接丈量法

在桥梁位于干涸或浅水或河面较窄的河段,有良好的丈量条件,宜采用直接丈量法测量桥轴线长度。这种方法设备简单,精度可靠、直观。由于桥轴线长度的精度要求较高,一般采用精密丈量的方法。

(2)光电测距法

光电测距具有作业精度高、速度快、操作和计算简便等优点,且不受地形条件限制。目前公路工程多使用中、短程红外测距仪和全站仪,测程可达 3 km,使用红外测距仪和全站仪能直接测定桥轴线长度。

在实测之前,应按规范中规定的检验项目对测距仪进行检验,以确保观测的质量。观测应选在大气稳定、透明度好的时间里进行。测距时应同时测定温度、气压及竖直角,用来对测得的斜距进行气象改正和倾斜改正。每一条边均应进行往返观测。如果反射棱镜常数不为零,还要进行修正。

11.7.2 桥梁施工测量

桥梁施工测量建立在平面控制测量基础之上,主要包括桥梁墩、台定位,桥梁墩、台纵、横轴线的测设,桥梁基础的施工放样以及桥梁墩、台高程测设等。下面我们以直线桥梁为例,分别讲述它们的具体实施方法。

1)桥梁墩、台定位

在桥梁施工测量中,测设墩、台中心位置的工作称桥梁墩、台定位。

直线桥梁的墩、台定位所依据的原始资料为桥轴线控制桩的里程和桥梁墩、台的设计里程。根据里程可以计算出它们之间的距离,并由此距离定出墩、台的中心位置。

如图 11.37 所示,直线桥梁的墩、台中心都位于桥轴线的方向上。因桥轴线控制桩 A, B 及各墩、台中心的里程已知,由相邻两点的里程相减,即可求得其间的距离。墩、台定位的方法,可视河宽、河深及墩、台位置等具体情况而定。根据条件可采用钢尺量距、光电测距及交会等方法进行测设。

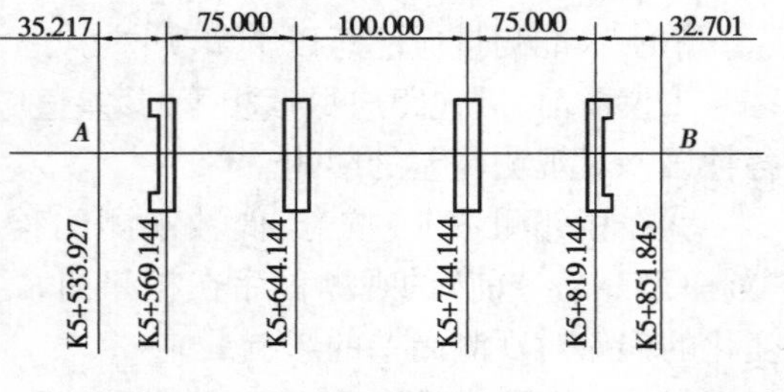

图 11.37 桥梁墩、台平面图

(1)钢尺量距直接测设

当桥梁墩、台位于无水河滩上或水面较窄,用钢尺可以跨越丈量时,可采用钢尺量距直接测设。测设所使用的钢尺必须经过检定,测设的方法与前述方法相同。

为保证测设精度,丈量时施加的拉力应与检定钢尺时的拉力相同,同时丈量的方向亦不应偏离桥轴线的方向。在测设出的点位上要用大木桩进行标定,在桩顶钉一小钉,以准确标出点位。

测设墩、台顺序最好从一端到另一端,并在终端与桥轴线的控制桩进行校核,也可从中间向两端测设。因为按照这种顺序,容易保证桥梁每一跨都满足精度要求。只有在不得已时,才从桥轴线两端的控制桩向中间测设,因为这样容易将误差积累在中间衔接的一跨上。直接测设定出墩、台位置后,应反复丈量其距离以作为校核。当校核结果证明定位误差不超过 1.5 ~2.0 mm 时,可以认为满足要求。

(2)光电测距测设

用全站仪进行直线桥梁墩、台定位,简便、快速、精确,只要墩、台中心处可以安置反射棱镜,而且仪器与棱镜能够通视,即使其间有水流障碍亦可采用。

测设时最好将仪器置于桥轴线的一个控制桩上,瞄准另一控制桩。此时,望远镜所指方向为桥轴线方向,在此方向上移动棱镜,通过测距以定出各墩、台中心,这样的测设可有效控制横向误差。如在桥轴线控制桩上的测设遇有障碍,也可将仪器置于任何一个施工控制点上,利用墩、台中心的坐标进行测设。为确保测设点位的准确,测设后应将仪器迁移至另一个控制点上再测设一次进行校核。

值得注意的是,在测设前应将所使用的棱镜常数和当时的气象参数——温度和气压输入仪器,仪器会自动对所测距离进行修正。

(3)交会法

如果桥墩所处位置的河水较深,无法直接丈量,也不便架设反射棱镜时,可采用角度交会法测设桥墩中心。

用角度交会法测设桥墩中心的方法如图 11.38(a)所示。控制点 A,C,D 的坐标已知,桥墩中心 P_i 的设计坐标也已知,故可计算出用于测设的角 α_i,β_i。

将经纬仪分别置于 C 点和 D 点上,测设出 α_i,β_i 后,两个方向交会点即为桥墩中心位置。

为了保证墩位精度,交会角应接近于 90°,但由于各个桥墩位置有远有近,因此交会时不能将仪器始终固定在两个控制点上,而有必要对控制点进行选择。如图 11.38(a)所示的桥墩 P,宜在节点 1、节点 2 上进行交会。为了获得好的交会角,不一定要在同岸交会,应充分利用两岸的控制点,选择最为有利的观测条件,必要时也可以在控制网上增设插点,以满足测设要求。

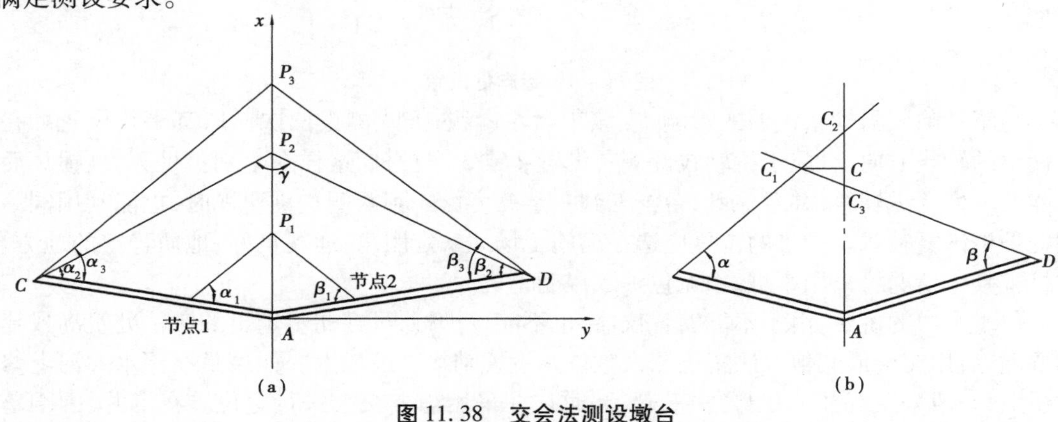

图 11.38　交会法测设墩台

为了防止发生错误和检查交会的精度，实际上常用3个方向交会，并且为了保证桥墩中心位于桥轴线方向上，其中一个方向应是桥轴线方向。

由于测量误差的存在，3个方向交会可能形成示误三角形，如图11.38(b)所示。如果示误三角形在桥轴线方向上的边长 C_2C_3 不大于限差（墩底定位为25 mm，墩顶定位为15 mm），则取 C_1 在桥轴线上的投影位置 C 作为桥墩中心的位置。

在桥墩的施工过程中，随着工程的进展，需要反复多次地交会桥墩中心的位置。为了简化工作，可把交会的方向延长到对岸，并用觇牌进行固定，如图11.39所示。这样，在以后的交会中，就不必重新测设角度，用仪器直接瞄准对岸的觇牌即可。为了避免混淆，应在相应的觇牌上标明桥墩的编号。

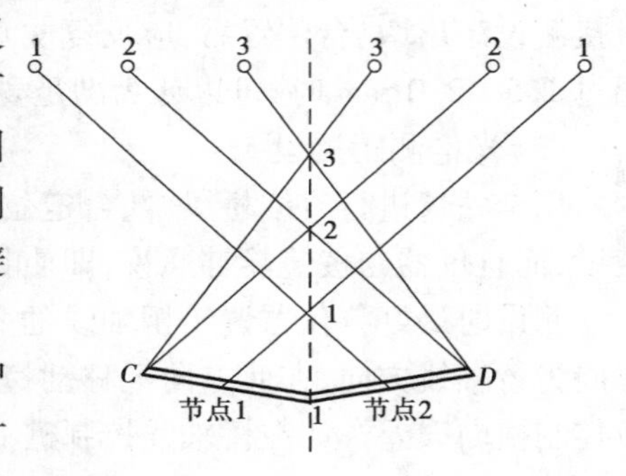

图11.39　觇牌交会法测设墩台

位于直线上的桥梁墩、台的定位可用上述几种方法，而位于曲线上的桥梁墩、台的定位应根据设计图纸提供的资料，参照公路曲线测设方法和上述几种方法灵活处理。

2）桥梁墩、台纵、横轴线的测设

在直线桥上，墩、台的横轴线与桥轴线相重合，且与各墩、台一致。因而就可以利用桥轴线两端的控制桩来标志横轴线的方向，一般不再另行测设。

墩、台的纵轴线与横轴线垂直，在测设纵轴线时，在墩、台中心点上安置经纬仪，以桥轴线方向为准测设90°角，即为纵轴线方向。由于在施工过程中经常需要恢复桥墩、台的纵、横轴线的位置，因此需要用标志桩将其准确地标定在地面上，这些标志桩称为护桩，如图11.40所示。

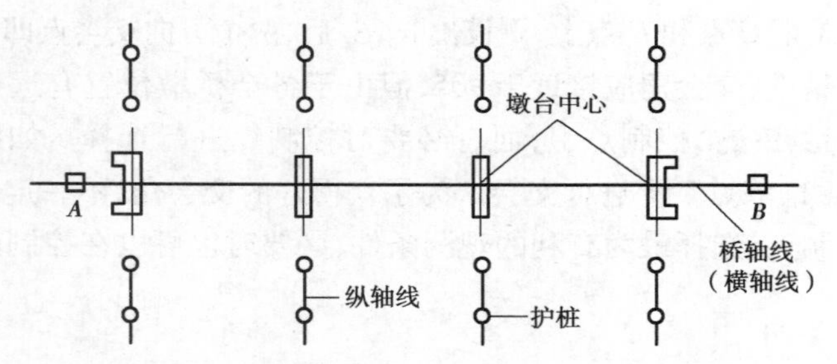

图11.40　标志桩设置

为了消除仪器轴系误差的影响，应该用盘左、盘右方式测设两次而取其平均位置。在测设出的轴线方向上，应于桥轴线两侧各设置2或3个护桩，这样在个别护桩丢失、损坏后也能及时恢复纵轴线，并且在墩、台施工到一定高度影响到两侧护桩通视时，也能利用同一侧的护桩恢复轴线。护桩的位置应选在离施工场地一定距离，通视良好、地质稳定的地方。护桩视具体情况可采用木桩、水泥包桩或混凝土桩。

位于水中的桥墩，由于不能安置仪器，也不能设护桩，可在初步定出的墩位处筑岛或建围堰，然后用交会或其他方法精确测设墩位并设置轴线于围堰上。如果是在深水大河上修建桥墩，一般采用沉井、围囹管柱基础，此时往往采用前方交会进行定位。在沉井、围囹落入河床之前,要不断地进行观测,以确保沉井、围囹位于设计位置上。当采用光电测距仪进行测设时,亦可采用极坐标法进行定位。

3) 桥梁基础的施工放样

(1) 明挖基础的施工放样

明挖基础多在地面无水的地基上施工,先挖基坑,在基坑内砌筑基础或浇筑混凝土基础。如系浅基础,可连同承台一次砌筑或浇筑,如图 11.41 所示。如果在水上明挖基础,则要先建立围堰,将水排出后再进行。

在基础开挖之前,应根据墩、台的中心点及纵、横轴线,按设计的平面形状测设出基础轮廓线的控制点。如图 11.42 所示,如果基础形状为方形或矩形,基础轮廓线的控制点应为 4 个角点及 4 条边与纵、横轴线的交点;如果是圆形基础,则为基础轮廓线与纵、横轴线的交点,必要时尚可加设轮廓线与纵、横轴线成 45°线的交点。控制点距桥墩中心点或纵、横轴线的距离应略大于基础设计的底面尺寸,一般可大于 0.3 ~ 0.5 m,以保证能正确安装基础模板为原则。如果地基土质稳定,不易坍塌,坑壁可垂直开挖,不设模板,可贴靠坑壁直接砌筑基础和浇筑基础混凝土,此时可不增大开挖尺寸,但应保证基础尺寸偏差在规定容许范围之内。

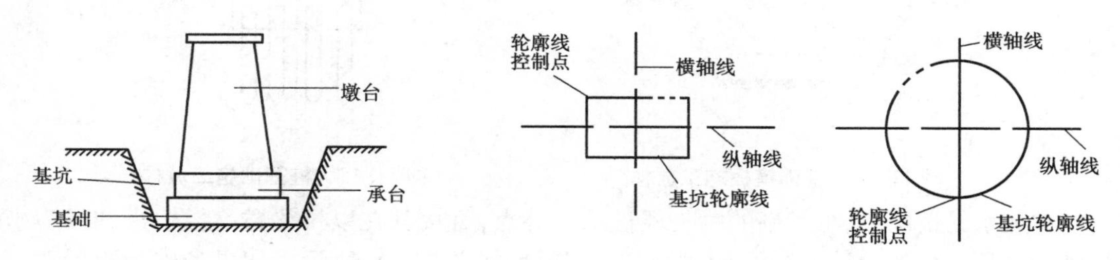

图 11.41　明挖基础　　　图 11.42　基础平面形式

如果根据地基土质情况,开挖基坑时坑壁需要具有一定的坡度,则应测设基坑的开挖边界线。此时,可先在基坑开挖范围内测量地面高程,然后根据地面高程与坑底设计高程之差,以及坑壁坡度计算出边坡桩至墩、台中心的距离。

如图 11.43 所示,边坡桩至桥梁墩、台中心的水平距离 d 为

$$d = \frac{b}{2} + hm$$

式中　b ——坑底的长度或宽度;

h ——地面高程与坑底设计高程之差,即基坑开挖深度;

m ——坑壁坡度(以 $1:m$ 表示)的分母。

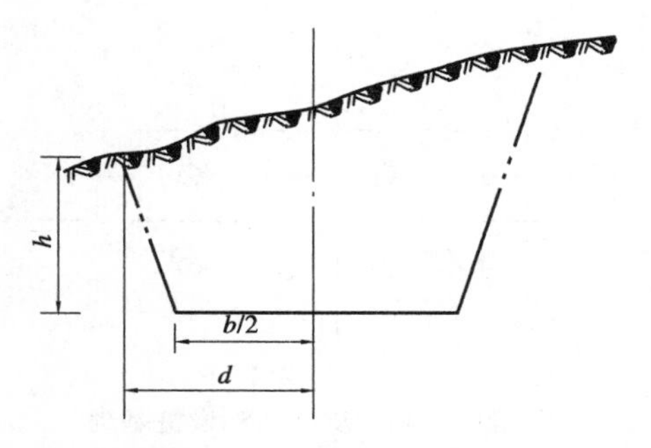

图 11.43　边桩测设示意图

在测设边界桩时,自桥梁墩、台中心点和纵、横轴线,用钢尺丈量水平距离 d,在地面上测设出边坡桩,再根据边坡桩划出灰线,即可依此灰线进行施工开挖。

当基坑开挖至坑底的设计高程时,应对坑底进行平整清理,然后安装模板,浇注基础及

墩身。在进行基础及墩身的模板放样时,可将经纬仪安置在墩、台中心线上的一个护桩上。以另一较远的护桩定向,这时仪器的视线即为中心线方向。安装模板使模板中心与视线重合,即为模板的正确位置。当模板的高度低于地面时,可用仪器在临时基坑的位置,放出中心线上的两点。在这两点上挂线并用锤球指挥模板的安装工作,如图 11.44 所示。在模板建成后,应检验模板内壁长、宽及与纵、横轴线之间的关系尺寸,以及模板内壁的垂直度等。

(2)桩基础的施工放样

桩基础是目前常用的一种基础类型。根据施工方法的不同,可分为打(压)入桩和钻(挖)孔桩。打(压)入桩基础是预先将桩制好,按设计的位置及深度打(压)入地下;钻(挖)孔桩是在基础的设计位置上钻(挖)好桩孔,然后在桩孔内放入钢筋笼,并浇注混凝土成桩。在桩基础完成后,在其上浇筑承台,使桩与承台连成一个整体,之后再在承台上修筑墩身,如图 11.45 所示。

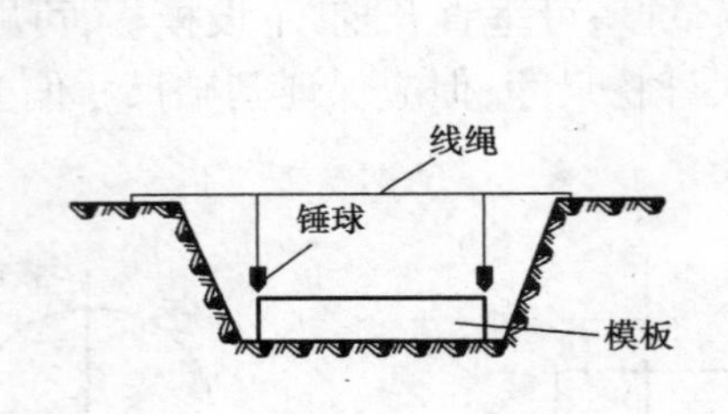

图 11.44　基础模板施工放样

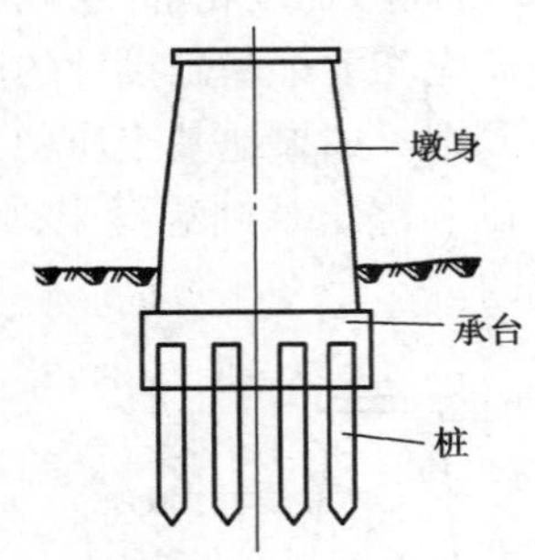

图 11.45　桩基础施工放样

在无水的情况下,桩基础的每一根桩的中心点,可按其在以桥梁墩、台纵、横轴线为坐标轴的坐标系中的设计坐标,用支距法进行测设,如图 11.46 所示。如果各桩为圆周形布置,则各桩也可以其与墩、台纵、横轴线的偏角和至墩、台中心点的距离,用极坐标法进行测设,如图 11.47 所示。一个墩、台的全部桩位宜在场地平整后一次设出,并以木桩标定,以便桩基础的施工。

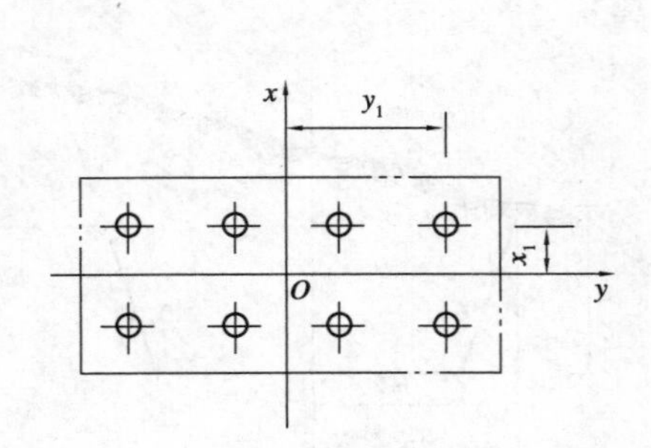

图 11.46　支距法测设桩基础

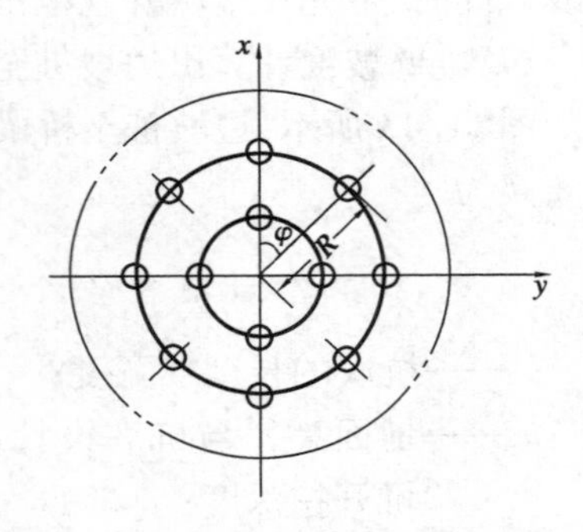

图 11.47　极坐标法测设桩基础

如果桩基础位于水中,则可用前方交会法直接将每一个桩位定出,也可用交会法测设出其中一行或一列桩位,然后用大型三角尺测设出其他所有的桩位,如图 11.48 所示。

桩位的测设也可以采用设置专用测量平台的方法,即在桥墩附近打支撑桩,在其上搭设测量平台的方法。如图 11.49 所示,先在平台上测定两条与桥梁中心线平行的直线 AB,

$A'B'$,然后按各桩之间的设计尺寸定出各桩位放样线1—1′,2—2′,3—3′等,沿此方向测距即可测设出各桩的中心位置。

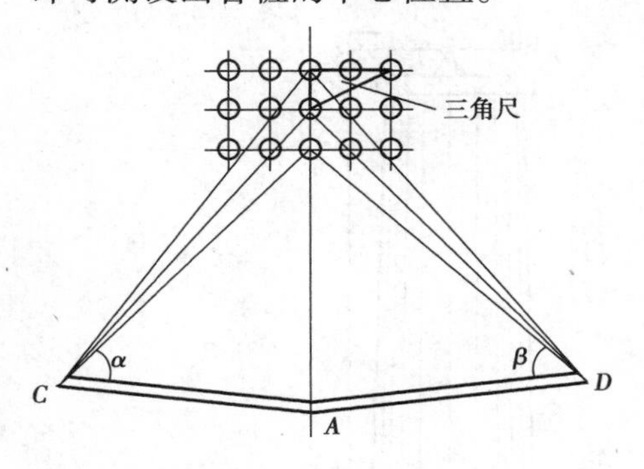

图11.48 水中桩基础测设

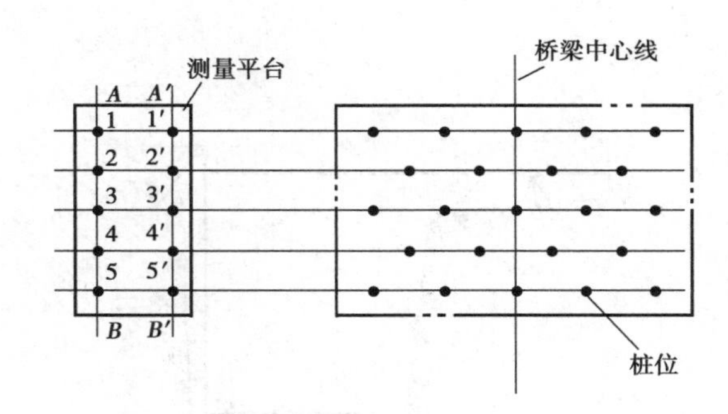

图11.49 测量平台

在测设出各桩的中心位置后,应对其进行检核,与设计的中心位置偏差不能大于限差的要求。在钻(挖)孔桩浇注完成后,修筑承台以前,应对各桩的中心位置再进行一次测定,作为竣工资料使用。

每个钻(挖)孔的深度可用线绳吊以重锤测定,打(压)入深度则可根据桩的长度来推算。测定桩的倾斜度时,由于在钻孔时为了防止孔壁坍塌,孔内灌满了泥浆,因而倾斜度的测定无法在孔内直接进行,只能在钻孔过程中测定钻孔导杆的倾斜度,并利用钻孔机上的调整设备进行校正。钻孔机导杆以及打入桩的倾斜度,可用靠尺法测定。

靠尺法所使用的工具称为靠尺。靠尺用木板制成,如图11.50所示,它有一个直边,在尺的一端于直边一侧钉一小钉,其上挂一锤球。在尺的另一端,自与小钉至直边距离相等处开始,绘一垂直于直边的直线,量出该直线至小钉的距离S,然后按S∶1 000的比例在该直线上刻出分划线并标注注记。使用时将靠尺直边靠在钻孔机导杆或桩上,则锤球线在刻划上的读数即为以千分数表示的倾斜率。

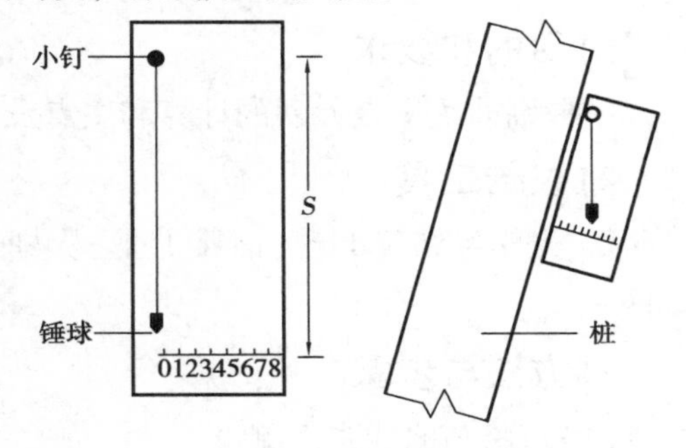

图11.50 靠尺法

4)桥梁墩台高程测设

在开挖基坑、砌筑桥墩的高程放样中,均要进行高程传递。

基础和墩身模板的高程一般用水准测量的方法放样,但当模板低于或高于地面很多,无法用水准尺直接放样时,则可用水准仪在某一适当位置先设一高程点,然后再用钢尺垂直丈量定出放样的高程位置。

当高程向下传递时,如图11.51所示,可在基坑上下各安置一台水准仪,上面的水准仪后视已知点A,下面的水准仪前视待求点D,然后视基坑深度悬挂一根钢尺,使钢尺的零端向下,下面吊一个10 kg的重锤。当钢尺稳定后,上下水准仪可同时读取钢尺上的刻划读数b和c,则AD两点间的高差为:

$$H_{AD} = (a - b) + (c - d) = a - (b - c) - d$$

当高程向上传递时,如图 11.52 所示,可在桥墩上倒挂一根钢尺,使零端向下,则 AD 的高差仍然按上式计算。

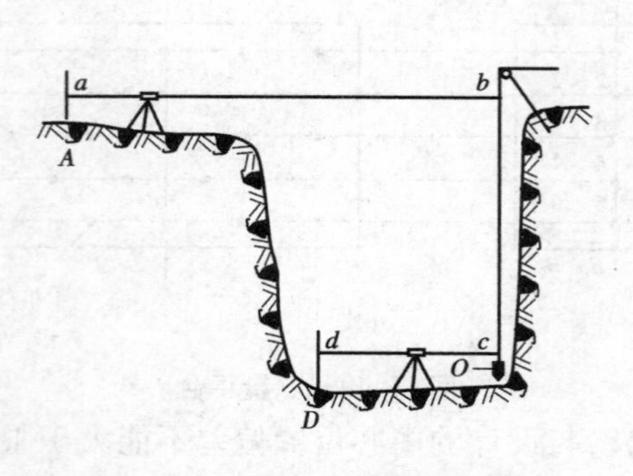

图 11.51　向下传递高程

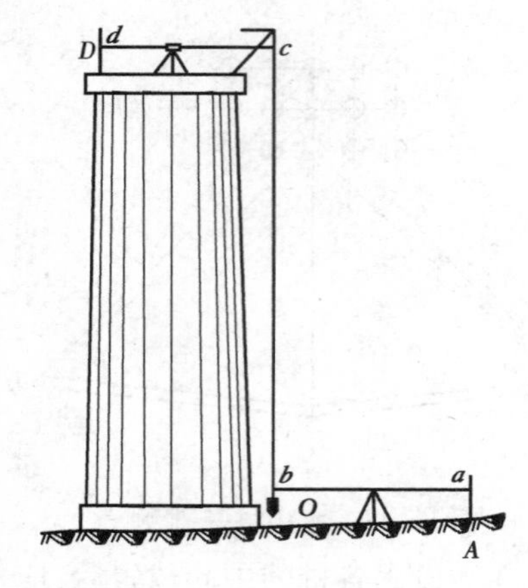

图 11.52　向上传递高程

技能训练 11.1　道路圆曲线主点及偏角法详细测设

1)目的和要求

掌握圆曲线主点元素的计算和主点及偏角法详细测设方法。

2)仪器工具

DJ_6光学经纬仪 1 台、钢尺 1 把、标杆 1 根、测钎 10 根、木桩 4 根,斧头 1 把、计算器 1 个。

3)方法与步骤

(1)道路圆曲线主点测设

①如图 10.53 所示,在空旷地面打一木桩作为道路的交点 JD_1,然后沿张角大约为 120°的两个方向延伸 30 m 以上,定出两个主点 JD_0和 JD_2,插入测钎。

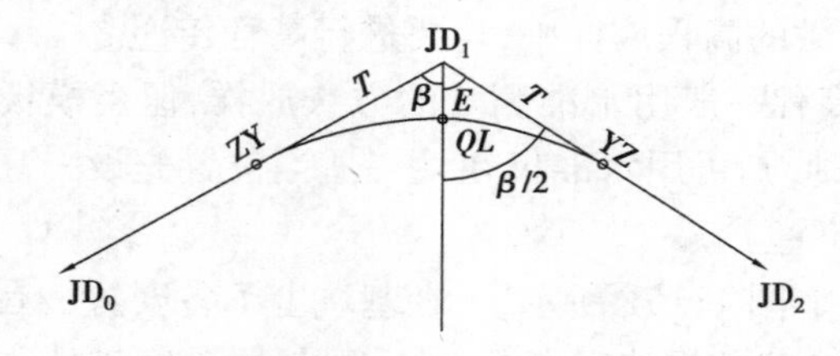

图 11.53　圆曲线主点的测设

②JD_1点安置经纬仪,以一个测回测定转折角 β,计算线路偏角 $\alpha=180°-\beta$。设计圆曲线半径 $R=60$ m,按式(11.4)计算切线长 T、曲线长 L、外矢距 E 和切曲差 D,并将数据记录

到表 11.5 中。

③按照式(11.5)计算曲线主点的桩号。

④将安置于 JD_1 点的经纬仪先后照准 JD_0 和 JD_2，并沿两方向分别测设切线长 T，定出圆曲线的起点(直圆点)ZY 和终点(圆直点)YZ，打下木桩，并测设出精确位置，钉小钉表示点位。

⑤经纬仪照准 YZ 点，在右侧测设水平角值为 $\beta/2$，定出 QZ 方向，沿该方向测设水平距离 E，即定出曲中点 QZ。

⑥数据记录。数据记录到如表 11.5 所示的表格中。

表 11.5　圆曲线元素计算

交点 JD_1 桩号/m		切线长 T/m	
转折角 β/(°　′　″)		曲线长 L/m	
偏角 α/(°　′　″)		外矢距 E/m	
曲线半径 R/m		切曲差 D/m	

(2)偏角法详细测设

①计算测设数据。在掌握圆曲线主点元素的基础上，按照式(11.8)和式(11.9)分别计算出偏角 Δ_i 和弦长 c_i，并填入表 11.6 中。

表 11.6　偏角法详细测设圆曲线计算表

点名	中桩桩号	至 ZY(YZ)弧长/m	中桩偏角值/(°　′　″)	备注
ZY				
1				
2				
3				
QZ				
4				
5				
6				
QZ				

②点位测设。如本单元图 11.16 所示，将经纬仪置于曲线起点 ZY，后视交点 JD_0，使水平度盘读数为 00°00′00″，转动照准部至读数为 Δ_1，望远镜视线定 AP_1 方向。

沿此方向，从 A 量取首段弦长，得出整桩点 P_1；再转动照准部，使度盘读数为 Δ_2，定出 AP_2 方向。从 P_1 点起量取弧长为 l_0 的弦长 C_0，与视线 AP_2 方向相交得整桩点 P_2。

同法，由 P_2 量出弦长 C_0，与 AP_3 方向相交得整桩点 P_3，由 P_3 定 P_4，依此类推，测设其他各点。

③校核。在 QZ 点和 YZ 点上进行校核,曲线测设闭合差应不超过规定要求;否则,应查明原因,予以纠正。

4)注意事项

①计算曲线元素时,应经两人独立计算且校核无误后,方可测设点位。

②实训所占场地较大,仪器工具多,防止遗失。

技能训练 11.2 道路横断面测量

1)目的和要求

①掌握横断面图测绘的测量与计算方法。

②水准测量高差闭合差$f_{h容} = \pm 40\sqrt{L}$。

2)仪器工具

DJ_6光学经纬仪 1 台、水准仪 1 台、钢尺 1 把、标杆 1 根、水准尺 2 根、木桩 4 根,斧头 1 把、伞 1 把、记录簿 1 本。

3)方法与步骤

在地面上选定不在一条直线上且总长度为 150 m 左右的 A、B、C 三点,各打一木桩,作为线路的起点、转点和终点。

①确定里程桩处的横断面方向(用经纬仪测设)。

②用钢尺量出横断面上地形变化处到中桩的距离,并注明点在中线的左右位置。

③用水准测量方法依次测量并计算各选定点的高程。

分别测量三个里程桩处的横断面,并绘制横断面图。

4)数据记录

表格形式见表 11.7。

表 11.7 横断面测量记录手簿

$\frac{前视读数}{至中桩距离}$(左)/m	$\frac{后视读数}{桩号}$	(右)$\frac{前视读数}{至中桩距离}$/m

思考与练习

11.1　道路组成内容有哪些？

11.2　道路中线测量的内容是什么？

11.3　什么是路线的转角？如何确定转角是左转角还是右转角？

11.4　已知交点的里程桩号为 K4 + 300.18，测得转角 $\alpha_{左} = 17°30'$，圆曲线半径 R = 500 m，若采用切线支距法并按整桩号法设桩，试计算各桩坐标，并说明测设步骤。

11.5　已知交点的里程桩号为 K10 + 110.88，测得转角 $\alpha_{左} = 24°18'$，圆曲线半径 R = 400 m，若采用偏角法按整桩号法设桩，试计算各桩的偏角及弦长（要求前半曲线由起点测设，后半曲线由曲线终点测设），并说明测设步骤。

11.6　什么是缓和曲线？缓和曲线长度如何确定？

11.7　已知交点的里程桩号为 K21 + 476.21，测得转角 $\alpha_{右} = 37°16'$，圆曲线半径 R = 300 m，缓和曲线长 l_s 采用 60 m，试计算该曲线的测设元素、主点里程以及缓和曲线终点的坐标，并说明主点的测设方法。

11.8　路线纵断面测量的任务是什么？什么是横断面测量？

11.9　直线、圆曲线和缓和曲线的横断面方向如何确定？

11.10　完成下表所列的中平测量记录的计算。

中平测量记录计算表

测点及桩号	水准尺读数			视线高程	高程	备注
	后视	中视	前视			
BM_5	1.426			417.628		
K4 + 980		0.87				
K5 + 000		1.56				
+ 020		4.25				
+ 040		1.62				
+ 060		2.30				
ZD_1	0.876		2.402			
K5 + 080		2.42				
+ 092.4		1.87				
+ 100		0.32				
ZD_2	1.286		2.004			
+ 120		3.15				
+ 140		3.04				
+ 160		0.94				
+ 180		1.88				
+ 200		2.00				
ZD_3			2.186			

11.11　路基边桩放样如何进行？

11.12　桥梁施工测量的主要内容有哪些？

11.13　简述桥梁墩、台施工定位的几种常用方法。

附　录

附录1　测量工作中常用的计量单位

在测量工作中，常用的计量单位有长度、面积、体积和角度4种计量单位。我国的法定计量单位体系是国际单位制(IS)，测量工作必须使用法定计量单位。

1.长度单位

我国法定长度计量单位为米(m)。测量中常用的长度单位还有千米(km)、分米(dm)、厘米(cm)、毫米(mm)。

1 m = 10 dm = 100 cm = 1 000 mm

1 km = 1 000 m

2.面积单位

我国法定面积计量单位为平方米(m^2)。此外，根据实际测量需要还有平方毫米(mm^2)、平方厘米(cm^2)、平方分米(dm^2)、平方千米(km^2)及公顷(hm)、市亩等面积计量单位。

1 m^2 = 10 000 cm^2

1 hm = 10 000 m^2 = 15 市亩

1 km^2 = 1 000 000 m^2 = 100 hm

1 市亩≈666.7 m^2

3.体积单位

我国法定体积计量单位为立方米(m^3)，工程上简称为“立方”或“方”。

1 m^3 = 1 000 000 cm^3

4. 角度单位

测量工作中常用的角度度量制有 3 种:弧度制、60 进制和 100 进制。其中弧度制和 60 进制的度、分、秒为我国法定平面角计量单位。

(1)60 进制在计算器上常用“DEG”符号表示。

1 圆周角 $=360°$

$1° =60'$

$1' =60''$

(2)100 进制在计算器上常用“GRAD”符号表示。

1 圆周角 $=400$ g(百分度)

1 g $=100$ c(百分分)

1 c $=100$ cc(百分秒)

1 g $=0.9°$　　1 c $=0.54'$　　1 cc $=0.324''$

$1° =1.111\ 11$ g　　$1' =1.851\ 85$ c　　$1'' =3.086\ 42$ cc

百分度现通称“冈”,记作“gon”, 冈的千分之一为毫冈,记作“mgon”。

例如:0.058 gon = 58 mgon。

(3)弧度制在计算器上常用“RAD”符号表示。

1 圆周角 $=360° =2\pi$ rad

$1° =(\pi/180)$ rad

$1' =(\pi/10\ 800)$ rad

$1'' =(\pi/648\ 000)$ rad

一弧度所对应的度、分、秒角值为:

$\rho =180°/\pi \approx 57.3° \approx 3\ 438' \approx 206\ 265''$

附录 2　测量计算中的有效数字

1. 有效数字的概念

测量结果都是包含误差的近似数据,在其记录、计算时应以测量可能达到的精度为依据来确定数据的位数和取位。如果参加计算的数据的位数取少了,就会损害外业成果的精度并影响计算结果的应有精度;如果位数取多了,易使人误认为测量精度很高,且增加了不必要的计算工作量。

一般而言,对一个数据取其可靠位数的全部数字加上第一位可疑数字,就称为这个数据的有效数字。

一个近似数据的有效位数是该数中有效数字的个数,指从该数左方第一个非零数字算起,到最末一个数字(包括零)的个数,它不取决于小数点的位置。

2. 数字凑整规则

由于数字的取舍而引起的误差称为“凑整误差”或“取舍误差”。为避免取舍误差的迅速积累而影响测量成果的精度，在计算中通常采用如下凑整规则：

①若拟舍去的第一位数字是0至4中的数，则被保留的末位数不变。

②若拟舍去的第一位数字是6至9中的数，则被保留的末位数加1。

③若拟舍去的第一位数字是5，其右边的数字皆为0，则被保留的末位数是奇数时就加1，是偶数时就不变。

3. 数字运算规则

在数字的运算中，往往需要运算一些带有凑整误差的不同小数位的数值，这时应按下列规则进行合理取位。

①加减运算：在加减时，各数的取位是以小数位数最少的数为标准，其余各数均凑整成比该数多一位小数。

②乘除运算：乘除时，各数的取位是以“数字”个数最少的为准，其余各数及乘积（商）均凑整成比该数多一个“数字”的数，该“数字”与小数点位置无关。

③三角函数：三角函数值的取位与角度误差的对应关系如下：

附表 2.1

角度误差	10″	1″	0.1″	0.01″
函数值位数	5位	6位	7位	8位

附录3　常规测量仪器技术指标及用途

1. 水准仪系列主要技术参数及用途（见附表3.1）

附表 3.1　水准仪系列主要技术参数及用途表

内容	DS_{05}	DS_1	DS_3	DS_{10}
每千米水准测量往返高差均值偶然中误差不超过/mm	±0.5	±1.0	±3.0	±10.0
望远镜放大率不小于/倍	42	38	28	20
望远镜物镜有效孔径不小于/mm	55	47	38	28
水准管分划值/[(″)/2 mm]	10	10	20	20

续表

内容		DS_{05}	DS_1	DS_3	DS_{10}
圆水准器角值不大于/[(′)/2 mm]	圆形			8	10
	十字形式	2	2	—	—
自动安平补偿性能	补偿范围/(′)	±8	±8	±8	±10
	安平精度/(″)	±0.1	±0.2	±0.5	±2
测微器	测量范围/mm	5	5	—	—
	最小分划值/mm	0.05	0.05	—	—
主要用途		国家一等水准测量及地震水准测量	国家二等水准测量及其他精密水准测量	国家三、四等水准测量及一般工程水准测量	一般工程水准测量
相应精度的常用仪器		Ni004 N_3 HB-2 DS_{05} Koni002	Ni2 HA DS_1 Koni007	Ni030 N_2 NH_2 DS_{3-2} DZS_{3-1} Koni025	Ni4 N10 HC-2 DS_{10} DZS_{10} GK_1

2. 经纬仪系列主要技术参数及用途(见附表 3.2)

附表 3.2　经纬仪系列主要技术参数及用途表

内容	DJ_{07}	DJ_1	DJ_2	DJ_6	DJ_{15}
室内一测回一水平方向中误差不大于/(″)	±0.6	±0.9	±1.6	±4.0	±8.0
望远镜放大率/倍	30 45 55	24 30 45	28	20	20
望远镜物镜有效孔径/mm	65	60	40	40	30
望远镜最短视距/m	3	3	2	2	1

续表

内容		DJ_{07}	DJ_1	DJ_2	DJ_6	DJ_{15}
圆水准器角值不大于/[(′)/2 mm]		8	8	8	8	8
水准器角值[(″)/2 mm]	照准部	4	6	20	30	30
	竖直度盘指标	10	10	20	30	—
竖盘指标自动补偿器	工作范围/(′)	—	—	±2	±2	—
	安平中误差/(″)	—	—	±0.3	±1	—
水平度盘读数最小格值		0.2″	0.2″	1″	1′	1′
主要用途		国家一等三角测量及天文测量	国家二等三角测量及精密工程测量	三、四等三角测量、等级导线测量及一般工程测量	大比例尺地形测量及一般工程测量	一般工程测量
相应精度的常用仪器		Theo003 TP_1 $TT_{2/6}$ T4 DJ_{07-1}	Theo002 DKM3A NO3 T3 OT-02 DJ_1	Theo010 DKM2 TE-B1 T2 TH2 OTC ST200 DJ_2	Theo020 Theo030 DKM1 T1 T16 $TE-D_1$ TDJ_6-E DJ_6	DK1 TH4 CJY-1 T0 TE-E6

参考文献

[1]中国有色金属工业协会. 工程测量规范: GB20026—2020[S]. 北京:中国计划出版社,2020.
[2]李健雄. 测量员[M]. 北京:化学工业出版社,2020.
[3]徐彦田,程鹏飞,秘金钟,等. GNSS 网络 RTK 技术原理与工程应用. 北京:国防工业出版社,2021.
[4]覃辉,马超,朱茂栋. 土木工程测量[M]. 5 版. 上海:同济大学出版社,2019.
[5]李井永,张立柱,付丽文,等. 工程测量[M]. 北京:清华大学出版社,2014.
[6]李章树,刘蒙蒙,赵立. 工程测量学[M]. 北京:化学工业出版社,2019.
[7]王天佑. 建筑工程测量[M]. 北京:清华大学出版社,2020.
[8]石东,陈向阳. 建筑工程测量[M]. 北京:北京大学出版社,2017.
[9]王健,田桂娥,吴长悦,等. 道路工程测量[M]. 武汉:武汉大学出版社,2015.
[10]牛志宏,孙茂存. 道路工程测量[M]. 郑州:黄河水利出版社,2013.